高职高专规划教材

电子技术实训

主　编　赵玉铃　张雪娟　李晓松

副主编　张国琴　张米雅　王中顺

浙江大學出版社

前 言

为了加强实践性环节的教学，培养学生的工程观念，提高学生的执业能力，本书将电子技术基本技能训练和电子生产实际相结合，在揉合多年教学实践的基础上编写而成。

电子技术实训教材的内容按照循序渐进的原则，首先要求学生掌握电子线路操作方面的基本方法，为后续的基础性测试和电子技术综合训练准备必需的基本技能。全书包括常用电子仪器仪表的使用、常用电子元器件介绍、焊接技术，及模拟电子技术部分和数字电子技术部分的测试项目；考虑高职高专类院校的实践教学需要，编入了具有一定代表意义的电子技术综合训练内容，希望通过该章内容的操作，让学生熟悉具有实际指导意义的工序：结合技术指标，对电子小系统进行方案论证、单元电路设计及元件参数整定，然后安装调试等。

本书以项目为基础，突出工程意识，强调工程观念，注重工程实践能力的培养，既可作为电子技术方面的实训教材，也可作为电子工艺实习方面的辅助教材。该书共分五部分，第三、四、五部分由赵玉铃、张国琴编写，第一部分由张雪娟编写，第二部分由李晓松、张米雅、王中顺编写。由赵玉铃拟定编写提纲，并负责全书的统稿工作。

本书在编写过程中得到浙江水利水电专科学校、杭州职业技术学院、浙江交通职业技术学院等院校相关老师的大力支持和帮助，在此表示真诚的感谢。

由于缺乏经验及编者的水平有限，错误难免，敬请读者指正。

编 者

2007 年 10 月

目　录

第一部分　电子技术实训基础

第二部分　模拟电子技术实训

第三部分 数字电子技术实训

第四部分　电子技术综合训练

第五部分　附　录

第一部分　电子技术实训基础

项目 1-1　万用表及使用方法

万用表是测量电压、电流、电阻等参数的常用仪表。它具有体积小、使用方便、检测精度较高、造价低廉等一系列优点，应用极为广泛。目前，人们通常使用的是指针式和数字式两大类。

一、指针式万用表

指针式万用表有 MF-500 型、MF-47 型、J0411 型、U-102 型、U-201 型等多种型号。图 1-1-1 为 MF-47 型指针式万用表面板示意图。

1. 面板及各旋钮的作用

(1)机械调零旋钮

万用表在没有使用的状态下，指针应指在标度尺的零位上。如有偏移，可调节机械调零旋钮，使指针处在零位上。

(2)电阻档调零旋钮

测量电阻时，无论选择哪一档旋钮，都要先将指针指在“0Ω”处，否则，会给测量值带来一定的误差。

(3)测量项目及量程选择旋钮

在测量过程中，首先要选择测量项目，然后再根据被测值的大小选择量程。

(4)负极插孔

在其上方标有“COM”标记。在进行任何项目的测量时，黑表棒都应插在该插孔里。

(5) 正极插孔

在其上方标有“＋”标记。在测量电阻、500mA 以下的直流电流及 1000V 以内的交直流电压时，红表棒应插在该插孔里。

(6)高压插孔

在其上方标有“2500V”标记。在测量 1000V 以上的交直流电压时，红表棒应插在该

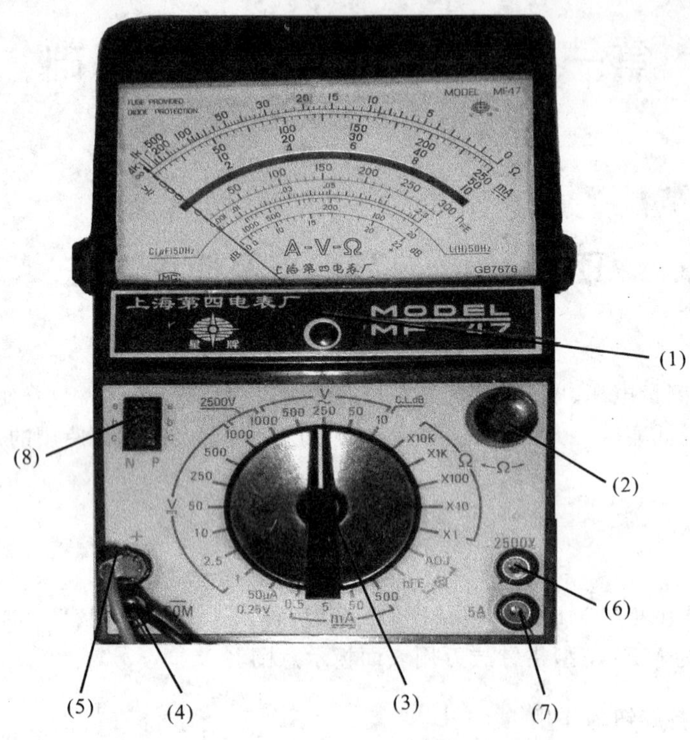

图 1-1-1 MF-47 型指针式万用表面板示意图

插孔里。这时,万用表的最大量程为 2500V。

(7)大电流插孔

在其上方标有“5A”标记。在测量 500mA 以上的直流电流时,红表棒应插在该插孔里。这时,万用表最大量程为 5A。

(8) h_{FE}插孔

根据被测三极管的种类、型号,将三极管的 e、b、c 三个电极,分别插入对应的“NPN”或“PNP”插孔内。

2. 使用方法

使用前应检查指针是否指在机械零位,若不能在零位上,可旋转表盖上的机械调零旋钮,使指针指在零位。红、黑表笔分别插入面板相应插座上。

(1)测量直流电阻：5 档

测量的方法如下：

1) 调零,如不能调零,应检查盒内电池。

2）表笔接入待测电阻，按第1条刻度(最外圈)读数，并乘以所用档位所指示的倍数。

注:①每次更换电阻档位进行测量之前，都必须先调零。

②在电路中测量电阻时，必须先切断电源。

(2) 直流电流测量:5 档

测量时，按第2条刻度线读数，将万用表串接在被测电路中，红表笔为电流流入端，黑表笔为电流流出端。

注:如果不知被测电流范围，将功能开关置于最大量程并逐渐下调。

(3) 交、直流电压测量:交6档，直7档

测量电压时，将万用表并接在被测电路中，红表笔接被测高电位端，黑表笔接被测低电位端或接地。

(4) h_{FE}的测量

先转动开关至ADJ位置，将红、黑表笔短接，调零，使指针指到h_{FE}档的300刻度上，然后将量程开关旋到h_{FE}档。将被测晶体管插在相应插孔内。

3. 注意事项

(1)在使用万用表前，应先检查万用表是否调零。(机械调零和电阻调零)

(2)测量高电压和大电流时，为避免烧坏开关，应在切断电源的情况下变换量程。测量直流电压、电流时，要注意正负极性。红表笔接高电位端，黑表笔接低电位端。

(3)严禁带电测量电阻;严禁用电流档或电阻档测量电压。

(4)测量未知的电压或电流时，应先选择最高电压或电流量程，待第一次读取数值后，方可转至适当位置，以取得较准确的读数，并且避免烧坏电路。

(5) 定期检查干电池，保证电阻档测量准确。长期不用应取出电池;测量完毕后，应将量程开关拨至最高电压档。

二、数字式万用表

数字式万用表与指针式万用表相比，具有许多优点:测量值直接用数字显示，读取直观、准确，可避免指针式的读数误差;分辨率高;测量速度快;输入阻抗和集成度高;抗干扰能力强。

图1-1-2为UT-52型数字式万用表面板示意图。

1. 面板及各旋钮的作用

(1)电源开关(POWER)

按下开关，接通电源。

(2)测量项目及量程选择旋钮

应根据不同被测信号的要求,首先确定该旋转开关的档位。当被测信号值未知时,应将量程开关置于最大档位,然后再根据实测情况逐渐减小量程,直到满意为止。

(3)插入插孔

将黑表棒插入"COM"孔。当测量电压、电阻和二极管时,红表棒插入"V/Ω"孔。当测量的交直流电流小于200mA时,红表棒插入"mA"孔,当测量200mA～20A之间的交直流电流时,红表棒插入"A"孔。

(4)h_{FE}插孔

根据被测三极管的种类、型号,将三极管的e、b、c三个电极,分别插入对应的"NPN"或"PNP"插孔内。

(5)电容插孔

将电容的两个管脚分别插入该插孔中(务必在测量前将电容完全放电)。

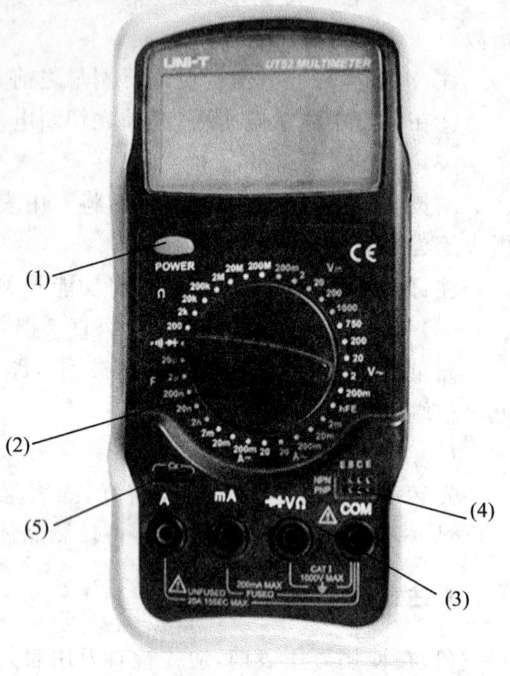

图 1-1-2 UT-52型数字式万用表面板示意图

2. 使用方法

(1)直流电压:5档

将量程开关置于"V－"档位,将红、黑表笔插入相应的插孔,打开电源开关,若显示屏上显示"1",表示过量程,应重新选择量程。

(2)交流电压:5档

将量程开关置于"V～"档位,红、黑表棒的插入位置与直流电压测量时的相应位置相同,将表笔接到测量点上,读数即现。频率范围:40～400Hz。

注:①测量时不允许超过额定值,以免损坏内部电路。

②显示值为交流电压的有效值。

(3)直流电流和交流电流:各4档

将量程开关置于"A－"或"A～"档位,将黑表笔插入"COM"插孔,红表笔插入"mA"插孔。当被测电流超过200mA时,红表笔插入"A"插孔。

注:测量时串入被测电路。

(4)电阻测量7档:0～200MΩ

将量程开关置于"Ω"档位,黑表插入"COM"插孔,红表笔插入"V/Ω"插孔,然后将表棒接到电阻两端,读数即现。

注:①如果被测电阻阻值超出所选择量程的最大值,将显示过量程"1",应提高量程。

②当检查内部线路阻抗时,被测线路必须将电源断开,电容电荷放尽。

③实际电阻值,应减去红、黑表笔短路时读数。

(5)电容测量:5 档,0～20μF

测量时,将量程开关置于"F"处,将被测电容插入电容插座中。

注:不能利用表笔测量。测量容量较大的电容时,稳定读数需要一定时间。

(6)二极管测试及蜂鸣器的连续性测试

黑表笔插入"COM"插孔,红表笔插入"V/Ω"插孔,将功能开关置于相应的档位,量程转换开关转换到二极管的测试端,将表笔连接到待测二极管,读数为二极管正向压降的近似值。

将表笔连接到待测线路的两端,如果两端之间电阻值低于约 70Ω,内置蜂鸣器发声,表示电路导通。

(7)晶体管 h_{FE}的测量

步骤如下:

1) 将功能开关置 h_{FE}量程。

2) 确定晶体管是 NPN 还是 PNP 型,插入相应的测试座内。

3) 显示器上将显示 h_{FE}的近似值,测试条件:$i_B=10\mu A$,$u_{CE}\approx 2.8V$。

3. 注意事项

(1)数字式万用表使用 9V 叠层电池,如电池电压不足,显示屏将有低电压字符显示,此时应及时更换电池,以免引起测量误差;若长期不用,应将电池取出,以免电池渗液而腐蚀线路板。

(2)在使用中,特别是测量电流时应注意量程开关当前的档位是否合适,红、黑表笔所插的孔是否正确。否则,容易引起万用表的损坏。

(3)如果不知被测电压范围,将功能开关置于最大量程并逐渐下调。

(4)如果只显示"1",表示过量程,功能开关应置于更高量程。

(5)不允许在被测线路带电的情况下测量电阻。

(6)在选用电阻档检测二极管时,红表笔为正极,黑表笔为负极,与指针式万用表反相。

项目 1-2　函数发生器及使用

以 AS101E 型函数信号发生器为例，简单介绍常用函数发生器的面板及使用情况。

AS101E 型函数信号发生器频率范围 0.5Hz～5MHz，输出信号有正弦波、三角波、方波信号，输出频率和幅度均为数字显示，最大输出功率为 8W 左右。

如图 1-2-1 所示为 AS101E 型函数信号发生器面板示意图。

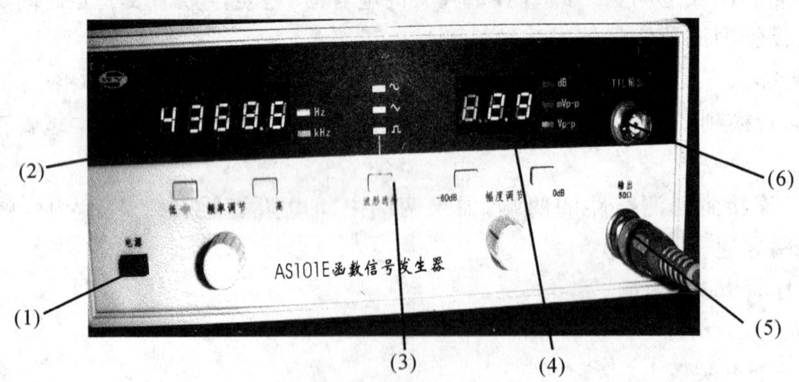

图 1-2-1　AS101E 型函数信号发生器面板示意图

1. 面板及各旋钮的作用

(1)电源开关

(2)输出频率显示

输出信号的频率从 0.5Hz 至 5MHz，共分七个频段，分别为 0.5Hz～5Hz、5Hz～50Hz、50Hz～500Hz、500Hz～5kHz、5kHz～50kHz、50kHz～500kHz、500kHz～5MHz。

(3)波形选择

可通过波形选择开关选择正弦波、三角波、方波。

(4)输出电压显示

当 $f<1\text{MHz}$ 时，$V_{p-p}\geqslant 20\text{V}$(负载开路)或 $V_{p-p}\geqslant 10\text{V}$(50Ω 负载)；

当 $1\text{MHz}\leqslant f\leqslant 5\text{MHz}$ 时，$V_{p-p}\geqslant 16\text{V}$(负载开路)或 $V_{p-p}\geqslant 8\text{V}$(50Ω 负载)。

输出幅度在 20dB 范围内连续调节，另外还有三档－20dB 固定衰减器，最小输出幅度可至 $1\text{m}V_{p-p}$(50Ω 负载)。

(5) 信号输出端

本机信号由此输出，输出阻抗 50Ω。

(6)逻辑电平输出

TTL 电平输出:≥3V(负载开路)。

2. 使用方法和说明

(1)频段递减选择按键

每按一次按键,频率转换至较低频率段,依次为 500kHz～5MHz→50kHz～500kHz→5kHz～50kHz→500Hz～5kHz→50Hz～500Hz→5Hz～50Hz→0.5Hz～5Hz。

(2)频段递增选择按键

每按一次按键,频率转换至较高频率段,依次为 0.5Hz～5Hz→5Hz～50Hz→50Hz～500Hz→500Hz～5kHz→5kHz～50kHz→50kHz～500kHz→500kHz～5MHz。

(3)频率调节旋钮

先选择好频段,再调节频率调谐即可得到所需频率。

(4)频率显示

采用五位数码管显示,频率单位为 Hz 或 kHz。

(5)函数波形选择按键

每按一次,转换一个波形,依次是正弦波→方波→三角波→正弦波。

(6)输出幅度固定衰减器递增选择按键

每按一次,增加衰减量 20dB(10 倍),依次为－20dB、－40dB、－60dB。

(7)输出幅度固定衰减器递减选择按键

每按一次,减小衰减量 20dB(10 倍),依次为－60dB、－40dB、－20dB。

(8)输出幅度显示

输出幅度调节旋钮按顺时针方向旋转,输出幅度加大,反之减少,总的调节幅度为20dB。

(9)输出幅度显示

三位数码管显示输出幅度峰峰值或 dB 值,单位 dB、$mV_{p\text{-}p}$、$V_{p\text{-}p}$。

3. 使用注意事项

(1)信号频率

在调节信号频率时,先按频率选择键(低、高),选择一个所需的工作频段,然后再调节带有慢转机构的旋钮至所需的信号频率。

(2)信号输出幅度

如果要求信号幅度在 10 倍(20dB)以内变化时,可调节信号幅度电位器,如需更大的衰减时,请按下按键(－60dB),每按一次,衰减量增加 20dB。

(3)仪器需预热 5 分钟后方可正常使用。

(4)请不要将大于 10V(DC＋AC)的电压连到输出端、脉冲端和功率输出端。

项目 1-3　交流毫伏表及使用

双通道交流毫伏表广泛用于测量交流电压及音频信号。常见的 AS2294D 型双通道交流毫伏表，它采用二个通道输入，由一只同轴双指针电表指标，可以分别指示各通道的示值，也可指示出双通道之差值。该表测量电压的频率范围为 5Hz～2MHz，测量电压范围为 100μV～300V。它具有宽频率响应、高输入阻抗、高灵敏度及高稳定性等优点。

图 1-3-1 为 AS2294D 双通道交流毫伏表面板示意图。

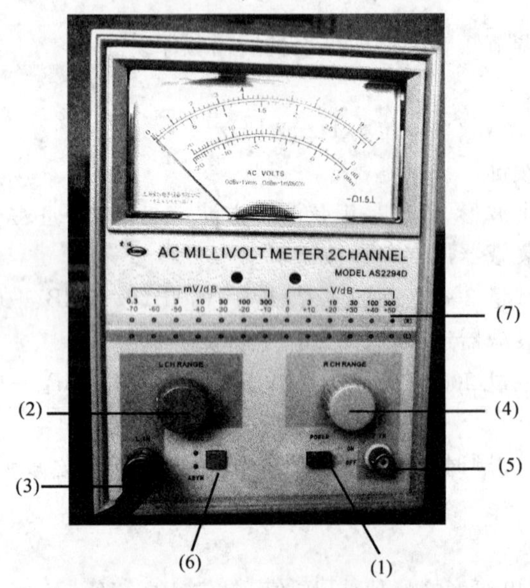

图 1-3-1　AS2294D 双通道交流毫伏表面板示意图

1. 面板及各旋钮的作用

(1) 电源开关

(2) 左通道输入量程旋钮(灰色)

调节该旋钮可选择不同的量程档位。可测量的电压范围为 100μV～300V，分12 档。

(3) 左通道信号输入口

(4) 右通道输入量程旋钮(橘红色)

(5) 右通道信号输入口

(6) 同步/异步按键

"SYNC"为同步操作;"ASYN"为异步操作状态,可测量两路电压大小相差较大的电压。

(7) 电压指示档位

左通道信号输入,灰色线条中间的灯亮;右通道信号输入,橘红色线条中间的灯亮。可测量的最大电压值用指示灯表明。

2. 使用方法

(1)开机之前的准备工作及注意事项

1)测量仪器应水平放置。

2)接通电源前先看表针机械零点是否为"零";刚接通电源,电表的双指针摆动是正常的。

3)在不知被测电压大小的情况下,尽量把测量量程放到高量程档,以免输入过载。

4)测量 30V 以上电压需注意安全。

5)所测交流电压中的直流分量不得大于 100V。

(2)测量方法

1)该仪器由两个电压表组成,因此在异步工作时是两个独立的电压表,可作两台单独电压表使用。在测量两个电压量程相差比较大的情况下,用异步工作状态。

2)同步工作时,可由一个通道量程控制旋钮同时控制两个通道的量程。

3)接通电源时,应将交流毫伏表的测量输入端短接,或者将档位置于较大的电压档。

4)将被测信号由输入端口送入交流毫伏表时,应先接地线,后接信号线。

注:更换被测点前必须将量程旋扭重新旋到最大档,否则要打坏表头指针,损坏交流毫伏表。

(3)正确读数

量程旋钮打在 1mV、10mV、1V 等以 1 开头的档位,应读第一条刻度线的数字;若量程旋钮打在以 3 开头的档位,读第二条刻度线的数字。

例如,量程旋钮打在 30mV,则读第二条黑色刻度线的数字,若刻度数为 2.5,则被测信号电压有效值(U)

$$\text{电压有效值}(U)=\frac{\text{量程档位}}{\text{刻度线}}\times\text{读数值}$$

$$U=\left(\frac{30}{3}\times 2.5\right)\text{mV}=25\text{mV}$$

注:①为使读数准确,应调节量程旋扭使表头指针位置在满刻度的$\frac{1}{3}\sim\frac{2}{3}$范围内,以减小读数误差。

②交流毫伏表测量的电压值为电压有效值。

项目 1-4　双踪示波器及使用

示波器是电子线路检测中必不可少的测试设备，它能将非常抽象的、看不见的周期信号或信号状态的变化过程，在荧光屏上描绘出具体的图像波形，用它可以测量各种电路参数，如电压、电流、频率、相位等电气量。它具有输入阻抗高、频率响应好、灵敏度高等特点。下面以 MOS-620 双踪示波器为例进行介绍。

图 1-4-1 为 MOS-620 双踪示波器面板示意图。

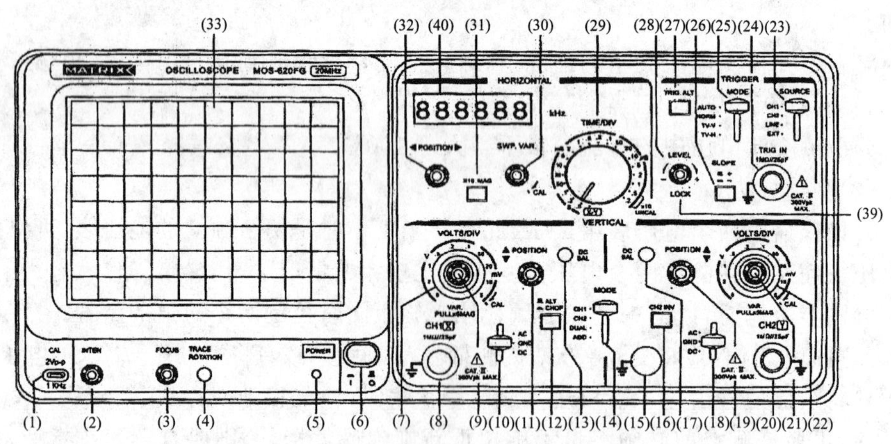

图 1-4-1　MOS-620 双踪示波器面板示意图

1. 面板及各旋钮的作用

面板布局可分为四部分：

A. 显示屏部分（位于面板左边）

(1)CAL 校准信号输出端子：提供 1kHz±2%、$2V_{p\text{-}p}$±2%方波信号，作本机 Y 轴、X 轴校准用。

(2)辉度旋钮(INTEN)：调节光迹的亮度，顺时针方向旋转亮度增加。

(3)聚焦旋钮(FOCUS)：调节轨迹或亮点的清晰度。

(4)轨迹旋转旋钮(TRACE ROTATION)：半固定的电位器用来调整水平轨迹与刻度线的平行。

(5)电源指示灯:电源接通时指示灯亮。

(6)电源开关:将电源开关按钮弹出即为“关”位置。将电源线接入,按电源开关键,接通电源。

(33)显示屏:显示被测电压波形,上面的格子便于测量时读数。

B.垂直方向部分(位于右下方)

(8)CH1 (X)输入:用于垂直方向的输入。在 X-Y 模式下,作为 X 轴输入端。

(20)CH2 (Y)输入:和 CH1 一样,但在 X-Y 模式下,作为 Y 轴输入端。

(10)、(18) AC-GND-DC:选择垂直方向输入信号的输入方式。

交流(AC):垂直方向输入端与信号由电容耦合;

接地(GND):垂直输入端内部接地;

直流(DC):垂直输入端与信号直流耦合。

(7)、(22)垂直衰减开关(VOLTS/DIV):用于选择垂直偏转系数,从 5mV/DIV~5V/DIV,共 10 档。

(9)、(21)垂直微调开关(VARIBLE):用于连续改变垂直方向偏转的灵敏度。在校准位置时,灵敏度校准为标示值。当该旋钮拉出后(×5MAG 状态),垂直方向的信号扩大 5 倍。

(11)、(19)垂直位移(POSITION):调节光迹在屏幕中的垂直位置。

(14)垂直方式:选择 CH1 和 CH2 方向的工作模式(VERTICAL MODE)。

CH1 或 CH2:通道 1 或通道 2 单独显示。

DUAL:两个通道同时显示。

ADD:显示两个通道的代数和(CH1+CH2)。按下 CH2 INV (16)按钮,为代数差(CH1−CH2)。

(12)交替显示(ALT/CHOP):在双踪显示时,弹出此键,表示通道 1 与通道 2 交替显示(通常用在扫描速度较快的情况下);当按下此键时,通道 1 与通道 2 同时断续显示(通常用在扫描速度较慢的情况下)。

(16)信号反向(CH2 INV):通道 2 的信号反向。当按下此键时,通道 2 的信号以及通道 2 的触发信号同时反向。

C.水平方向部分(HORIZONTAL)

(29)水平扫描速度开关(TIME/DIV):扫描速度可以分 20 档,从 0.2μs/DIV 到 0.5s/DIV。当用于测量波形的周期时,是时间的量程选择开关。

(30)水平微调(VARIBLE):微调水平扫描时间,使显示光迹大小适中。此旋钮以顺时针方向旋转到底时处于校准位置,扫描速度被校准到与面板上 TIME/DIV 指示的一致。

(31)扫描扩展开关:按下时扫描速度扩展10倍。

(32)水平移位旋钮(POSITION):调节光迹在屏幕上的水平位置。

D. 触发部分(TRIGGER)

(24)外触发输入端子:用于外部触发信号的输入。当使用该功能时,开关(23)应设置在EXT的位置上。

(23)触发源选择开关(SOURCE):

CH1:选择通道1的输入信号作为内部触发信号。

CH2:选择通道2的输入信号作为内部触发信号。

LINE:选择交流电源作为触发信号。

EXT:外部触发信号接于(24)作为触发信号源,用于特殊信号的触发。

(27)交替触发(TRIG ALT):在双踪交替显示时,触发信号分别来自CH1通道信号和CH2通道信号,此方式用于同时观察两路不相关的信号。

(26)极性:触发信号的极性选择,“+”为上升沿触发,“−”为下降沿触发。

(28)触发电平(TRIG LEVEL):显示一个同步稳定的波形,并设定一个波形的起始点。向“+”旋转触发电平上移,向“−”旋转触发电平下移。

(25)触发方式:选择触发方式。

AUTO:自动。当没有触发信号输入时扫描在自动模式下。

NORM:常态。有触发信号才能扫描,否则不显示扫描基线。当输入信号频率低于50Hz时,请用“常态”触发方式。

TV-V:当想要观察电视信号中场信号波形时使用。

TV-H:当想要观察电视信号中行信号波形时使用。

(39)电平锁定(LOCK):将触发电平旋钮(28)向顺时针方向转到底听到“咔嗒”一声后,触发电平被锁定在该固定电平上,这时若改变扫描速度或信号幅度,不再需要调节触发电平即可获得同步信号。

(15)GND:示波器机箱的接地端子。

2. 示波器的基本操作

A. 开机前的准备

(1)显示屏部分:辉度旋钮顺时针1/3处,聚焦旋钮居中。

(2)垂直方向部分:通道CH1,垂直位移旋钮居中,AC-GND-DC开关选择AC。

(3)水平方向部分:水平位移旋钮居中,水平扫描速度开关置0.5ms/DIV。

(4)触发部分:触发源选择开关置于CH1,触发耦合开关置于AC,触发极性开关置于“+”,交替触发开关弹出,电平锁定开关按下,触发方式选择开关置于“自动”。

B. 开机

(1)按下电源开关,电源指示灯亮,约 20s 后显示屏上显示出光迹,若 60s 后仍未出现光迹,应检查上述各开关及旋钮位置是否正确。

(2)调节辉度及聚焦旋钮,使光迹亮度适中,且最清晰。

(3)调节 CH1 垂直位移旋钮,将扫描线调到与水平中心刻度线重合。

(4)用 10∶1 探头将校正信号输入至 CH1 输入端,可出现如图 1-4-2 所示的波形。

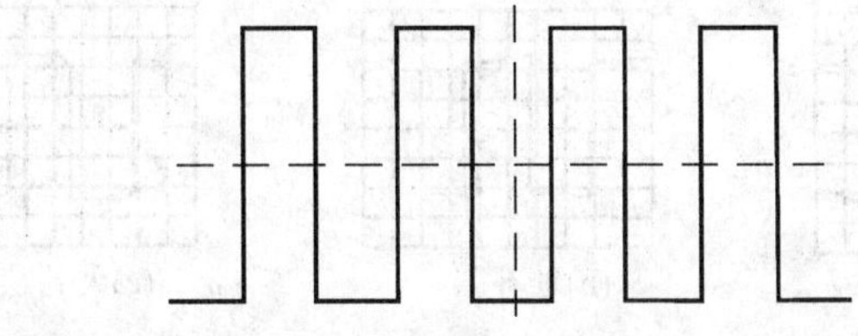

图 1-4-2　波形

C. 双通道的操作

改变垂直方式到 DUAL 状态,于是通道 2(CH2)的光迹也会出现在屏幕上(与 CH1 相同)。这时,通道 1 显示一个方波(来自校准信号输出的波形),而通道 2 则仅显示一条直线,因为没有信号接到该通道。现在将校准信号接到 CH2 的输入端,与 CH1 一致,将 AC-GND-DC 开关设置到 AC 状态,调整垂直位移旋钮(11)和(19)使两通道的波形如图 1-4-3 所示。

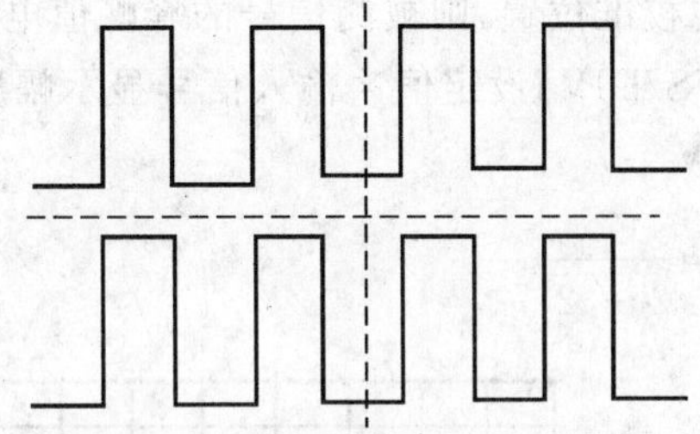

图 1-4-3　双踪显示的波形

释放 ALT/CHOP 开关(置于 ALT 方式),CH1 和 CH2 的信号交替地显示到屏幕上,此设定用于观察扫描时间较短的两路信号。按下 ALT/CHOP 开关(置于 CHOP 方式),CH1 和 CH2 上的信号以 250kHz 的速度独立地显示在屏幕上,此设定用于观察扫描时间较长的两路信号。

在进行双通道操作时(DUAL 或加减方式),必须通过触发信号源的开关来选择通道 1 或通道 2 的信号作为触发信号。如果 CH1 和 CH2 的信号同步,那么两个波形会稳定显示出来;反之,则仅有作为触发信号的一路可以稳定地显示出来。如果 TRIG/ALT

开关按下，那么两个波形都会同时稳定地显示出来。

D. 探头校准

示波器探头可用于一个很宽的频率范围，但必须进行相位补偿。因此，在测量前，要进行探头校准。连接 10∶1 探头 BNC 到 CH1 或 CH2 的输入端，将衰减开关设定到 50mV 左右，连接探头的探针到校准信号的输出端，调整补偿电容直到获得最佳的方波为止(没有圆角、翘起)，如图 1-4-4 所示。

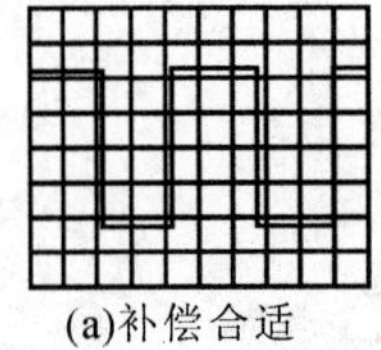
(a)补偿合适

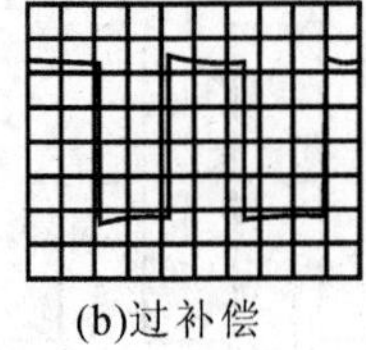
(b)过补偿

(c)欠补偿

图 1-4-4 补偿的不同效果

3. 利用示波器的测量方法

(1)电压测量

一般采用直接测量峰峰值的方法测量交流电压。Y 轴输入耦合选择开关应该置于"AC"位置，0 V 的基准线调到中间位置。若荧光屏显示的信号波形如图 1-4-5 所示，纵坐标刻度为 4 格，示波器的 VOLTS/DIV(电压衰减)为 0.5V/DIV，Y 轴探头衰减系数无衰减，垂直微调开关处在校准位置，则被测信号的峰峰值电压为：

峰峰值电压＝"VOLTS/DIV"设定值×输入信号显示幅度(垂直方向格数)

$V_{p\text{-}p}=0.5\times4=2\text{V}$

电压有效值$(U)=\dfrac{V_{p\text{-}p}}{2\sqrt{2}}$

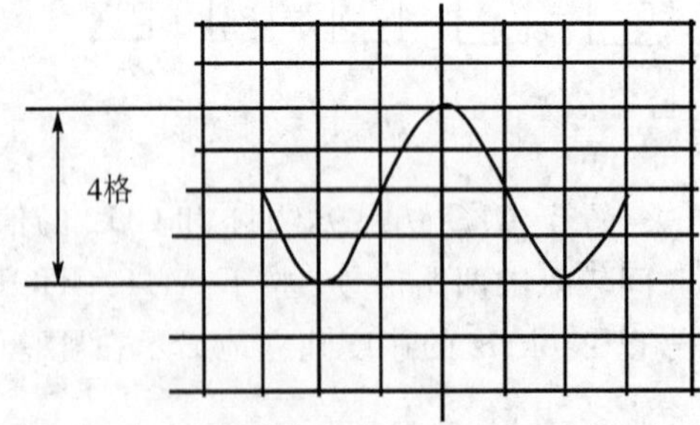

图 1-4-5 电压读数

(2)时间的测量和频率的测量

在此仅介绍一般的周期测量方法。

1) 测量前先将示波器的水平微调旋钮顺时针旋到底，使扫描速度被校准到与面板上 TIME/DIV 指示的一致。

2) 接入被测信号，将图形移至荧光屏中心，如图 1-4-6 所示。

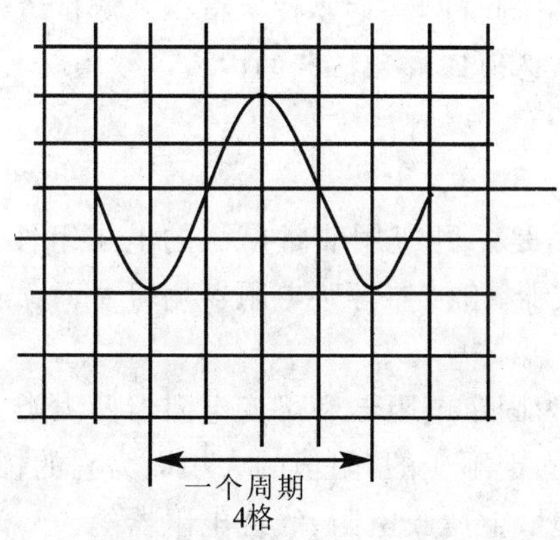

图 1-4-6　周期读数

3) 读出信号的周期 T。

水平方向一个周期为 5 格，TIME/DIV(水平扫描速度开关)为 0.5ms/DIV。

周期(T)＝“TIME/DIV”设定值×对应于被测时间的长度(水平方向一个周期内的格数)

$$T=0.5\times4=2\text{ms}$$

周期的倒数为频率：

$$f=1/T=1/(2\text{ms})=500\text{Hz}$$

(3)使用注意事项

1)测试前可利用示波器校准信号输出端的方波进行垂直方向偏转灵敏度和水平方向扫描速度的校准。

2)显示波形时，不宜超出荧光屏范围。

3)测试电压峰峰值不允许超过 300V。

4)定量观测时微调旋钮必须放在校准位置。

项目 1-5　常用元器件介绍

本节主要介绍常用电子元器件，如电阻、电容、二极管、三极管、场效应管、晶闸管、集成电路等的外形、型号、引脚、符号、主要技术指标及测试方法等。这些元器件是电路的基本组成元件，也是学生必须理解和掌握的内容。

1. 电阻器

电阻器通常称为电阻，是一种应用非常广泛的电子组件，它具有分压和限流的功能，与电容器等可组成滤波器、检波器等。电阻器用符号 R 表示。

(1)电阻器的类型

电阻器从结构上可分为固定电阻器和可变电阻器两大类。

固定电阻器的阻值是固定不变的，阻值的大小即为它的标称阻值。固定电阻器按其材料的不同可分为碳膜电阻、金属膜电阻、线绕电阻器等。

可变电阻器的阻值可以在一定的范围内调整，它的标称阻值是最大值，其阻值可在 0 和最大值之间连续调节。可变电阻器又有可调电阻器和电位器两种。可调电阻器有立式和卧式之分，其阻值连续可调。电位器有三个接线端，可以调节分压比，但其总的阻值不变。

电阻器按使用场合不同可分为精密电阻器、大功率电阻器、高频电阻器、高压电阻器、热敏电阻器、光敏电阻器和熔断电阻器等。

部分电阻器和电位器的外形示意图及有关图形符号如图 1-5-1 所示。

电阻器的型号很多，根据国家标准 GB2470－1995 的规定，电阻器及电位器的型号由四个部分组成，见表 1-5-1 所示。

例如，RJ71 表示金属膜精密电阻器。

(2)电阻器和电位器的主要参数

1)电阻器的主要参数

①标称阻值

标称阻值是指产品标志的“名义”阻值，其基本单位为欧姆(Ω)，常用单位还有千欧(kΩ)、兆欧(MΩ)。常用阻值有三大系列，分别为 E6、E12、E24，如表 1-5-2 所示。标称阻值不连续分布。若将表中各数乘 $10^n\Omega$(n 为整数)，可得到不同阻值的电阻器。

阻值表示应遵循的原则：$R<1000\Omega$ 用 Ω 为单位，$1000\Omega\leqslant R<1000\text{k}\Omega$ 用 kΩ 为单位，$R\geqslant 1000\text{k}\Omega$ 用 MΩ 为单位。

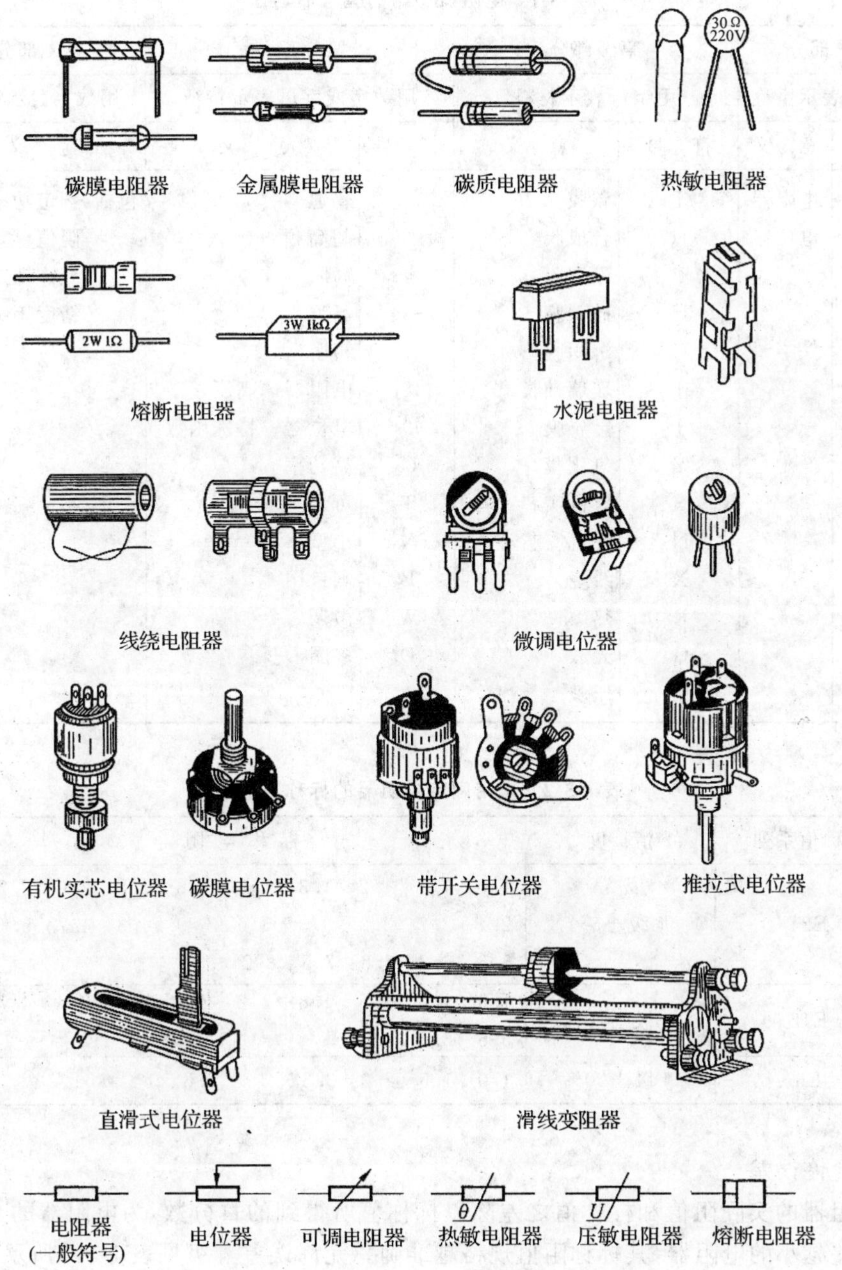

图 1-5-1　常见电阻器和电位器的外形及图形符号

表 1-5-1 电阻(位)器的型号命名法

第 1 部分		第 2 部分		第 3 部分		第 4 部分
用字母表示主称		用字母表示材料		用数字或字母表示特征		用数字表示序号
符 号	意 义	符 号	意 义	符 号	意 义	意 义
R	电阻器	T	碳膜	1,2	普通	包括:额定功率
W	电位器	H	合成膜	3	超高频	阻值
		P	硼碳膜	4	高阻	允许误差
		U	硅碳膜	5	高温	精度等级等
		C	沉积膜	7	精密	
		I	玻璃釉膜	8	电阻器—高压	
		J	金属膜	9	电位器—特殊函数	
		Y	氧化膜	G	高功率	
		S	有机实芯	T	可调	
		N	无机实芯	X	小型	
		X	线绕	L	测量用	
		R	热敏	W	微调	
		G	光敏	D	多圈	
		M	压敏			

表 1-5-2 常用固定电阻器的标称阻值

标称值系列	精 度	标 称 电 阻
E24	Ⅰ级±5%	1.0 1.1 1.2 1.3 1.5 1.6 1.8 2.0 2.2 2.4 2.7 3.0 3.3 3.6 3.9 4.3 4.7 5.1 5.6 6.2 6.8 7.5 8.2 9.1
E12	Ⅱ级±10%	1.0 1.2 1.5 1.8 2.2 2.7 3.3 3.9 4.7 5.6 6.8 8.2
E6	Ⅲ级±20%	1.0 1.5 2.2 3.3 4.7 6.8

②允许误差

电阻器的实际阻值和标称值之差除以标称值所得到的百分数,为电阻器的允许误差。误差越小的电阻器,其标称阻值规格越准确。允许误差等级见表 1-5-3 所示。

表 1-5-3 常用电阻器的允许误差等级

允许误差	±0.5%	±1%	±5%	±10%	±20%
等 级	005	01	Ⅰ	Ⅱ	Ⅲ
文字符号	D	F	J	K	M

③额定功率

电阻器在交直流电路中长期连续工作所允许消耗的最大功率，称为电阻器的额定功率。电阻器的额定功率系列见表 1-5-4 所示。额定功率的大小也称为瓦(W)数的大小，如 1/8W、1/4W、1/2W 等，无此标示，可由电阻器的体积大致判断其额定功率的大小，电阻器的体积越大，额定功率数值也越大。

如 1/8W 电阻器的外形尺寸长为 8mm，直径为 2.5mm；1/4W 电阻器的外形尺寸长为 12mm，直径为 2.5mm。各种功率的电阻器在电路图中的符号如图 1-5-2 所示。

表 1-5-4 电阻器额定功率系列

种 类	电阻器额定功率系列/W
线绕电阻	0.05 0.125 0.25 0.5 1 2 4 8 10 16 25 40 50 75 100 150 250 500
非线绕电阻	0.05 0.125 0.25 0.5 1 2 5 10 25 50 100

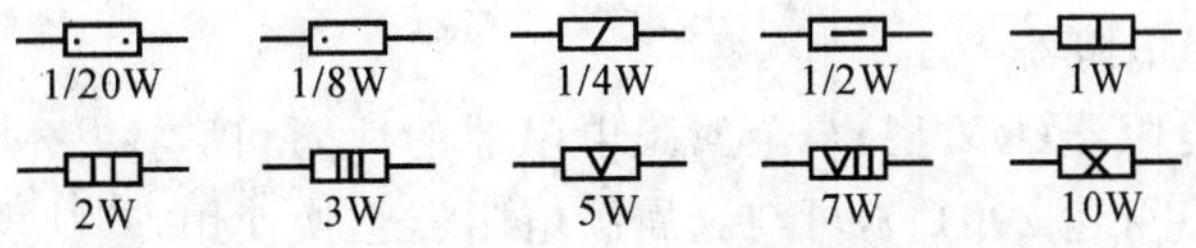

图 1-5-2 电阻器额定功率的符号表示

2)电位器的主要参数

电位器的主要参数除与电阻器相同之外还有如下性能指标：

① 阻值变换特性

阻值变化特性指电位器的阻值与滑动触点旋转角度的关系，这种关系可以是任何函数关系。常用的直线式、对数式和反对数式分别用 A、B、C 表示，它们的变换规律如图 1-5-3 所示。

直线式电位器适用于做分压器，常用于示波器的聚集和万用表的调零等方面；对数式电位器常用于音调控制和电视机的黑白对比度调节，其特点是先粗调后细调；指数式(反对数式)电位器常用于收音机、录音机、电视机等的音量控制，其特点是先细调后粗调。

②滑动噪声

由于电位器电阻分配不当、转动系统配合不当和电位器接触电阻等原因,会使电位器的电接触刷在移动时,输出端除有用信号外,还有随信号起伏不定的噪声,这就是滑动噪声。

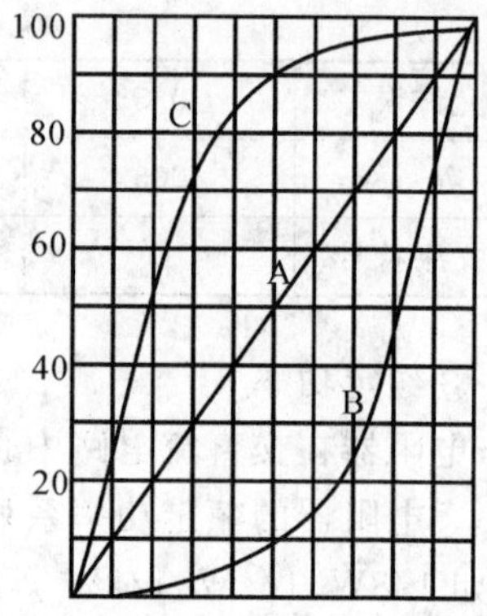

图 1-5-3 电位器的阻值变换规律

(3)电阻器和电位器的主要性能

1)电阻器的主要性能

①碳膜电阻器

碳膜电阻器(RT 型)的阻值稳定性好,温度系数小,高频特性好,可在 70℃的温度下长期工作,应用在收录机、电视机等一些电子产品中。碳膜电阻器是由结晶碳在高温与真空的条件下沉淀在瓷棒或瓷管骨架上制成的,外表常涂成绿色或橙色。

②金属膜电阻器

金属膜电阻器(RJ 型)的耐热性(能在 125℃的温度下长期工作)及稳定性均好于碳膜电阻器,且体积远小于同功率的碳膜电阻器。适用于稳定性和可靠性要求较高的场合(如用在各种测试仪表中)。金属膜电阻器是用合金粉在真空条件下蒸发于瓷棒骨架表面制成的,外表常涂成红色。

③金属氧化膜电阻器

金属氧化膜电阻器(RY 型)与金属膜电阻器的性能和形状基本相同,但具有更高的耐压性、耐热性(可达 200℃),可与金属膜电阻器互换使用,其缺点是长期工作时稳定性稍差。

④线绕电阻器

线绕电阻器(RX 型)是由镍、铬、锰铜、康铜等合金电阻丝绕在瓷管上制成的,外表涂有耐热的绝缘层(酚醛层)。线绕电阻器的精度高,稳定性好,并能承受较高的温度(300℃左右)和较大的功率,因此常用在万用表和电阻箱中作分压器和限流器,但因其固有电容和固有电感较大,故不宜用于高频电路中。

⑤热敏电阻器

热敏电阻器的特点是电阻值随温度的变化而发生明显的变化,主要用在电路中作温度补偿用,也可在温度测量和控制电路中作感温元件。热敏电阻器可分为两大类,分别是负温度系数(NTC 型)和正温度系数(PTC 型)热敏电阻器。热敏电阻器的外形有片状、杆状、垫圈状和管状等。测量热敏电阻时不宜用普通万用表,因普通万用表的电流过大,会使其发热而造成阻值变化。

⑥片状电阻器

片状电阻器属于新一代电阻元件，是超小型电子元器件。它占用的安装空间很小，没有引线，其分布电容和分布电感均很小，使高频设计易于实现。在安装上适合于机器自动装配。片状电阻器的形状有矩形和圆柱形两种。矩形片状电阻很薄，有两种型号：3216 型(长 3.2mm、宽 1.6mm、高 0.45～0.6mm)和 2125 型(长 2.0mm、宽 1.25mm、高 0.35～0.5mm)，适于制作超薄型产品。圆柱形是标准规格，目前世界上流行的尺寸是∅2.2mm×5.9mm。

片状电阻器阻值大小的表示方法与普通电阻器相同，但在色环表示的场合没有误差色环。片状电阻器使电子产品的集成度大大提高，降低了生产成本，电路的耗电也大为减少，产品的可靠性提高，具有广阔的发展前景。

2)电位器的主要性能

按电阻体所用的材料可将电位器分为碳膜电位器、金属膜电位器、有机实芯电位器、玻璃釉电位器和线绕电位器等。按电位器的结构可将电位器分为单圈电位器、多圈电位器、单联电位器、双联电位器和多联电位器；开关的形式又有旋转式、推拉式、按键式等。按阻值调节的方式又可分为旋转式和直滑式两种。

①碳膜电位器

碳膜电位器主要由马蹄形电阻片和滑动臂构成，其结构简单，阻值随滑动触点位置的改变而改变。碳膜电位器的阻值范围较宽(100Ω～4.7MΩ)，工作噪声小、稳定性好、品种多，因此广泛用于无线电电子设备和家用电器中。

②线绕电位器

线绕电位器由合金电阻丝绕在环状骨架上制成。其优点是能承受大功率且精度高，电阻的耐热性和耐磨性较好。其缺点是分布电容和分布电感较大，影响高频电路的稳定性，故在高频电路中不宜使用。

③直滑式电位器

其外形为长方体，电阻体为板条形。直滑式电位器多用于收录机和电视机中，其功率较小，阻值范围为 470Ω～2.2MΩ。

④方形电位器

这是一种新型电位器，采用碳精接点，耐磨性好，装有插入式焊片和插入式支架，能直接插入印制电路板，不用另设支架。常用于电视机的亮度、对比度和色饱和度的调节，阻值范围为 470Ω～2.2MΩ。

(4)电阻器和电位器的识别与选用

1)电阻器和电位器的识别

①直标法

将电阻器的阻值和误差等级直接用数字印在电阻器上。

如：RX-100-3.6kΩ±5%表示线绕电阻-功率100W-阻值3.6kΩ-允许偏差±5%。

RJ1W 2.7kΩ ±5%表示金属膜电阻-功率1W-阻值2.7kΩ-允许偏差±5%。

②文字符号法

用数字和文字符号或两者有规律的组合来表示电阻器的阻值。具体方法为：阻值的整数部分写在阻值单位标志符号的前面，阻值的小数部分写在阻值单位标志的后面。例如，3k6表示阻值为3.6kΩ；3M3表示阻值为3.3MΩ。

③色标法

对体积较小的电阻常在表面上用不同颜色的色环排列顺序来标注阻值和误差，常见有四环和五环电阻两种。四环电阻的四道色环中，第一、第二色环表示电阻的十位和个位的有效位，第三色环表示十的几次方，第四色环表示阻值的允许误差，如图1-5-4所示为$27\times10^3\pm5\%$。色环电阻的单位为Ω。

精密电阻器一般用五道色环标注，第一、第二和第三色环分别表示电阻的百位、十位和个位的有效位，第四色环表示十的几次方，第五色环表示阻值的允许误差，如图1-5-5所示为$332\times10^2\pm1\%$。

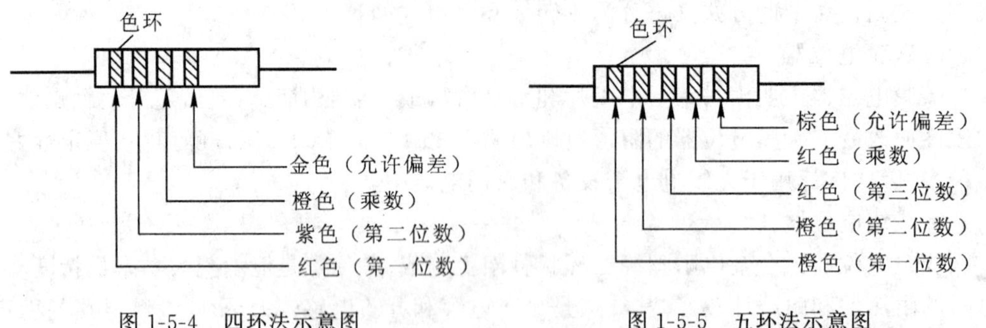

图1-5-4 四环法示意图　　图1-5-5 五环法示意图

在识读时，一定要看靠近电阻器端部的色环为第一条色环，否则会引起误读。电阻器色标法规则见表1-5-5所示。

也可通过熟记以下口诀掌握色标法规则：

棕一红二橙三，黄四绿五蓝六。

紫七灰八白九，金五银十黑零。

2)电阻器和电位器的选用

①电阻器的选用

A.根据电路的用途选择

对性能要求不高的电子线路(如收音机、普通电视机等)可选用碳膜电阻器；对整机质量和工作稳定性、可靠性要求较高的电路可选用金属膜电阻器；对仪器、仪表电路应选用精密电阻器或线绕电阻器，但在高频电路中不能选用线绕电阻器。

表 1-5-5　电阻器色标法规则

颜色	第一色环	第二色环	第三色环	第四色环	第五色环
	左第一位	左第二位	左第三位	倍率(乘数)	允许偏差(%)
黑	0	0	0	10^0	/
棕	1	1	1	10^1	±1
红	2	2	2	10^2	±2
橙	3	3	3	10^3	/
黄	4	4	4	10^4	/
绿	5	5	5	10^5	±0.5
蓝	6	6	6	10^6	±0.25
紫	7	7	7	10^7	±0.1
灰	8	8	8	10^8	±0.05
白	9	9	9	10^9	/
金		/	/	10^{-1}	±5
银		/	/	10^{-2}	±10
无色					±20

B. 根据电流大小选择电阻器的额定功率

在一般情况下，所选电阻器的额定功率要大于电阻在电路中实际消耗功率的两倍左右，以保证电阻器使用的安全与可靠。

C. 电阻的误差选择

在一般电路中选用 5%～10%的误差即可，在特殊电路则根据要求可选用 1%及更小的误差。

②电位器的选用

电位器的体积大小和转轴的轴端式样要符合电路的要求。如经常旋转调整的选用铣平面式；作为电路调试用的可选用带起子槽式等。根据用途选择电位器的阻值变化形式，如分压控制、偏流调整等可用直线式电位器；音调控制、对比度调节用对数式电位器。

(5)电阻器的测试与代换

1)电阻器的静态测试

①普通电阻器的测试

当电阻的参数标志因某种原因脱落或想知道其精确阻值时，就需要用仪器对电阻的阻值进行测量。对于常用的碳膜、金属膜电阻器以及线绕电阻器的阻值，可用普通指针式万用表的电阻档直接测量。在具体测量时应注意以下几点：

A. 合理选择量程

先将万用表功能选择置于"Ω"档，由于指针式万用表的电阻档刻度线是非均匀刻度，因此必须选择合适的量程，使被测电阻的指示值尽可能位于刻度线的 0 刻度到全程

2/3这一段位置上，这样可提高测量的精度。对于上千欧的电阻器，则应选用“R×10k”档来进行测量。

B. 注意调零

所谓“调零”就是将电表的两只表笔短接，调节“调零”旋钮使表针指向表盘上的“0Ω”位置。

C. 读数要准确

在观测被测电阻的阻值读数时，两眼应位于电表指针的正上方（万用表应水平放置），同时注意双手不能同时接触被测电阻的两根引线，以免人体电阻的存在影响测量的准确性。

②热敏电阻器的测试

目前在电路中应用较多的热敏电阻器是负温度系数热敏电阻。要判断热敏电阻器性能的好坏，可在测量其电阻值的同时，用手指捏在热敏电阻器上，使其温度升高，或者利用电烙铁对其加热（注意不要让电烙铁直接接触电阻）。若其阻值随温度的变化而变化，说明其性能良好；若不随温度变化或变化很小，说明其性能不好或已损坏。

③电位器的测试

A. 测试要求

电位器的总阻值要符合标志数值，电位器的中心滑动端与电阻体之间要接触良好，其动噪声和静噪声应尽量小，其开关动作应准确可靠。

B. 检测方法

先测量电位器的总阻值，即两端片之间的阻值应为标称值，然后再测量它的中心端片与电阻体接触情况。将一只表笔接电位器的中心焊接片，另一只表笔接其余端片中的任意一个，慢慢将其转柄从一个极端位置旋转至另一个极端位置，其阻值应从零（或标称值）连续变化到标称值（或零）。在整个旋转过程中，万用表的指针不应有跳动现象。在电位器转柄旋转的过程中，应感觉平滑、松紧适中，不应有异常响声。带开关的电位器在开关接通时，开关两端之间的阻值就应为零；开关断开时，其阻值应为无穷大。

2)电阻器的在路测试

在通常的测试和维修中，除了要掌握静态测试电阻器的操作方法外，还应掌握电阻器在实际电路中的在路测量。由于电路形式不同，电阻器所承担的任务也各不相同，如在收录机、电视机的电路中，电阻器分别起着分流、分压、阻尼、调音等作用。在没有充分理由判定电阻器存在问题之前，一般是不需要拆下来进行静态测试的，否则既花费时间，又把握不大，而且印刷电路板经多次拆焊很容易被损伤。因此，对复杂电路上的电阻器或排布密集的电阻器一般可采用在路测试法。

进行在路测试前，首先要分析、了解该电阻器在电路中的位置、作用及和与之相邻的元器件之间的连接形式（是串联还是并联）。在接通电源后，还必须了解该电阻器上直流电压的大小，最后进行检测。在路测量电阻器的具体方法包括测量不通电时的电阻器阻值和测量通电时的电阻器两端电压两种方法。

①用万用表的电阻档测量不通电的电阻器阻值的方法

A. 电阻器与电容器并联

电路如图 1-5-6 所示，测量由 10kΩ 电阻器和 10μF 电容器并联时的电阻值。万用表刻度盘的指针开始指在阻值较小的刻度上，而后慢慢上升，最后指针定在 10kΩ 位置上。这种现象是由电容器充电过程引起的。如果刻度盘指针指在无穷大位置(∞)，则说明该电阻器已开路，需要更换；如刻度盘指针指在零位，则说明电阻器和电容器中有一只或全部被击穿，需分别断开，再进一步检测。

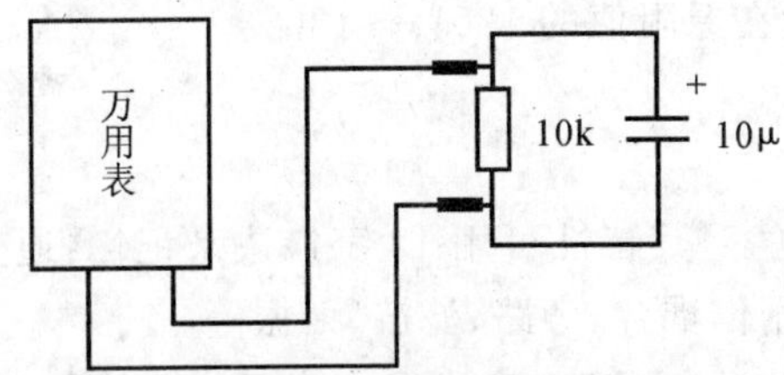

图 1-5-6　万用表测量电阻器和电容器并联电路示意图

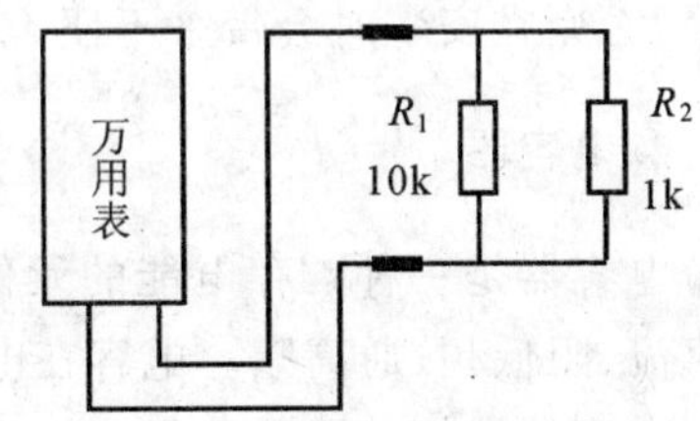

图 1-5-7　万用表测量并联电路示意图

B. 两只电阻器并联时的电阻值的测量

两只并联电阻要判别其好坏，可用万用表测其总阻值，如图 1-5-7 所示。

设 $R_1=10\text{k}\Omega, R_2=1\text{k}\Omega$。

在测量时：

a. 当测量电阻 $R<R_2$，表明 R_2 好、R_1 不一定。

b. 如测出电阻 $R_2<R<R_1$，表明 R_2 已坏。

c. 如测出电阻 $R>R_1$，表明两个电阻都坏。

d. 如测出的电阻 $R=R_1 /\!/ R_2$，表明 R_1 和 R_2 都是好的。

②测量通电时电阻器两端电压的方法

根据电路中电阻器的工作原理和所承受的工作电压的大小，可判断电阻器的好坏。测电阻器两端的电压，若其周围电路电压正常，而该电阻两端无电压，则说明电阻器已短路。若电压值超过正常电压，则说明该电阻器已开路。

3)电阻器的代换

①相同种类电阻器的串、并联代换法

在串联电路中，由于总电阻等于各分电阻值之和，因此只要几只相同种类电阻器阻值之和等于被更换电阻器的阻值，用串联方法就能替代。

如果备件中只有阻值较大的电阻器，则可用并联代换法。因为并联电路中总电阻值的倒数等于各分电阻值的倒数之和，两只阻值相同的电阻器并联后，其总阻值为一只分电阻器阻值的一半。

②其他种类及规格的代换

在代换时，要考虑性能与价格因素。在一般情况下，金属膜电阻器可以代换同阻值、同功率的碳膜电阻器；氧化膜电阻器可以代换金属膜电阻器。

半可调电阻器只使用某一阻值(即固定在某一阻值上)，在损坏时可用相应阻值的固定电阻器代换。相反，固定电阻器也可以用半可调电阻器调至相同阻值来代换。

另外，还要注意用于代换的电阻器的功率，原则上不能小于原电阻器的额定功率。如无同功率电阻器可代换，可用两只以上功率略小的电阻器串联或并联来替代。

电位器在代换时，除了考虑总阻值尽量相同外，还要考虑外壳的大小，转轴的长短、直径，否则在安装时会带来不便。范围一般在原阻值的 120％～130％。

2. 电容器

电容器是一种贮存电能的元件，简称电容，其特性可用 12 字口诀来记忆：通交流、隔直流、阻低频、通高频。电容在电路中常用作耦合、旁路、滤波、谐振等。

电容器按结构可分为固定电容和可变电容，可变电容中又有半可变(微调)电容和全可变电容。电容器按材料介质可分为气体介质电容、纸介电容、有机薄膜电容、瓷介电容、云母电容、玻璃釉电容、电解电容、钽电容等。电容器还可分为有极性电容器和无极性电容器。常见电容器的外型和图形符号如图 1-5-8 所示。

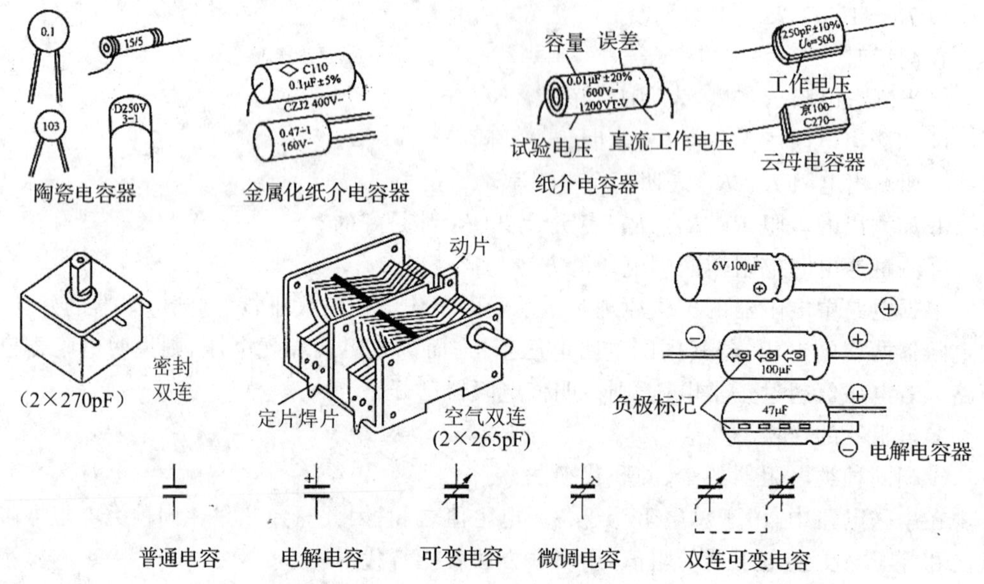

图 1-5-8 常见电容器的外形和图形符号

(1)电容器的型号命名法

根据国家标准,电容器的型号命名一般由主称、材料、特征和序号四部分组成,各部分含义见表 1-5-6 所示。

表 1-5-6 电容器型号命名规则

第 1 部分		第 2 部分		第 3 部分		第 4 部分
用字母表示主体		用字母表示材料		用字母表示特征		用数字或字母表示序号
符 号	意 义	符 号	意 义	符 号	意 义	意 义
C	电容器	C	陶瓷介质	T	筒型	包括:品种、尺寸代号、温度特性、直流工作电压、标称值、允许误差、标准代号等
		I	玻璃釉介质	W	微调	
		O	玻璃膜介质	J	金属化	
		Y	云母介质	X	小型	
		V	云母纸介质	S	独石	
		Z	纸介质	D	低压	
		J	金属化纸介质	Y	密封	
		B	聚苯乙烯介质	C	圆片形	
		F	聚四氟乙烯介质		穿心式	
		L	涤纶介质			
		S	聚碳酸酯介质			
		Q	漆膜介质			
		H	纸膜复合介质			
		D	铝电解			
		A	钽电解			
		G	金属电解			
		N	铌电解			
		T	钛电解			
		E	其他电解材料			

例如,电容器 CJX-250-0.33-±10%各部分的含义为:

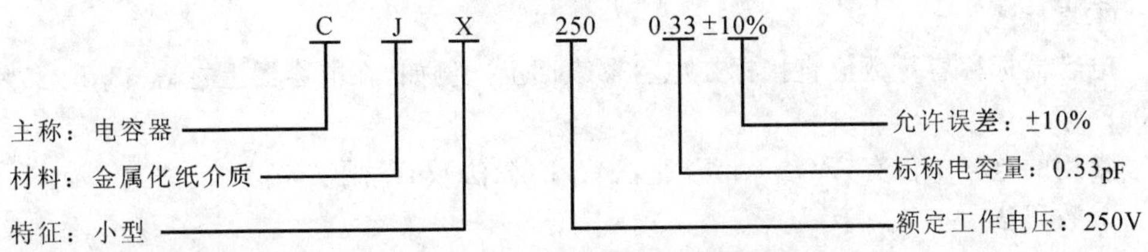

(2)电容器的主要参数

①电容量

电容量是指电容器加上一定的电压后贮存电荷的能力。

电容量的单位是:法拉(F)、微法(μF)和皮法(pF)等。皮法也称微微法,它们三者的关系为:

$$1F=10^6\mu F=10^{12}pF$$

②标称电容量

标称电容量是指标志在电容器上的"名义"电容量,其数值也有标称系列,同电阻标称系列。电解电容的标称容量参考系列为1、1.5、2.2、3.3、4.7、6.8(以μF为单位)。

③允许误差

电容器的标称容量与实际电容量之间的差值,再除以标称值所得的百分比,就是允许误差。允许误差一般分为8个等级,如表1-5-7所示。

表1-5-7 电容器的允许误差等级

级别	01	02	Ⅰ	Ⅱ	Ⅲ	Ⅳ	Ⅴ	Ⅵ
允许误差	1%	±2%	±5%	±10%	±20%	−30%～+20%	−20%～+50%	−10%～+100%

误差的标志方法一般有以下3种:

A. 将容量的允许误差直接标志在电容器上。

B. 用罗马数字Ⅰ、Ⅱ、Ⅲ分别表示±5%、±10%、±20%。

C. 用英文字母表示误差等级。用J、K、M、N分别表示±5%、±10%、±20%、±30%;用D、F、G分别表示±0.5%、±1%、±2%。

④额定工作电压

额定工作电压是指电容器在规定的工作温度范围内,长期、可靠地工作所能承受的最高电压,又称耐压值。其值通常为击穿电压的一半。常用固定式电容器的直流工作电压系列为:6.3、10、16、25、40、63、100、160、250和400(以V为单位)。

(3)电容器的识别方法

①直标法

电容器标称容量数值直接标在电容器表面上。例如,在电容器上标志33μF±5%、510pF等。

常用的电容单位有:F(法)、mF(毫法)、μF(微法)、nF(纳法)、pF(皮法)。

②数码法

一般用三位数字来表示电容的大小,单位为pF。第一、二位数表示容量的有效数值,第三位数字表示倍率(即零的个数)。

例如：103 表示 10×10^{3}pF=0.01μF。

注意：当第三个数字是 9 时是个特例，如“229”表示容量不是 22×10^{9}pF，而是 22×10^{-1}pF(2.2pF)。

③文字符号法

将容量的整数部分写在容量单位标志前面，小数部分放在容量符号标志后面。

例如：0.33pF 写为 p33，2.2μF 写为 2μ2。

④色码法

与电阻器的色环表示法类似，色码一般只有三种颜色，前两条色码表示有效数字，第三条色码表示倍率，单位为 pF。小型电解电容器的工作电压可以用正极根部色点来表示，如表 1-5-8 所示。

表 1-5-8 电容器工作电压色点表示规则

颜色	黑	棕	红	橙	黄	绿	蓝	紫	灰
工作电压/V	4	6.3	10	16	25	32	40	50	63

(4)常见电容器介绍

1)固定电容器

固定电容器有下列几种类型：

①纸介电容器

纸介电容器(CZ 型)的电极用铝箔或锡箔做成，绝缘介质用浸过蜡的纸相叠后卷成圆柱体密封而成。其特点是容量大、构造简单、成本低，但热稳定性差、损耗大、易吸湿，适用于在低频电路中用作旁路电容和隔直电容。金属纸介电容器(CJ 型)的两层电极是将金属蒸发后沾积在纸上形成的金属薄膜，其体积小，特点是被高压击穿后有自愈作用。

②有机薄膜电容器

有机薄膜电容器(CB 或 CL 型)是用聚苯乙烯、聚四氟乙烯、聚碳酯或涤纶等有机薄膜代替纸介，以铝箔或在薄膜上蒸发金属薄膜作电极卷绕封装而成。其特点是体积小、耐压高、损耗小、绝缘电阻大、稳定性好，但是温度系数较大。适用于高压电路、谐振回路、滤波电路中。

③瓷介电容器

瓷介电容器(CC 型)是以陶瓷材料作介质，在介质表面上烧渗银层作电极，有管状和圆片状。其特点是结构简单、绝缘性能好、稳定性较高、介质损耗小、固有电感小、耐热性好，但其机械强度低、容量不大。适用于高频高压和温度补偿电路。

④云母电容器

云母电容器(CY 型)是以云母为介质,上面喷覆银层或用金属箔作电极后封装而成。其特点是绝缘性好、耐高温、介质损耗极小、固有电感小,因此其工作频率高、稳定性好、工作耐压高,应用广泛。适用于高频电路和高压设备。

⑤玻璃釉电容器

玻璃釉电容器(CI 型)是用玻璃釉粉加工成的薄片作为介质,其特点是介电常数大,体积也比同容量的瓷片电容器小,损耗更小。与云母和瓷介电容器相比,它更适用于在高温下工作,广泛用于小型电子仪器中的交直流电路、高频电路和脉冲电路。

⑥电解电容器

电解电容器以附着在金属极板上的氧化膜层作介质,阳极金属极片一般为铝、钽、铌、钛等,阴极是填充的电解液(液体、半液体、胶状),且有修补氧化膜的作用。氧化膜具有单向导电性和较高的介质强度,所以电解电容器为有极性电容器。新出厂的电解电容器其长脚为正极,短脚为负极,在电容器的表面上还印有负极标志。电解电容器在使用中一旦极性接反,则通过其内部的电流过大,导致其过热击穿,温度升高产生的气体会引起电容器外壳爆裂。

电解电容器的优点是容量大,在短时间过压击穿后,能自动修补氧化膜并恢复绝缘。

其缺点是误差大、体积大,有极性要求,稳定性差,绝缘性能低,工作电压不高,寿命较短,长期不用时易变质。电解电容器适用于在整流电路中进行滤波、电源去耦、放大器中的耦合和旁路等。

2)可变电容器

①空气可变电容器

这种电容器以空气为介质,用一组固定的定片和一组可旋转的动片(两组金属片)为电极,两组金属片相互绝缘。动片和定片的组数分为单连、双连、多连等。其特点是稳定性高、损耗小、精确度高,但体积大,常用于收音机的调谐电路。

②薄膜介质可变电容器

这种电容器的动片和定片之间用云母或塑料薄膜作为介质,外面加以封装。由于动片和定片之间距离极近,因此在相同的容量下,薄膜介质可变电容器比空气可变电容器的体积小,重量也轻。常见的薄膜介质密封单联和双联电容器在便携式收音机中广泛使用。

③微调电容器

微调电容器有云母、瓷介和瓷介拉线等几种类型,其容量的调节范围极小,一般仅为几 pF 至几十 pF,用在电路中作补偿和校正等。

3)新型电容器

①片状电容器

片状电容器是一种新器件，主要有片状陶瓷电容器和片状钽电容器。片状陶瓷电容器是片状电容器中产量最大的一种，有 3216 型和 3215 型两种(定义见片状电阻)。片状陶瓷电容器的容量为 1pF～47800pF，耐压为 25V、50V，常用于混合集成电路和电子手表电路中。片状钽电容的体积小、容量大。其正极使用钽棒并露出一部分，另一端是负极。片状钽电容的容量为 0.1μF～100μF，其耐压值常用的是 16V 和 35V。它广泛应用在台式计算机、手机、数码照相机和精密电子仪器等电路。

②独石电容器

独石电容器是以碳酸钡为主材料烧结而成的一种瓷介电容器，其容量比一般瓷介电容器大(10pF～10μF)，且具有体积小、耐高温、绝缘性好、成本低等优点，因而得到广泛应用。独石电容器不仅可替代云母电容器和纸介电容器，还取代了某些钽电容器，广泛应用于小型和超小型电子设备，如用在液晶手表和微型仪器中。

(4)电容器的选用

一般用于低频耦合、旁路、去耦等，电气性能要求较低时，可以采用纸介电容器、电解电容器等。

晶体管低频放大器的耦合电容器，选用 1～22μF 的电解电容器。旁路电容器根据电路的工作频率来选，如在低频电路中，发射极旁路电容选用电解电容器，容量在 10～220μF之间；在中频电路中，可选用 0.01～0.1μF 的纸介、金属化纸介、有机薄膜电容器等；在高频电路中应选择高频瓷片电容器；若要求在高温下工作，则应选玻璃釉电容器等。

在电源滤波和去耦电路中，可选用电解电容器。因为在这些使用场合，对电容器性能要求不高，只要体积不大、容量够用就可以。

对于可变电容器，应根据电容统调的级数，确定应采用单联还是多联可变电容器，然后根据容量变化范围、容量变化曲线、体积等要求确定相应品种的可变电容器。

(5)电容器的检测

电容器的主要故障是：击穿、短路、漏电、容量减小、变质及破损等。

1)外观检查

外表应完好无损，表面无裂口、腐蚀，标志应清晰，引出电极无折伤；对可调电容器应转动灵活，动定片间无碰、擦现象，各联间转动应同步等。

2)测试漏电电阻用指针式万用表的“R×100Ω”、“R×1kΩ”档

将表笔接触电容的两引线，刚搭上时，表头指针将发生摆动，然后再逐渐返回电阻为无穷大处，这就是电容的充放电现象(0.1μF 以下的电容器观察不到此现象)。指针摆动越大容量越大，指针稳定后所指示的值就是漏电电阻值，其值一般为几百到几千兆

欧，阻值越大，表明电容器的绝缘性能越好。检测时，若绝缘电阻为零，则表示电容器内部短路；若表针不动，则表明电容器内部开路。

对于容量较小的固定电容器，可借助一个外加直流电压（不能超过被测电容的工作电压，以免击穿），把万用表调到相应直流电压档，负表笔接直流电源负极，正表笔串连被测电容后再接电源的正极，根据表针摆动情况判别电容器的质量，见表 1-5-9 所示。

表 1-5-9 小容量固定电容器的质量判别方法

万用表表针摆动情况	小容量电容器质量
接通电源瞬间表针有较大摆幅，然后逐渐返回零点	良好；摆幅越大，容量越大
通电瞬间表针不摆动	电容失效或断路
表针一直指示电源电压而不摆动	短路（击穿）
表针摆动正常，不返回零点	指示电压数越高，漏电流越大

3）电解电容器的检测

①因为电解电容的容量较一般固定电容大得多，所以在测量时，应针对不同容量选用合适的量程。根据经验，一般情况下，1～47μF 间的电容，可用“R×1k”档测量，大于 47μF 的电容可用“R×100”档测量。

②将指针式万用表红表笔接负极，黑表笔接正极，在刚接触的瞬间，万用表指针即向右偏转较大偏度（对于同一电阻档，容量越大，摆幅越大），接着逐渐向左回转，直到停在某一位置。此时的阻值便是电解电容的正向漏电阻，此值略大于反向漏电阻。实际使用经验表明，电解电容的漏电阻一般应在几百 kΩ 以上，否则，将不能正常工作。在测试中，若正向、反向均无充电现象，即表针不动，则说明容量消失或内部断路；如果所测阻值很小或为零，说明电容漏电大或已击穿损坏，不能再使用。

③对于正、负极标志不明的电解电容器，可利用上述测量漏电阻的方法加以判别。即先任意测一下漏电阻，记住其大小，然后交换表笔再测出一个阻值。两次测量中阻值大的那一次便是正向接法，即指针式万用表黑表笔接的是正极，红表笔接的是负极。

3. 电感器和变压器

电感器是组成电子线路的重要元件之一，它是用漆包线在绝缘骨架上绕制而成的一种能够存储磁场能的电子器件，常用于调谐、振荡、耦合和滤波等电路。常见电感器的外型和图形符号如图 1-5-9 所示。

（1）电感器

电感器可分为固定电感器和可变电感器两大类；按导磁性质不同可分为空心线圈、磁芯线圈和铜芯线圈等；按用途可分为高频扼流线圈、低频扼流线圈、调谐线圈、退耦线圈、提升线圈和稳频线圈等；按结构特点可分为单层、多层、蜂房式、磁芯式等。

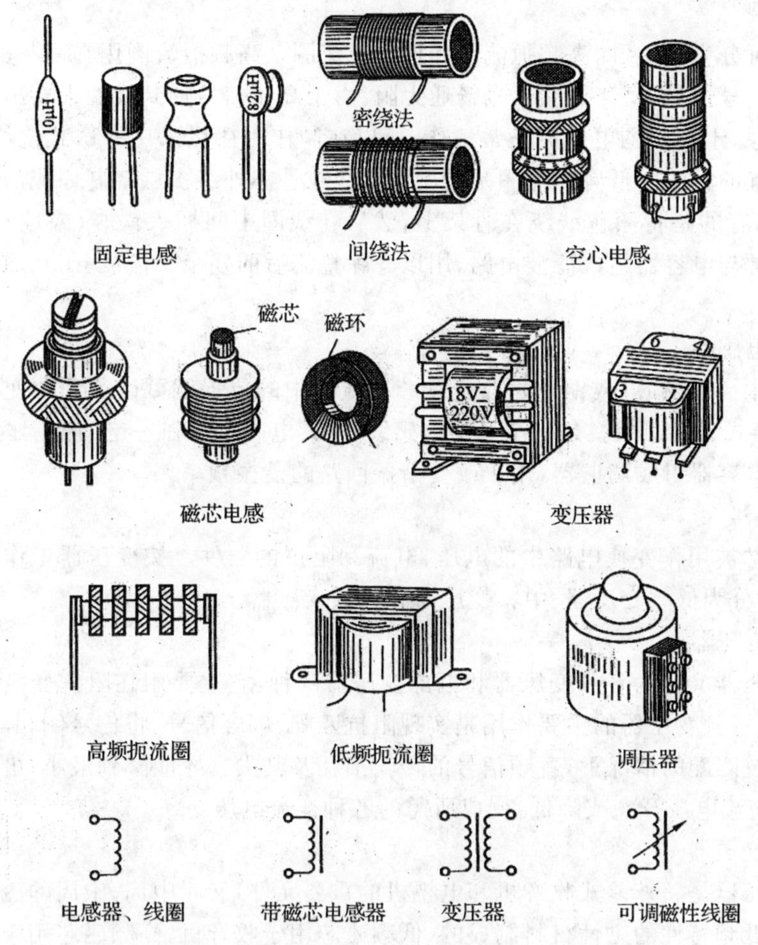

图 1-5-9　常见电感器的外形和图形符号

1)固定电感器

①小型固定式电感器

这种电感器是用铜线直接绕在磁性材料骨架上，然后再用环氧树脂或塑料封装起来的，主要有立式和卧式两种。这种电感器的特点是体积小、重量轻、结构牢固、安装方便等，广泛应用于收录机、电视机等电子设备中，在电路中用于滤波、扼流、振荡、延迟等。

②空心线圈

空心线圈是用导线直接在骨架上绕制而成的。在线圈内没有磁性材料做成的磁芯或铁芯，有的线圈甚至没有骨架。这种电感由于没有铁芯、磁芯，故电感量往往很小，一般只用在高频电路中。

③扼流圈

扼流圈可分为两类,即高频扼流圈和低频扼流圈。高频扼流圈用在高频电路中,用来阻止高频信号通过,而让低频信号畅通无阻。由于高频信号加到线圈上会出现很强的电磁感应现象,干扰周围电路的正常工作,所以在制作时往往采用蜂房式绕线方法,以达到降低干扰的目的。低频扼流圈是指用漆包线在铁芯外经多层绕制而成的大电感量的电感器;也有的是将漆包线绕在骨架上,然后在线圈中间插入铁心(或硅钢片)制成的。它们通常与电容器组成滤波电路,用以滤除整流后的残余交流成分,从而让直流输出更加稳定。

2)可变电感器

在线圈中插入磁芯(或铜芯),改变磁芯在线圈中的位置就可以达到改变电感量的目的。如磁棒式天线线圈就是一个可变电感线圈,其电感量可在一定的范围内调节。它还能与可变电容器组成调谐器,用于改变谐振回路的谐振频率。

(2)变压器

变压器常被用作变换电路中的电压、电流和阻抗的器件。按变压器工作频率的高低,变压器可分为低频变压器、中频变压器和高频变压器。

1)低频变压器

低频变压器又分为音频变压器和电源变压器两种,它主要用在阻抗变换和交流电压的变换上。音频变压器的主要作用是实现阻抗匹配、耦合信号、将信号倒相等,因为只有在电路阻抗匹配的情况下,音频信号的传输损耗及其失真才能降到最小;电源变压器可将 220V 交流电压升高或降低,变成所需的各种交流电压。

2)中频变压器

中频变压器是超外差式收音机和电视机的重要元件,又叫中周。中周的磁芯和磁帽是用高频或低频特性的磁性材料制成的,低频磁芯用于收音机,高频磁芯用于电视机和调频收音机。中周的调谐方式有单调谐和双调谐两种,收音机多采用单调谐电路。中频变压器的适用频率范围从几千赫到几十兆赫,在电路中起选频和耦合等作用,其性能在很大程度上决定了接收机的灵敏度、选择性和通频带。

3)高频变压器

高频变压器又分为耦合线圈和调谐线圈两类。调谐线圈可与电容组成串、并联谐振回路,起到选频等作用。天线线圈、振荡线圈等都是高频线圈。

4)行输出变压器

行输出变压器又称为行逆程变压器,接在电视机行扫描的输出级,将行逆程反峰电压升压后,再经过整流、滤波,为显像管提供几万伏的阳极高压和几百伏的加速极电压、聚焦极电压以及其他电路所需的直流电压。新产品均为将整流和升压合为一体的行输出变压器。

(3)电感线圈和变压器的命名

1)电感线圈的命名

电感线圈的命名方法目前有两种,采用汉语拼音字母或阿拉伯数字串表示。电感器的型号命名包括四个部分,如图 1-5-10 所示。

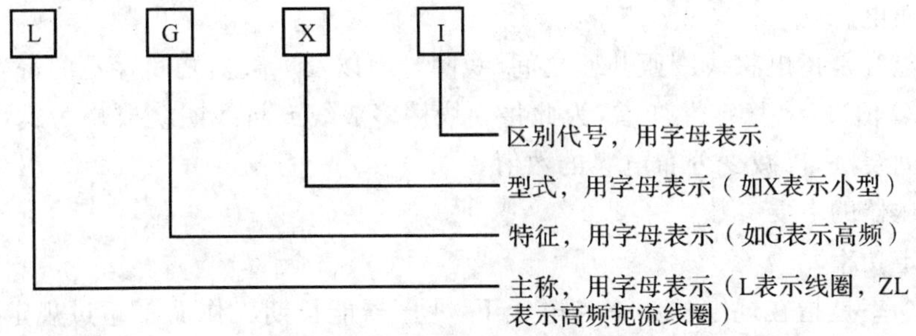

图 1-5-10　电感线圈的命名方法

2)变压器的命名

变压器的命名方法由三部分组成:

第一部分:主称,用字母表示,如表 1-5-10 所示;

第二部分:功率,用数字表示,计量单位有 VA 或 W 标志;

第三部分:序号,用数字表示。

表 1-5-10　变压器型号主称字母含义

字 母	含　义	字 母	含　义
DB	电源变压器	CB	音频输出变压器
GB	高压变压器	RB	音频输入变压器
HB	灯丝变压器	SB	音频输出变压器

例如:DB-15-2 表示电源变压器,15W 或 VA。

(4)主要参数

1)电感器的主要参数

①电感量

电感量可以反映电感储存磁场能的本领,它的大小与电感线圈的匝数、几何大小、磁芯的导磁率有关。电感量的单位为亨利(H)、毫亨(mH)、微亨(μH),它们之间的关系为

$$1\text{H}=10^3\text{mH}=10^6\mu\text{H}$$

②品质因数(Q 值)

电感线圈中储存的能量与消耗能量的比值称为品质因数,又称 Q 值,$Q=\omega L/R$(ω

为交流电的角频率，L 为电感线圈的电感量，R 为电感线圈的直流电阻）。Q 值高表示电感器的损耗功率小，效率高。电感器的 Q 值一般为 50～300。

③额定电流

额定电流是电感器正常工作时，允许通过的最大工作电流。若工作电流大于额定电流，电感器会因发热而改变参数，严重时会被烧毁。

④分布电容

分布电容是指电感线圈匝与匝之间、线圈与地以及屏蔽盒之间存在的寄生电容。分布电容使 Q 值减小、稳定性变差，为此将导线用多股线或将线圈绕成蜂房式，对天线线圈则采用间绕法，以减少分布电容的数值。

2)变压器的主要参数

①额定功率

额定功率是指在规定的频率和电压下，变压器能长期工作而不超过规定温升的最大输出视在功率，单位为 VA。

②效率

效率是指在额定负载时，变压器的输出功率 P_2 和输入功率 P_1 的比值，即

$$\eta=(P_2/P_1)\times 100\%$$

③绝缘电阻

绝缘电阻是表征变压器绝缘性能的一个参数，是施加在绝缘层上的电压与漏电流的比值，包括绕组之间、绕组与铁芯及外壳之间的绝缘阻值。由于绝缘电阻值很大，一般只能用兆欧表（或万用表的“R×10kΩ”档）测量其阻值。如果变压器的绝缘电阻值过低，在使用中可能出现机壳带电甚至将变压器绕组击穿烧毁的情况。

(5)电感器识别方法

1)直标法

直标法是指将电感器的主要参数，如电感量、误差值、最大直流工作电流等用文字直接标注在电感器的外壳上。其中，最大工作电流常用字母 A、B、C、D、E 等标注，字母和电流的对应关系如表 1-5-11 所示。

表 1-5-11 电感器的工作电流和字母关系

字　母	A	B	C	D	E
最大工作电流/mA	50	150	300	700	1600

2)色标法

色标法是指在电感器的外壳涂上各种不同颜色的色环，用来标注其主要参数。如图 1-5-11 所示，色码一般只有四种颜色，前两条色码表示有效数字，第三条色码表示倍率

10^n，第四条表示误差，单位为微亨（μH）。不同颜色的含义与电阻器的色环表示法类似。

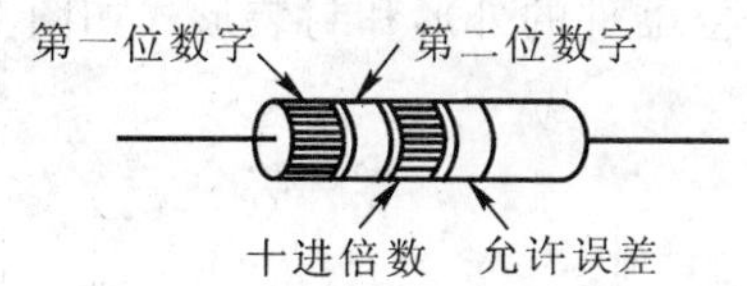

图 1-5-11　电感器色标法的读识

例如：棕黑棕银的含义是 $10\times10^1\mu H\pm10\%$

（6）电感器和变压器的选用及测量

1）电感器和变压器的使用注意事项。

①根据电路的要求选择不同的电感器；

②在使用时，要注意通过电感器的工作电流要小于它的允许电流；

③在安装时，要注意电感元件之间的相互位置，一般应使相互靠近的电感线圈的轴线相互垂直。

2）对电感器的测量

对电感器进行测量前首先要进行外观检查，看线圈有无松散，引脚有无折断、生锈现象。然后用万用表的欧姆档测量线圈的直流电阻，若为无穷大，说明线圈（或与引出线间）有断路；若比正常值小很多，说明有局部短路；若为零，则线圈被完全短路。对于有金属屏蔽罩的电感器线圈。还需检查它的线圈与屏蔽罩间是否短路；对于有磁芯的可调电感器，螺纹配合要好。

3）对变压器（电子线路用变压器）的测量

对变压器的测量主要是测量变压器线圈的直流电阻和各绕组之间的绝缘电阻。

①线圈直流电阻的测量

由于变压器线圈的直流电阻很小，所以一般用万用表的“R×1Ω”档来测绕组的电阻值，可判断绕组有无短路或断路现象。对于某些晶体管收音机中使用的输入、输出变压器，由于它们体积相同，外形相似，一旦标志脱落，直观上很难区分，此时可根据其线圈直流电阻值进行区分。一般情况下，输入变压器的直流电阻值较大，初级多为几百欧，次级多为 100～200Ω；输出变压器的初级多为几十至上百欧，次级多为零点几欧至几欧。

②绕组间绝缘电阻的测量

变压器各绕组之间以及绕组和铁芯之间的绝缘电阻可用 500V 或 1000V 兆欧表（摇表）进行测量。根据不同的变压器，选择不同的摇表。一般电源变压器和扼流圈应选用 1000V 摇表，其绝缘电阻应不小于 1000MΩ；晶体管输入变压器和输出变压器用 500V 摇表，其绝缘电阻不小于 100MΩ。若无摇表，也可用万用表的“R×10kΩ”档，测量时，表头指针应不动（相当于电阻值为无穷大）。

4. 半导体器件

导电能力介于导体和绝缘体之间的物质称为半导体，例如，锗、硅、硒及大多数金属氧化物。半导体具有体积小、重量轻、耗电省、寿命长、工作可靠等一系列优点。常用半导体分立器件的外形和封装形式如图 1-5-12 所示。

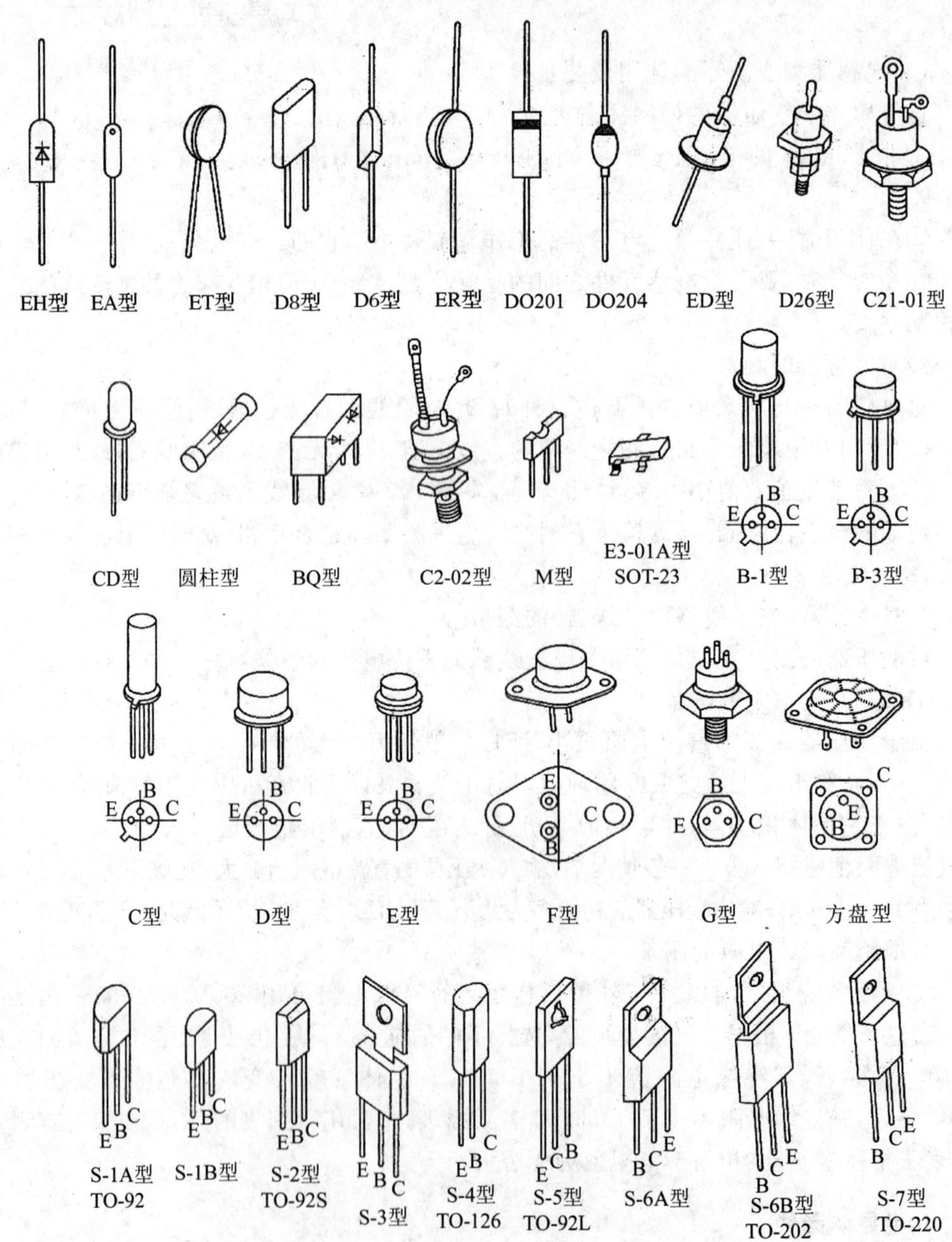

图 1-5-12 常用半导体分立器件的外形和封装形式

(1)半导体器件的型号命名法

国产半导体器件型号由 5 部分组成,如表 1-5-12 所示。

第一部分:用数字“2”表示二极管,“3”表示三极管;

第二部分:材料和极性,用字母表示;

第三部分:类型,用字母表示;

第四部分:序号,用数字表示;

第五部分:规格,用字母表示。

表 1-5-12　国产半导体器件型号命名法

<table>
<tr><th colspan="2">第一部分</th><th colspan="2">第二部分</th><th colspan="2">第三部分</th><th>第四部分</th><th>第五部分</th></tr>
<tr><td colspan="2">用数字表示器件的电极数</td><td colspan="2">用字母表示器件的材料和极性</td><td colspan="2">用字母表示器件的类别</td><td>用数字表示器件的序号</td><td>用字母表示规格号</td></tr>
<tr><td>符号</td><td>含义</td><td>符号</td><td>含义</td><td>符号</td><td>含义</td><td>含义</td><td>含义</td></tr>
<tr><td>2</td><td>二极管</td><td>A
B
C
D</td><td>N 型锗材料
P 型锗材料
N 型硅材料
P 型硅材料</td><td rowspan="2">P
V
W
C
Z
L
S
N
U
K
X

G

D

A</td><td rowspan="2">普通管
微波管
稳压管
参量管
整流管
整流堆
隧道管
阻尼管
光电器件
开关管
低频小功率管
(f_α<3MHz,P_{CM}<1W)
高频小功率管
($f_\alpha \geqslant$3MHz,P_{CM}<1W)
低频大功率管
(f_α<3MHz,$P_{CM} \geqslant$1W)
高频大功率管
($f_\alpha \geqslant$3MHz,$P_{CM} \geqslant$1W)</td><td rowspan="2">反映了极限参数、直流参数和交流参数等的差别</td><td rowspan="2">反映了承受反向击穿电压的程度。如规格号 A、B、C、D……其中 A 承受的反向击穿电压最低,B 次之……</td></tr>
<tr><td>3</td><td>三极管</td><td>A
B
C
D
E</td><td>PNP 型锗材料
NPN 型锗材料
PNP 型硅材料
NPN 型硅材料
化合物材料</td></tr>
</table>

(2)半导体二极管

1)常用二极管的介绍

二极管按材料不同可分为硅管和锗管两种;按结构不同可分为点接触型和面接触型;按用途不同可分为整流管、稳压管、检波管、开关管和光电管等。如图 1-5-13 为点接触和面接触型二极管的结构示意图。

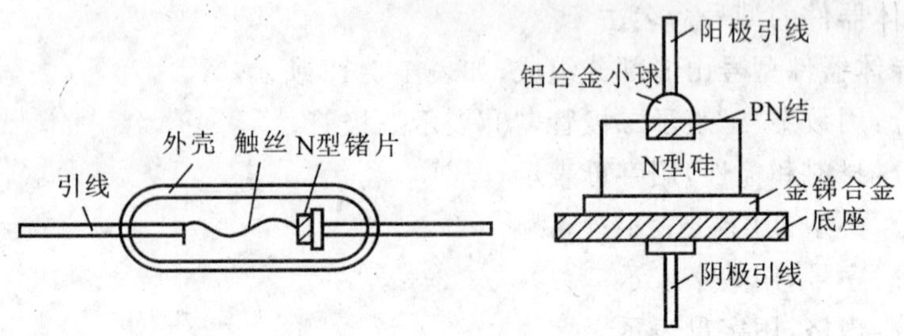

图 1-5-13 点接触和面接触型二极管的结构示意图

①整流二极管

整流二极管主要用于整流电路,即把交流电变换成脉动的直流电。整流二极管的结构为面接触型,其结电容较大,因此工作频率范围较窄(3kHz 以内)。常用的型号有 2CZ 型、2DZ 型等,国外产品有 1N4007 等。还有用于高压和高频整流电路的高压整流堆,如 2CGL 型、2CL51 型等。

②检波二极管

检波二极管的主要作用是把高频信号中的低频信号检出,其结构为点接触型,结电容比较小,一般为锗材料。检波二极管常采用玻璃外壳封装,主要型号有 2AP 型和 1N4148 型(国外型号)等。

③稳压二极管

稳压二极管是用特殊工艺制造的面结型硅半导体二极管,其特点是工作于反向击穿区,实现稳压;其被反向击穿后,当外加电压减小或消失,PN 结能自动恢复而不至于损坏。稳压管主要用于电路的稳压环节和直流电源电路中,常用的有 2CW 型和 2DW 型。

④光电二极管

光电管又称光敏管,其 PN 结工作在反偏状态。其特点是:无光照射时其反向电流很小,反向电阻很大;当有光照射时,其反向电阻减小,反向电流增大。光电管常用在光电转换控制器或光测量电路中,其 PN 结面积较大,是专门为接收入射光而设计的。光电管在无光照射时的反向电流称为暗电流,有光照射时的电流称为光电流(或亮电流)。其典型产品有 2CU、2DU 系列。

⑤发光二极管

发光二极管简称 LED。它通常用砷化镓或磷化镓等材料制成,当有额定电流通过它时便会发出一定颜色的光。按发光的颜色不同,发光二极管可分为红色、黄色、绿色、蓝色、变色和红外发光二极管等。一般情况下,通过 LED 的电流在 5～20mA 之间,正向压降约为 1.7～2.4V。LED 可用直流、交流、脉冲等电源驱动,但必须串接限流电阻。LED 能把电能转换成光能,广泛应用在音响设备、数控装置、微机系统的显示器上。

⑥变容二极管

变容二极管工作在反偏状态，管内的 PN 结相当于一个小电容。反偏电压越大，其结电容越小，一般在 20～30pF 之间变化。它主要用在高频电路中作自动调谐、调频、调相等，如用在彩色电视机的高频头中支持电视频道的选择。

如图 1-5-14 为常用二极管的符号。

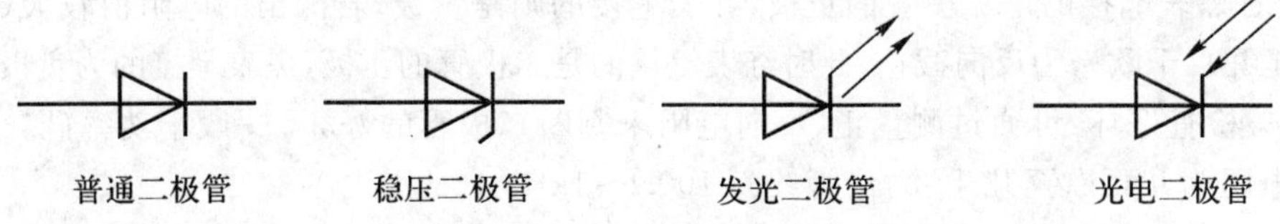

图 1-5-14　二极管的符号

2）常用二极管的选用

应根据用途和电路的具体要求选择二极管的种类、型号及参数。

选用检波管时，主要使其工作频率符合要求。常用的有 2AP 系列，还可用锗开关管 2AK 型代用。用锗高频三极管的发射结进行检波的效果较好，因其发射结结电容很小。

选择整流二极管时，主要考虑其最大整流电流、最高反向工作电压是否满足要求，常用的硅桥（硅整流组合管）为 QL 型。

在修理电子电路时，当损坏的二极管型号一时找不到，可考虑用其他二极管代用。代换的原则是清楚原二极管的性质和主要参数，然后换上与其参数相当的其他型号二极管。如检波二极管，只要工作频率不低于原型号的就可以使用。

3）二极管的简易测试

万用表“R×1k”档，用红、黑两表笔分别接触二极管的两个电极，如图 1-5-15 所示。

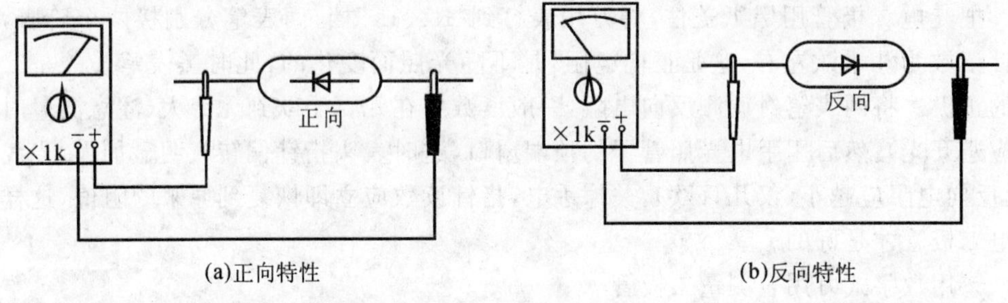

图 1-5-15　二极管极性判断

①用指针式万用表测试二极管

A. 普通二极管的测试

普通二极管外壳上均印有型号和标记。标记方法有箭头、色点和色环 3 种，箭头所指方向或靠近色环的一端为二极管的负极，有色点的一端为正极。若型号和标记脱落，可用万用表的欧姆档进行判别，主要原理是根据二极管的单向导电性，其反向电阻要远远大于正向电阻。具体过程如下：

a. 判别极性：将万用表选在“R×100”或“R×1k”档，两表笔分别接二极管的两个电极。若测出的电阻值较小(硅管为几百至几千欧，锗管为100Ω～1kΩ)，说明是正向导通，此时黑表笔接的是二极管的正极，红表笔接的则是负极；若测出的电阻值较大(几十千欧至几百千欧)，为反向截止，此时红表笔接的是二极管的正极，黑表笔接的为负极。

b. 检查好坏：可通过测量正、反向电阻来判断二极管的好坏。一般小功率硅二极管正向电阻为几百欧至几千欧，锗管约为100Ω～1kΩ。

c. 判别硅、锗管：若不知被测的二极管是硅管还是锗管，可根据硅、锗管的导通压降不同的原理来判别。将二极管接在电路中，当其导通时，用万用表测其正向压降，硅管一般为0.6～0.8V，锗管为0.1～0.3V。

B. 稳压管的测试

a. 极性的判别：与上面普通二极管的判别方法相同。

b. 检查好坏：万用表置于“R×10k”档，黑表笔接稳压管的“－”极，红表笔接“＋”，若此时的反向电阻很小(与使用“R×1k”档时的测试值相比较)，说明该稳压管正常。因为万用表“R×10k”档的内部电压都在9V以上，可达到被测稳压管的击穿电压，使其阻值大大减小。

C. 发光二极管的测试

用万用表“R×10k”档测试。一般正向电阻应小于30kΩ，反向电阻应大于1MΩ；若正、反向电阻均为零，说明其内部击穿。反之，若均为无穷大，则内部已开路。

D. 光电二极管的测试

把光电二极管用黑纸盖住，将万用表打到“R×1k”档，两表笔分别接两个管脚，若指针读数为几千欧左右，这是正向电阻，是不随光照而变化的，此时黑表笔连的是二极管的正极。将两表笔对调测反向电阻，一般读数应在几百千欧到无穷大(注意测量时窗口应避开光)。然后用手电光照管子的顶端窗口，这时表头指针偏转应明显加大，光线越强，反向电阻应越小(仅几百欧)。关掉手电，指针读数应立即恢复到原来的阻值，这样的光电二极管才是好的。

②用数字式万用表测量二极管

用数字式万用表也可判别二极管的极性，是硅管还是锗管，以及其好坏，测量方法与指针式万用表不同。

A. 极性差别

将数字万用表置于二极管档，红表笔插入“V·Ω”插孔，黑表笔插入“COM”插孔，这时红表笔接表内电源正极，黑表笔为表内电源负极。将两支笔分别接触二极管的两个电极，如果显示溢出符号“1”，说明二极管处于截止状态；如果显示在 1V 以下，说明二极管处于正向导通状态，此时与红表笔相接的是管子的正极，与黑表笔相接的是负极。

B. 好坏的测量

将数字式万用表置于二极管档，红表笔插入“V・Ω”插孔，黑表笔插入“COM”插孔。当红表笔接二极管的正极，黑表笔接二极管的负极时，显示值在 1V 以下；当黑表笔接二极管的正极，红表笔接负极时，显示溢出符号“1”，表示被测二极管正常。若两次测量均显示溢出，则表示二极管内部断路。若两次测量均显示“000”，则表示二极管已击穿短路。

C. 硅管与锗管的测量

量程开关位置及表笔插法同上，红表笔接被测二极管的正极，黑表笔接负极，若显示电压在 0.6～0.8V，说明被测管是硅管；如果显示电压为 0.1～0.3V，说明被测管是锗管。用数字式万用表测二极管时，不宜用电阻档测量，因为数字式万用表电阻档所提供的测量电流太大，而二极管是非线性元件，其正、反向电阻与测试电流的大小有关，所以，用数字式万用表电阻档测出来的电阻值与正常值相差极大。

(3)半导体三极管

半导体三极管又称双极型晶体管，简称三极管，它是一种电流控制型的半导体器件，主要功能是具有电流放大及开关作用。它具有体积小、结构牢固、寿命长、耗电省等优点，被广泛应用于各种电子设备中。

1)三极管的结构

三极管由两个 PN 结组成，根据组合的方式不同，可分为 NPN 和 PNP 两种类型，其结构示意图和图形符号如图 1-5-16 所示。三极管由基区、发射区和集电区三个不同的导电区域构成，对应这三个区域引出三个电极，分别称为基极 b、发射极 e 和集电极 c。集电区和基区之间的 PN 结称为集电结，基区和发射区之间的 PN 结称为发射结。

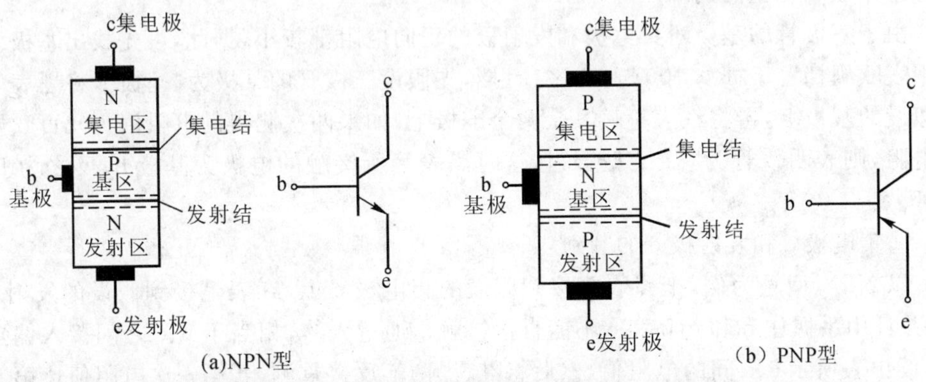

(a)NPN型 (b) PNP型

图 1-5-16 半导体三极管的结构示意图和图形符号

2)三极管的种类

三极管按材料分有锗管和硅管;按导电极性,锗管和硅管均有 NPN 和 PNP 型两种;按工作频率来分有低频管、高频管(f>3MHz 为高频管)两种;按功率来分有大功率管(P_{CM}>1W)、中功率管(P_{CM}在 0.5～1W)、小功率管(P_{CM}<0.5W)。

3)三极管的识别方法

①常用三极管的β值色点识别

有些三极管的壳顶上标有色点,作为β值的色点标志,为选用三极管带来了很大的方便。其分档标志如下:

β	0～15	～25	～40	～55	～80	～120	～180	～270	～400	～600
色标	棕	红	橙	黄	绿	蓝	紫	灰	白	黑

②大功率三极管的电极识别

对于大功率三极管,外形一般为 F 型和 G 型两种,如图 1-5-17 所示。

F 型管:两根电极,将管底朝上,两根电极置于左测,则上为 e、下为 b、底座为 c。

G 型管:三个电极,将管底朝下,三根电极置于左方,从最下面的电极起,顺时针方向依次为 e、b、c。

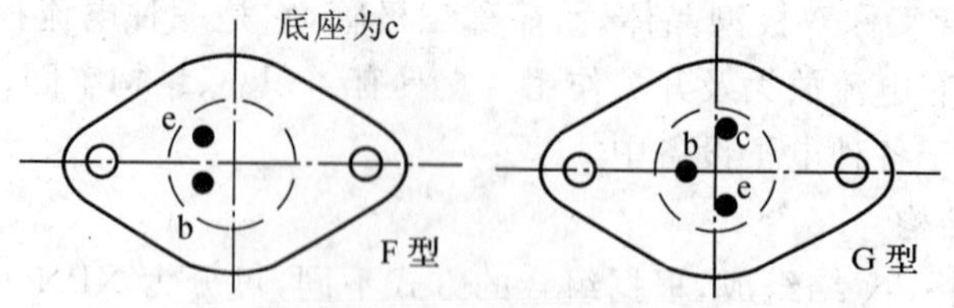

图 1-5-17 大功率管电极识别

4)三极管的简易测试

①基极和管型的判断

由于三极管的基极对集电极和发射极的正向电阻都较小,据此,可先找出基极。将万用表欧姆档置于“R×100”或“R×1k”档,先假设三极管的某极为“基极”,将黑表笔接在假设的基极上,再将红表笔接其余两个电极上,如果两次测得的电阻值为几百欧姆的低电阻,则表明该管为 NPN 型管,且这时黑表笔所接触的电极为基极 b;反之为 PNP 型管。

②集电极 c 和发射极 e 的判别

以 NPN 型管为例,把黑表笔接到假设的集电极 c 上,红表笔接到假设的发射极 e 上,并且用手握住 b 和 c(b 和 c 不能直接接触),通过人体,相当于 b、c 之间接入偏置电阻。读出表所示 c、e 间的电阻值,然后将红、黑两笔反接重测,若第一次电阻值比第二次小,说明原假设成立,即黑表笔所接的是集电极 c,红表笔接的是发射极 e。因为 c、e 间电阻值小正说明通过万用表的电流大，偏值正常，如图 1-5-18 所示。

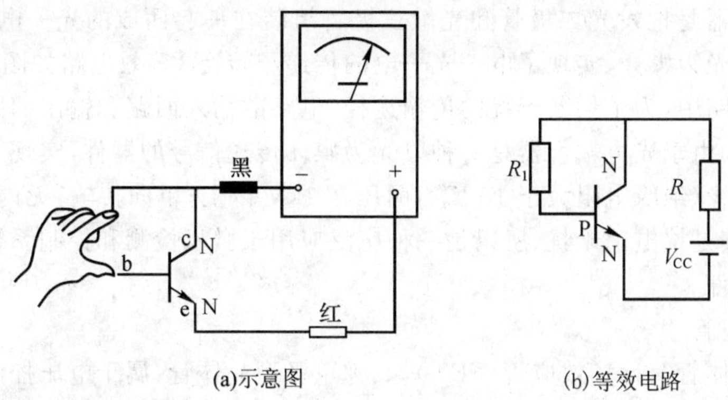

图 1-5-18　判别三极管 c、e 电极的原理图

③判断 I_{CEO}的大小

以 NPN 型为例，将基极 b 开路，测量 c、e 极间的电阻。万用表黑表笔接 c 极，红表笔接 e 极（对 PNP 型，红表笔接 c 极，黑表笔接 e 极），如果测得的电阻值越大，则说明 I_{CEO}越小，管子的性能越好。对硅管来说，测得的电阻值应在几百千欧以上，表针一般不动；对锗管来说，测得的电阻值应在几十千欧以上，如果测得的电阻值太小，表示 I_{CEO}很大；如果测得的电阻值接近于零，则表明晶体管已击穿，不能再用。

5）特殊三极管

①光敏三极管

光敏三极管是一种相当于在基极和集电极接入光电二极管的三极管。为了对光有良好的响应，其基区面积比发射区面积大得多，以扩大光照面积。光敏三极管有三管脚型和两管脚型。在两个管脚的管子中，光窗口即为基极。其等效电路和符号如图 1-5-19 所示。

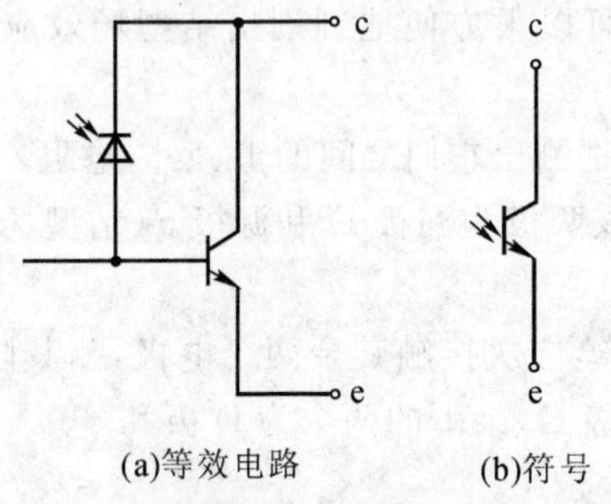

图 1-5-19　光敏三极管的等效电路及符号

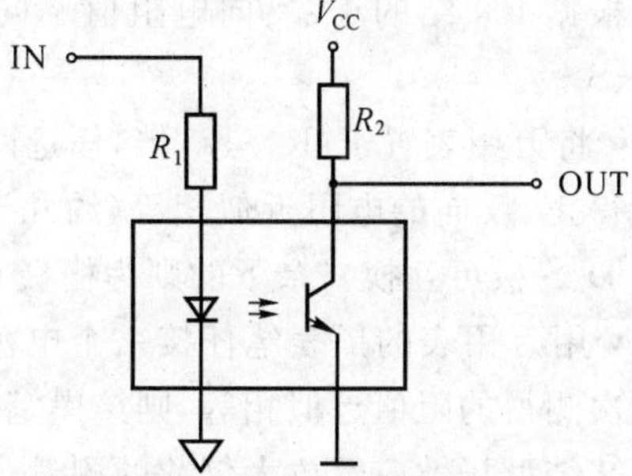

图 1-5-20　光电耦合器

②光电耦合器

光电耦合器是把发光二极管和光敏三极管组装在一起而成的光—电转换器件，其主要原理是以光为媒介，实现了电—光—电的传递与转换。等效电路如图 1-5-20 所示，在光电隔离电路中，为了切断干扰的传输途径，电路的输入回路和输出回路必须各自独立，不能共地。由于光电耦合器是一种以光为媒体传送信号的器件，实现了输出端与输入端的电气绝缘(绝缘电阻大于 $10^{19}\Omega$)，耐压在 1kV 以上；单向传输，无内部反馈，抗干扰能力强，尤其是抗电磁干扰，所以是一种广泛应用于微机检测和控制系统中光电隔离方面的新型器件。

(4)场效应管

场效应晶体管简称场效应管(FET)，又称单极型晶体管，属于电压控制型半导体器件。其特点是输入电阻很高($10^{7}\sim10^{15}\Omega$)、噪声小、功耗低，受温度和辐射影响小，特别适用于要求高灵敏度和低噪声的电路。场效应管和三极管一样都能实现信号的控制和放大，但由于它们的构造和工作原理截然不同，所以两者的差别很大。在某些特殊应用方面，场效应管优于三极管，是三极管所无法替代的。

1)场效应管的分类

场效应管分为结型(JEET)和绝缘栅型(MOS)。结型场效应管又分为 N 沟道和 P 沟道两种；绝缘栅场效应管除有 N 沟道和 P 沟道之分外，还有增强型与耗尽型之分。

2)场效应管的选择和使用

选择场效应管要适应电路的要求。当信号源内阻高，希望得到好的放大作用和较低的噪声系数时，当信号为超高频和要求低噪声时，当信号为弱信号且要求低电流运行时，当要求作为双向导电的开关等场合，都可以优先选用场效应管。

3)场效应管的测试

下面以结型场效应管(JFET)为例说明有关测试的方法。

①场效应管电极的判别

根据 PN 结的正、反向电阻值不同的现象，可以很方便地判别出结型场效应管的 G、D、S 极。

- 将万用表置于“R×1k”档，任选两电极，分别测出它们之间的正、反向电阻。若测量所得正、反向的电阻近似相等(约几千欧)，则该两极为漏极 D 和源极 S(结型场效应管的 D、S 极可互换)，余下的则为栅极 G。
- 用万用表的黑表笔任接一个电极，另一表笔依次接触其余两个电极，测其阻值。若两次测得的阻值近似相等，则该黑笔接的为栅极 G，余下的两个为 D 极和 S 极。

②结型场效应管放大倍数的测量

将万用表置于“R×1k”或“R×100”档，两只表笔分别接触 D 极和 S 极，用手靠近或接触 G 极，此时表针右摆，且摆动幅度越大，放大倍数越大。

对 MOS 管来说，为防止栅极击穿，一般测量前先在其 G 极和 S 极间接一只几兆欧的大电阻，然后按上述方法测量。

③判别结型场效应管的好坏

用万用表检查两个 PN 结的单向导电性，若 PN 结都正常，则是好的，否则已损坏。在测量结型场效应管漏、源间的电阻 R_{DS}时，其值应约为几千欧；若 $R_{DS}\to 0$ 或 $R_{DS}\to\infty$，则已损坏。测 R_{DS}时，用手靠近结型场效应管的栅极 G 时，万用表的表针应有明显摆动，摆幅越大，说明管子的性能越好。

(5)晶闸管

晶闸管又叫可控硅，它是在硅整流二极管的基础上发展起来的新型变流器件。晶闸管具有硅整流器件的特性，更重要的是它的工作过程可以控制，它能以小功率信号去控制大功率系统，从而使电子科技从弱电领域进入了强电领域。晶闸管是大功率电能变换与控制的理想器件。晶闸管还具有体积小、重量轻、功耗低、效率高、寿命长及使用方便等优点。随着电子工业的发展，晶闸管的应用越来越广泛。

常用的晶闸管外形有螺栓型、平板型、金属封装及塑料封装，如图 1-5-21 所示。

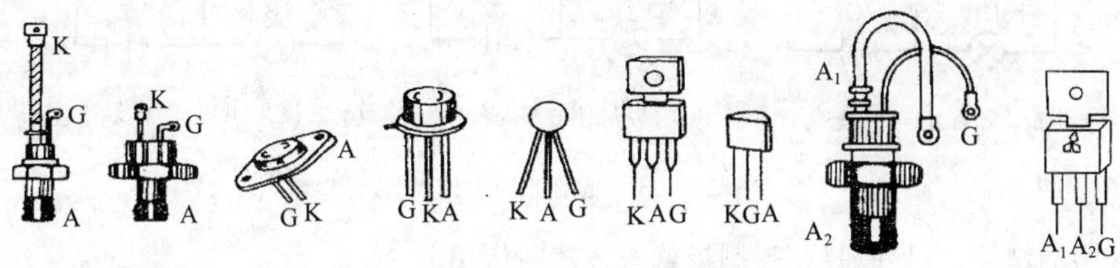

图 1-5-21　晶闸管的外形

1)单向晶闸管

①单向晶闸管的结构

单向晶闸管是一种有三个 PN 结四层结构的半导体器件，内部电路示意图如图 1-5-22 所示。晶闸管有三个电极，分别为阳极(A)、阴极(K)和控制极(G)，控制极又称栅极、门极，是从 P 型硅层上引出的，用于输入触发信号。

②单向晶闸管的特点

为了直观地了解晶闸管的工作原理，我们用图 1-5-23 所示电路来说明。

A. 晶闸管阳极接直流电源的正极，阴极接灯泡再接电源负极，此时晶闸管承受正向电压。控制极电路中开关 S 断开，如图 1-5-23(a)所示，这时灯不亮，说明晶闸管不导通。

B. 晶闸管阳极和阴极间加正向电压时，将控制极电路中的开关 S 闭合，也就是给控制极和阴极间加一个正向电压，如图 1-5-23(b)所示，这时灯泡发光，说明晶闸管导通。在晶闸管导通后，断开控制极电路上的开关 S，也就是去掉控制极电压，灯泡仍然亮

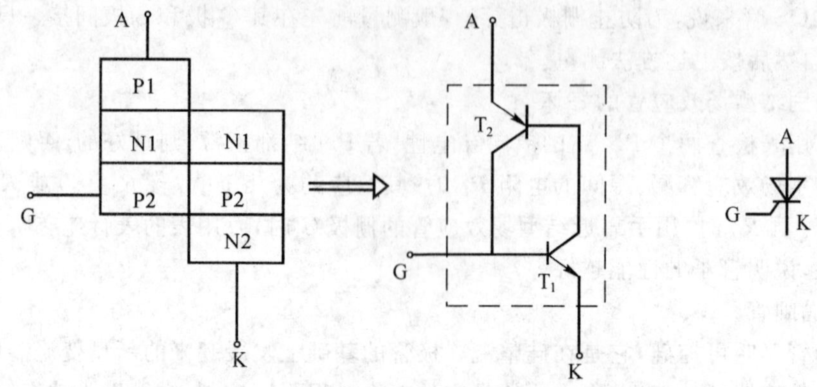

图 1-5-22　单向晶闸管内部电路示意图和电路图形符号

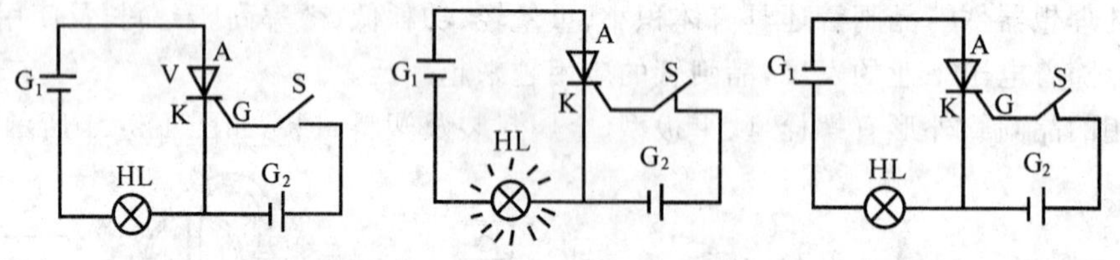

图 1-5-23　晶闸管的工作特点

着，说明晶闸管一旦导通后，控制极就失去控制作用。

C. 晶闸管阳极和阴极间加反向电压，如图 1-5-23(c)所示，这时不管控制极加电压还是不加电压，灯泡都不发光，说明晶闸管关断。

③单向晶闸管的检测

A. 单向晶闸管电极的判别

塑料型普通晶闸管，可以用万用表“R×1k”或“R×100”档测量。

用黑表笔接某一电极，红表笔依次触碰另外两个电极，若两次测出的电阻值都很大，应更改测试的电极，直到出现有一次偏转电阻值小，而另一次阻值大，说明黑表笔接的是控制极 G，在所测阻值小的那一次测量中，红表笔接的是阴极 K，另一极是阳极 A。

B. 单向晶闸管导电性能的测量

将万用表置于“R×1”档，红表笔接阴极 K，黑表笔接阳极 A。然后用导线短路一下控制极 G 和阳极 A，这相当于给控制极 G 加正向触发电压，此时指针应明显偏向小阻值方向，这时断开控制极 G 和阳极 A 间的连线(注：红、黑表笔仍然接 K、A 极)，指针的指示值应保持不变，则表明管子的触发特性基本正常。

2)双向晶闸管

单向晶闸管属于直流控制器件,晶闸管的阳极 A 和阴极 K 必须是直流电压。如果要控制交流负载,就须两只晶闸管反极性并联,让每一只晶闸管控制交流的一个半波,为此要用两套独立的触发电路,使用不便。双向晶闸管是在普通晶闸管的基础上发展起来的,它不仅能代替两只反极性的单向晶闸管,而且仅需要一个触发电路,它是比较理想的交流开关器件。

①双向晶闸管的结构

双向晶闸管也有三个电极,控制极为 G,另外两个电极不分阳极和阴极,而统称主电极 A_1 和 A_2,如图 1-5-24 所示。

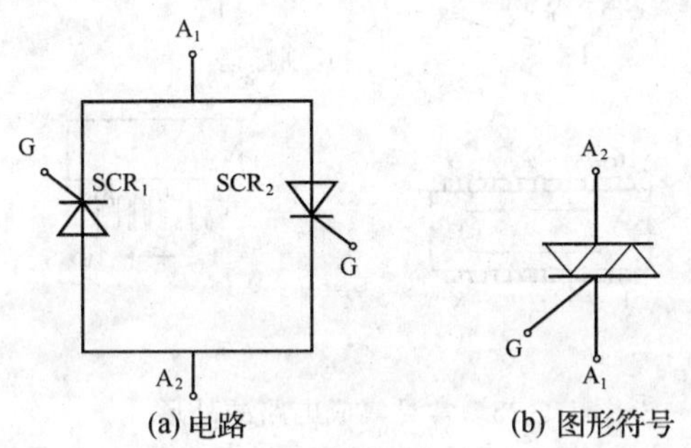

图 1-5-24　双向晶闸管的电路及图形符号

双向晶闸管的基本特性是双向控制导通,即在双向晶闸管的控制极 G,无论加上正的或负的触发脉冲,均可使之正向或反向触发导通。双向晶闸管也称为双向开关。

②双向晶闸管极性的判别

a. 先判断 A_2 极。由于 A_1 极靠近 G 极,而远离 A_2 极,因此 G—A_1 之间的正、反向电阻都很小,而利用 G—A_2、A_1—A_2 之间的正、反向电阻都很大来判别 A_2 极。如测得其中两个电极间的正、反向电阻都很小,可断定这两极是 G 极和 A_1 极,则剩下的就是 A_2 极。

b. 判断 G 极、A_1 极。确定 A_2 极后,先假定另外两个电极中一个为 G 极,另一个为 A_1 极,然后用万用表"R×1"档,用黑表笔接一个管脚(设它为 A_1 极),红表笔接 A_2 极,此时万用表指针不动,阻值为无穷大,将 A_1 与剩余的一极瞬间短路一下,如果万用表指针向右摆动,指示电阻值从无穷大变到几十欧,说明假设正确。为了正确无误,上述测量可多做几次。当测功率大些的双向晶闸管时,若用万用表的"R×1"档不能将它触发导通时,可用串联电池来解决。

5. 集成电路

集成电路是把一个单元电路或一些功能电路,甚至某一整机的功能电路集中制作在一个半导体芯片上或瓷片上。从小规模集成电路(含有几十个元件)发展到今天的超大规模集成电路(含有几万个元件或近万个门电路)。集成电路的体积小、耗电低、稳定性好,从某种意义上讲,集成电路是衡量一个电子产品是否先进的主要标志。常见集成电路的外形如图 1-5-25 所示。

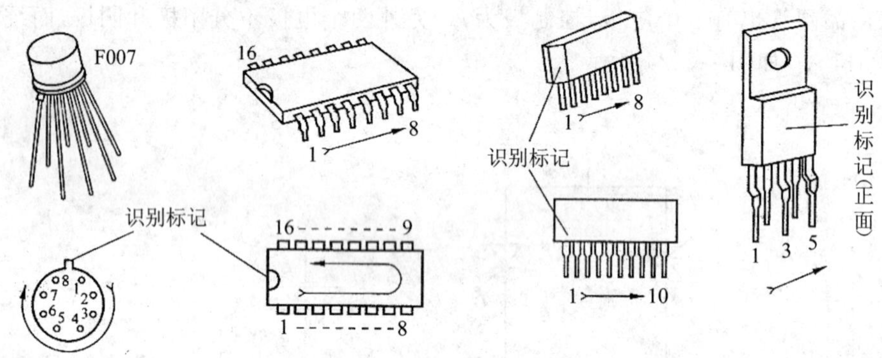

图 1-5-25 常见集成电路的外形

(1)集成电路的分类

集成电路按工艺不同可分为半导体集成电路、薄膜集成电路、厚膜集成电路和混合集成电路等;按功能不同可分为数字集成电路和模拟集成电路两大类;按集成度不同可分为小规模集成电路、中规模集成电路、大规模集成电路和超大规模集成电路。

按封装形式不同可分为晶体管式圆管壳封装、扁平封装、双列直插式封装等。集成电路的管脚排列次序有一定的规律,一般是从外壳顶部向下看,从左下脚按逆时针方向读数,第一脚一般有参考标志,如凹槽、色点等,如图 1-5-25 所示。

(2)集成电路的型号与命名

国产半导体集成电路型号一般由以下五部分组成,各部分的符号及含义见表 1-5-13 所示。

(3)数字集成电路

1)集成电路的性能检测

为了保证数字系统长期、稳定、可靠地工作,精心检测所采用的数字集成电路是必不可少的步骤,主要对集成电路的逻辑功能进行测试。

表 1-5-13　国产半导体集成电路型号命名

第 1 部分	第 2 部分	第 3 部分	第 4 部分	第 5 部分
中国制造	器件类型	器件系列品种	工作温度范围	封　装
C	T:TTL H:HTL E:ECL C:CMOS M:存储器 μ:微型机电路 F:线性放大器 W:稳压器 D:音响电视电路 B:非线性电路 J:接口电路 AD:A/D 转换器 DA:D/A 转换器 SC:通信专用电路 SS:敏感电路 SW:钟表电路 SJ:机电仪电路 SF:复印机电路 ……	TTL 电路分为: 54/74××× 54/74H××× 54/74L××× 54/74S××× 54/74LS××× 54/74AS××× 54/74ALS××× 54/74F××× CMOS 电路分为: 4000 系列 54/74HC××× 54/74HCT×××	C:0℃～70℃ G:−25℃～70℃ L:−25℃～85℃ E:−40℃～85℃ R:−55℃～85℃ M:−55℃～125℃	D:多层陶瓷双列直插 F:多层陶瓷扁平 B:塑料扁平 H:黑瓷扁平 J:黑瓷双列直插 P:塑料双列直插 S:塑料单列直插 T:金属圆壳 K:金属菱形 C:陶瓷芯片载体 E:塑料芯片载体 G:网络针栅阵列封装 …… SOIC:小引线封装 PCC:塑料芯片载体 LCC:陶瓷芯片载体

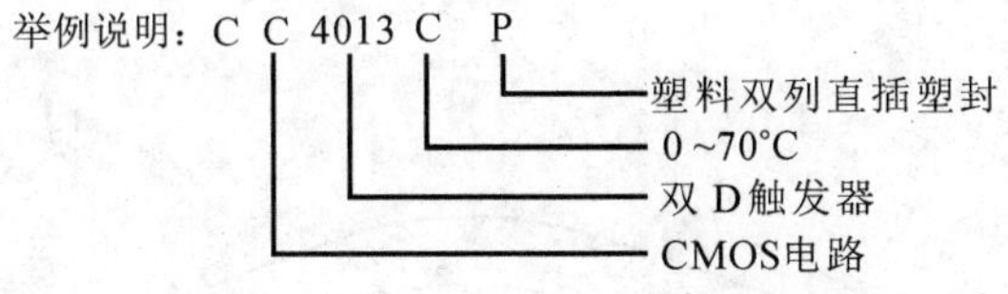

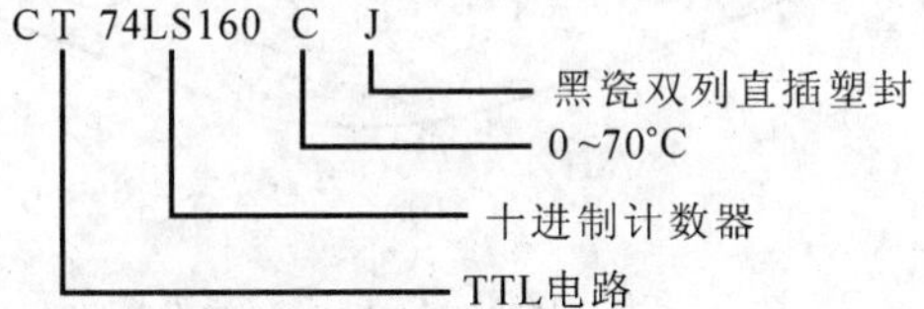

测试举例:在规定的电源电压范围内,在输出端不接任何负载的情况下,将各输入端分别接入一定的电平,测量输入、输出端的高低电平是否符合规定值,并按真值表判断逻辑关系是否正确。

步骤:i. 器件插入面板上的插座中,接好电源电压。

ii. 把各输入端分别接地(为逻辑 0)或接电源(为逻辑 1),按真值表规定的输入端逻辑电平分别测量输出电压值,判断器件的逻辑功能是否正确。

2)数字集成电路使用注意事项

①集成电路在使用时其工作电源电压不允许超过极限值。

②当用手工焊接集成电路时，不得使用功率大于45W的电烙铁，连续焊接时间不应超过5s。

③对于MOS集成电路，所有输入端都不允许悬空，应作合理的连接。如与门、与非门输入端不用时可接电源正极，或门、或非门输入端不用时可接地等。

(4)模拟集成电路

模拟集成电路按用途可分为运算放大器、直流稳压器、功率放大器和电压比较器等。下列以三端集成稳压器为例进行介绍。

1)引脚识别

三端集成稳压器的封装有金属封装和塑料封装两种，外形如图1-5-26所示。稳压器共有三个端，故称三端稳压器，它有W78系列和W79系列两种类型；W78系列输出正电源，W79系列输出负电源。

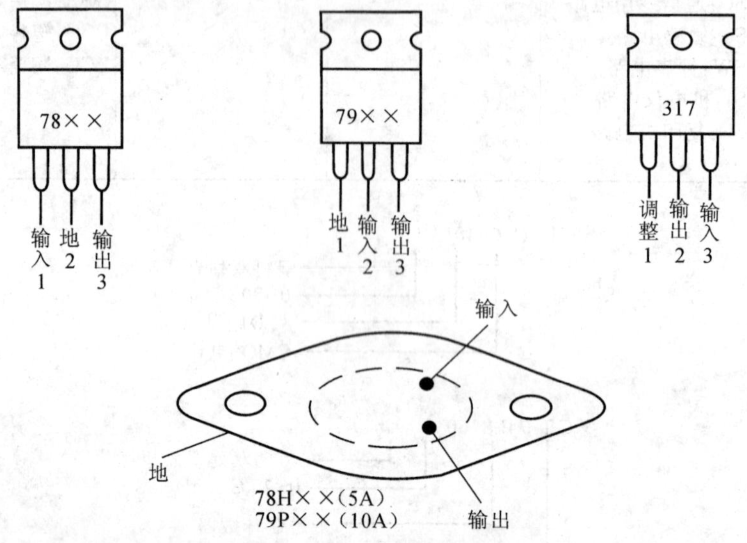

图1-5-26　常见三端集成稳压器的外形

W78系列的管脚排列及其作用介绍如下：

塑封式的脚1为输入端，脚2为公共端，脚3为输出端。

金属封装式只有两个引出脚1、2，第3脚与金属外壳相通，为公共端。

W79系列的管脚排列及其作用为：

塑封式的脚1为公共端，脚2为输入端，脚3为输出端。

金属封装式只有两个引出脚1、2，第3脚与金属外壳相通，为公共端。

除固定三端稳压器外，还有一种常用的可调三端稳压器 LM317T，其中 1 为可调端，2 为输出端，3 为输入端。

2)集成电路的性能介绍

输出电压为正的最常用三端稳压器是 W78 系列，具有 5～24V 不同的稳压值。稳压值为 78 后面的两位数，例如，W7815 的输出电压为 15V。这一系列的额定输出电流为 1.5A，最大可达 2.2A，具有很强的带负载能力。额定电流以 78(或 79)后面的尾缀字母区分，W78L 中的 L 表示 0.1A，M 表示 0.5A，T 表示 3A，H 表示 5A 四个系列，无尾缀字母一般表示为 1.5A。三端稳压器 W79 系列与 W78 系列类似，其输出电压(为负值)、电流也用同样的方法表示出来。

三端集成稳压器具有较完善的过流、过压和过热保护装置，其典型用法如图 1-5-27 所示，工作过程如下：从变压器输出的交流电压经过整流滤波后加到 W78××的输入端 U_i，在 W78××的输出端就可以得到直流稳定电压输出。图中电容 C_1 可以减小输入电压的纹波，也可以抵消输入线产生的电感效应，以防止产生自激振荡。输出端电容 C_2 用以改善负载的瞬态响应。

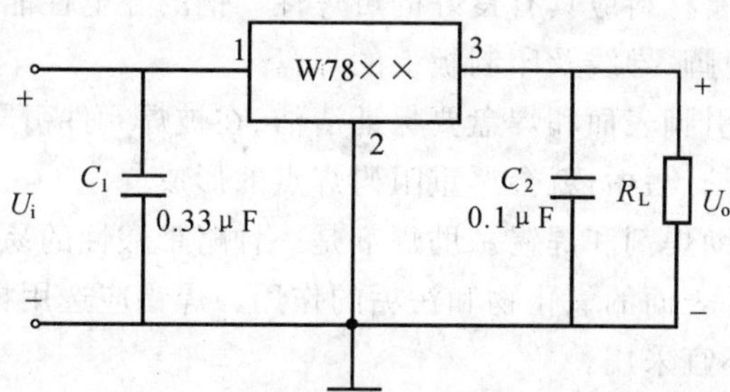

图 1-5-27　W78 系列稳压器的典型应用电路

3)使用注意事项

尽管集成稳压器本身具有短路保护等功能，但如使用不慎，仍会造成集成稳压器的损坏。如集成稳压器输入端对地瞬时短路，或者在输入端的滤波电容开路情况下切断"全桥"的输出，都会使集成稳压器输出端电压瞬时值高于输入端电压，一旦压差超过其调整管发射结所允许的反向击穿电压极限值，就将导致器件损坏。为了保证输出电压的稳定性，$U_o-U_i \geqslant 3V$ 是必需的。按要求加装散热片则是使集成稳压器正常工作的必要条件。

项目 1-6　电子焊接工艺简介

装配、焊接是电子设备制造中极为重要的一个环节，任何设计精良的电子装置，没有相应的工艺保证是难以达到技术指标的。从元器件选择、测试，直到装配成一台完整的电子设备，需经过多道工序。在专业生产中，多采用自动化流水线。但在产品研制、设备维修过程中，仍采用手工装配焊接方法。

1. 手工焊接的基本知识

印刷电路板上通常印制的是导线，将元器件按电路要求插在印刷电路板上，再用焊锡把元器件与印刷导线焊牢是手工焊接的主要任务。

手工焊接时，要注意以下几个环节：

(1)被焊接的金属材料应具有良好的可焊性。铜的导电性能良好且易于焊接，所以常用铜制作元件的引脚、导线及印制板上的焊盘。

(2)被焊元件的引脚表面和焊盘要保证清洁。在被焊元件引脚的金属表面上和焊盘上一旦生成氧化物或有污垢，就会严重阻碍焊点的形成。

(3)使用合适的助焊剂和焊锡。助焊剂是一种略带酸性的易熔物质，它在焊接过程中起到清除被焊接件表面的氧化物和污垢的作用。焊锡应选用松香芯焊锡丝。含杂质较多的其他焊锡块不宜采用。

(4)焊接过程要掌握好适当的时间和温度。焊接时间一般不要超过 3s，时间过长则易损坏被焊元件，但若焊接时间过短，则容易形成虚焊和假焊。焊点的质量检查，可从焊点外观和焊点的机械强度与电气性能等方面进行，主要看焊点的光亮度、被焊接处用锡量的多少、焊点的形状有无毛刺、气泡，焊点有无虚焊，两个焊点之间有无桥连等。

2. 手工焊接工具

电烙铁是手工焊接的主要工具，选择合适的烙铁，合理地使用它，是保证焊接质量的基础。常见的电烙铁如图 1-6-1 所示。

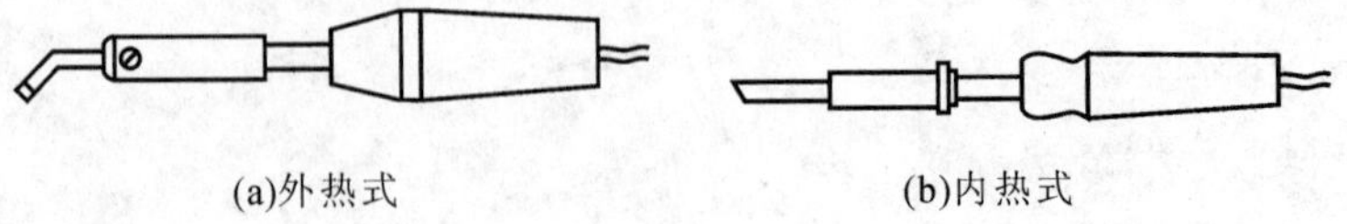

(a)外热式　　(b)内热式

图 1-6-1　常见的电烙铁

(1)电烙铁的分类

常见的电烙铁分为内热式、外热式、恒温式和吸锡式。

1)内热式电烙铁

内热式电烙铁具有发热快、体积小、重量轻、效率高等特点,因而得到了普遍应用。

常用内热式电烙铁的规格有 20W、35W、50W 等,20W 烙铁头的温度可达 350℃左右。电烙铁的功率越大,烙铁头的温度就越高,焊接的元件可大一些。焊接集成电路和小型元器件选用 20W 内热式电烙铁即可。使用的电烙铁功率过大,容易将元件烫坏(当温度超过 200℃时,二极管和三极管等半导体元器件就会烧坏),并使印制板上的铜箔焊盘脱落;电烙铁的功率太小,就不能使被焊元件引脚和焊盘充分加热而导致虚焊。

2)外热式电烙铁

外热式电烙铁的功率比较大,常用的规格有 35W、45W、75W、100W 等,适合于焊接较大的器件。它的烙铁头可以被加工成各种形状以适应不同焊接面的需要。

3)恒温式电烙铁

恒温电烙铁是用电烙铁内部的磁控开关来控制烙铁的加热电路,使烙铁头保持恒温。当磁控开关的软磁铁被加热到一定的温度时,便失去磁性,使电路中的触点断开,自动切断电源。恒温烙铁也有用热敏元件来控制加热电路使烙铁头保持恒温的。

4)吸锡式电烙铁

吸锡式电烙铁是拆除焊件的专用工具,可将焊接点上的焊锡熔化后吸除,使元件的引脚与焊盘分离。操作时,先将烙铁加热,再将烙铁头放到焊点上,待焊接点上的焊锡熔化后,按动吸锡开关,即可将焊点上的焊锡吸入腔内,这个步骤有时要反复进行几次才能将一个焊点拆除。

(2)电烙铁的使用

1)安全检查

先用万用表检查烙铁的电源线有无短路和开路,测量烙铁是否有漏电现象,检查电源线的装接是否牢固,固定螺丝是否松动,手柄上的电源线是否被螺丝顶紧,电源线的套管有无破损等。

2)新烙铁头的处理

新买的烙铁一般不能直接使用,要先将烙铁头进行“上锡”后方能使用。“上锡”的具体操作方法是:将电烙铁通电加热,趁热用锉刀将烙铁头上的氧化层锉掉,在烙铁头的新表面上熔化带有松香的焊锡,直至烙铁头的表面薄薄地镀上一层锡为止。

3)使用注意事项

旋转电烙铁的手柄盖时不可使电线随着柄盖扭转,以免电源线在接头部位造成短路。电烙铁在使用过程中不要敲击,烙铁头上过多的焊锡不得随意乱甩,要在松香上或湿软布上将焊锡擦除。烙铁在使用一段时间后,应当将烙铁头取出,除去外表上的氧化层。取烙铁头时切勿用力扭动，以免损坏烙铁芯。

(3)其他焊接工具

1)尖嘴钳

尖嘴钳的主要作用是在连接点上夹持导线或元件引线，也用来对元件引脚加工成型。要注意：不允许用尖嘴钳装卸螺母、夹较粗的硬金属导线及其他硬物。若尖嘴钳的塑料手柄有破损，则严禁带电操作。尖嘴钳头部是经过淬火处理的，不要在高温环境下使用。

2)偏口钳

偏口钳又称斜口钳，主要用于切断导线和剪掉元器件过长的引线，不要用偏口钳剪切螺钉和较粗的钢丝，以免损坏钳口。

3)镊子

镊子的主要用途是镊取微小器件，在焊接时夹持被焊件以防止其移动并帮助散热；元器件引脚上套的塑料管在焊接时会遇热收缩，也可用镊子将套管向外推动使之恢复到原来位置；它还可用来在装配件上卷绕较细的线材，以及用来夹持蘸有汽油或酒精的小团棉纱以清洗焊点上的污物。

4)旋具

旋具又称改锥或螺丝刀。旋具分为十字旋具和一字旋具，主要用于拧动螺钉及调整元器件的可调部分。

5)小刀

小刀主要用来刮去导线和元件引线上的绝缘物和氧化物，使之易于上锡。

3. 手工焊接方法

(1)手工焊接的手法

1)电烙铁的握法

电烙铁握法有三种，如图 1-6-2 所示，选用哪种握法应根据具体情况而定。

反握法：适用于大功率电烙铁，焊接散热量较大的被焊件。

正握法：此握法的电烙铁功率也比较大，且多为弯形烙铁头。

握笔法：适用于小功率电烙铁，焊接散热量小的被焊件，如分立元件、印刷电路板等。

2)焊锡丝的拿法

焊锡丝一般有两种拿法，如图 1-6-3 所示。在连续进行焊接时，锡丝的拿法如图 1-6-3(a)所示；断续焊接时焊锡丝的拿法如图 1-6-3(b)所示。

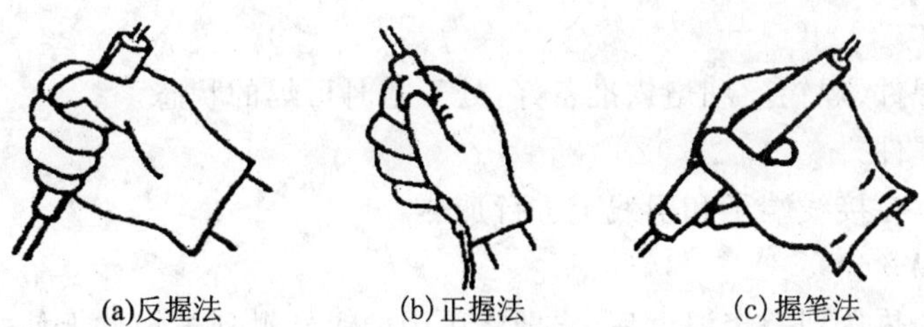

图 1-6-2　电烙铁的握法

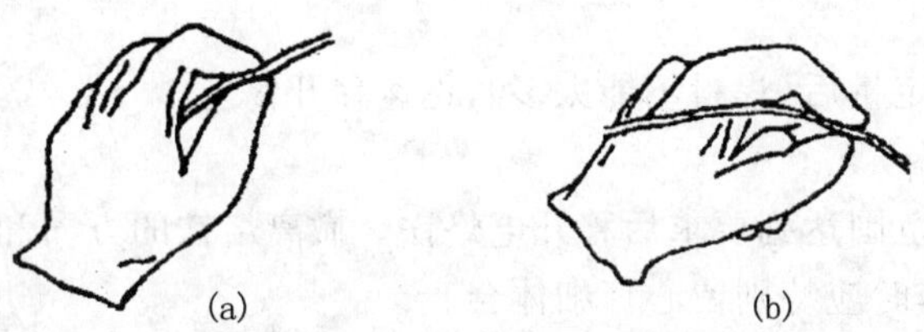

图 1-6-3　焊锡丝的拿法

(2)手工焊接的基本步骤

手工焊接时，常采用五步操作法，如图 1-6-4(a)所示。

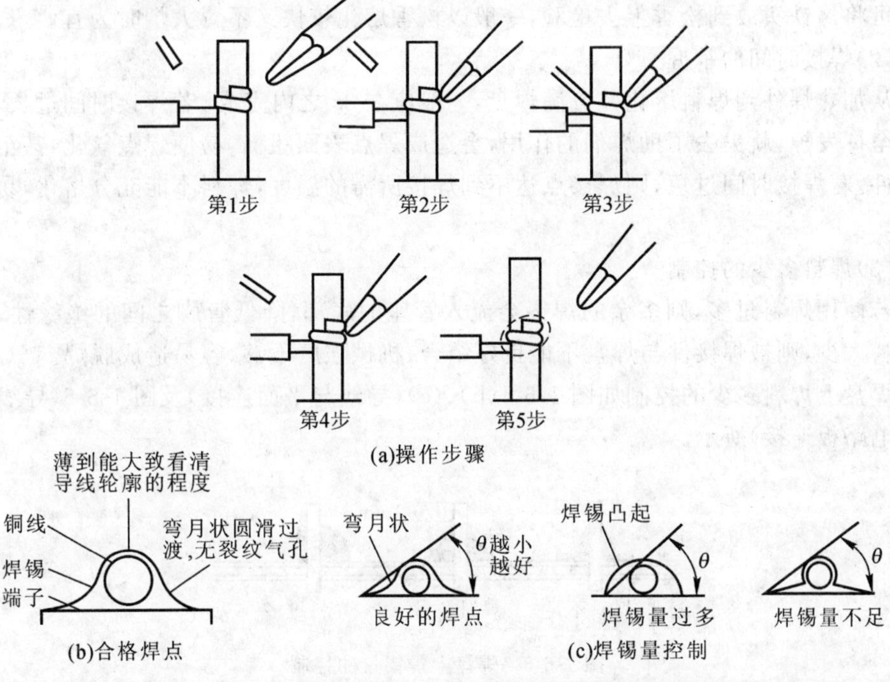

图 1-6-4　手工焊接五步操作法

1)准备工作

首先把被焊件、焊锡丝和烙铁准备好,处于随时可焊的状态。

2)加热被焊件

把烙铁头放在接线端子和引线上进行加热。

3)放上焊锡丝

被焊件经加热达到一定温度后,立即将手中的锡丝触到被焊件上使之熔化。

注意:焊锡应加到被焊件上与烙铁头对称的一侧,而不是直接加到烙铁头上。

4)移开焊锡丝

当锡丝熔化一定量后(焊料不能太多),迅速移开锡丝。

5)移开电烙铁

当焊料的扩散范围达到要求后移开电烙铁。撤离烙铁的方向和速度的快慢与焊接质量密切有关,操作时应特别留心仔细体会。

4. 焊接注意事项

在焊接过程中除应严格按照以上步骤操作外,还应特别注意以下几个方面:

(1)烙铁温度的判断

可将烙铁头放到松香上去检验,一般以松香熔化较快又不冒大烟时为宜。

(2)焊接时间的掌握

从加热焊件到焊料熔化并流满焊盘,一般应在3s之内完成。若焊接时间过长,助焊剂完全挥发掉,就失去了助焊剂的作用,会造成焊点表面粗糙,易使焊点氧化,甚至损坏被焊件。若焊接时间过短,则焊接点达不到焊接所需的温度,焊料不能充分熔化,易造成虚焊。

(3)焊料多少的控制

若使用焊料过多,则多余的焊锡会流入管座的底部,降低管脚之间的绝缘性;若使用焊料太少,则被焊接件与焊盘不能良好结合,机械强度不够,容易造成脱焊。

焊盘上焊料多少的控制如图1-6-4(b)、(c)(导线与平面连接)及图1-6-5(导线或管脚与电路板连接)所示。

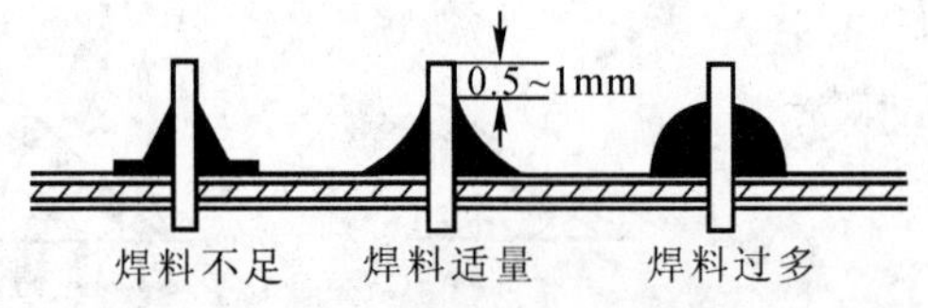

图1-6-5 焊盘上焊锡量的控制

(4)焊接过程中的稳定

在焊接点上的焊料未完全冷却凝固时,不应移动被焊元件及导线,否则会出现虚焊。

5. 手工焊接的操作技巧

(1)对焊件要先进行表面处理

手工焊接中遇到的焊件是各种各样的电子元件和导线,除非在规定生产条件下使用“保鲜期”内的电子元件,一般情况下遇到的焊件都需要进行表面清理工作,去除焊接面上的锈迹、油污等影响焊接质量的杂质。手工操作中常用机械刮磨和用酒精擦洗等简单易行的方法。

(2)对元件引线要进行镀锡

镀锡就是对将要进行焊接的元器件引线或导线的焊接部位预先用焊锡润湿,一般也称为上锡。镀锡对手工焊接特别是电路维修和调试可以说是必不可少的。图 1-6-6 表示给元件引线镀锡的方法。

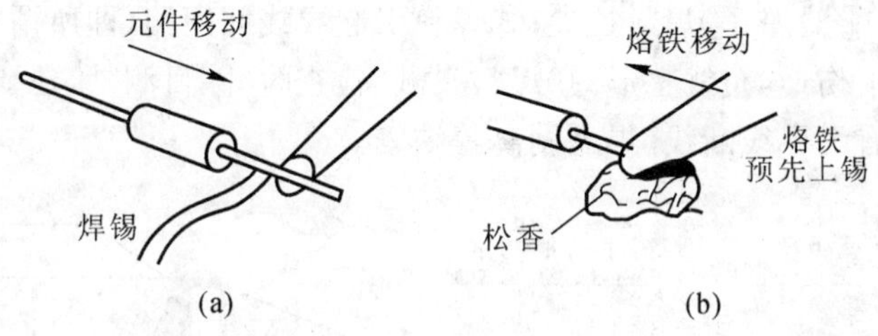

图 1-6-6　给元件引线镀锡

(3)对助焊剂不要过量使用

适量的助焊剂是必不可少的,但不要认为越多越好。过量的松香不仅带来焊接后焊点周围清洗的工作量,而且延长了加热时间(松香熔化、挥发需要并带走热量),降低了工作效率,而且若加热时间不足,非常容易将松香夹杂到焊锡中形成“夹渣”缺陷;对开关类元件的焊接,过量的助焊剂容易流到触点处,从而造成开关接触不良。

合适的助焊剂量应该是松香水仅能浸湿将要形成的焊点,不要让松香水透过印制板流到元件面或插座孔里(如 IC 插座)。若使用有松香芯的焊锡丝,则基本上不需要再涂助焊剂。

(4)对烙铁头要经常进行擦蹭

因为在焊接过程中烙铁头长期处于高温状态,又接触助焊剂等受热分解的物质,其铜表面很容易氧化而形成一层黑色杂质,这些杂质形成了隔热层,使烙铁头的加热作用下降。因此,要随时在烙铁架上蹭去烙铁头上的杂质,用一块湿布或湿海绵随时擦蹭烙铁头,也是非常有效的方法。

(5)对焊盘和元件加热要有焊锡桥

在手工焊接时，要提高烙铁头加热的效率，需要形成热量传递的焊锡桥。所谓焊锡桥，就是靠烙铁上保留少量的焊锡作为加热时烙铁头与焊件之间传热的桥梁。由于金属液体的导热效率远高于空气，而使元件很快被加热到适于焊接的温度。

6. 焊点的质量检查

(1)典型焊点的外观及检查

如图 1-6-7 是两种典型焊点的外观，其共同要求是：

1)外形以焊接导线为中心，匀称、成裙形拉开。

2)焊料的连接面呈弓形凹面，焊料与焊件交界处平滑，接触角尽可能小。

3)表面有光泽且平滑。

4)无裂纹、针孔、夹渣。

外观检查，除用目测(或借助放大镜、显微镜观测)焊点是否合乎上述标准外，还包括检查以下各点：①漏焊；②焊料拉尖；③焊料引起导线间短路(即所谓“桥接”)；④导线及元器件绝缘的损伤；⑤布线整形；⑥焊料飞溅。检查时，除目测外，还要用指触、镊子拨动、拉线等，检查有无导线断线、焊盘剥离等缺陷。

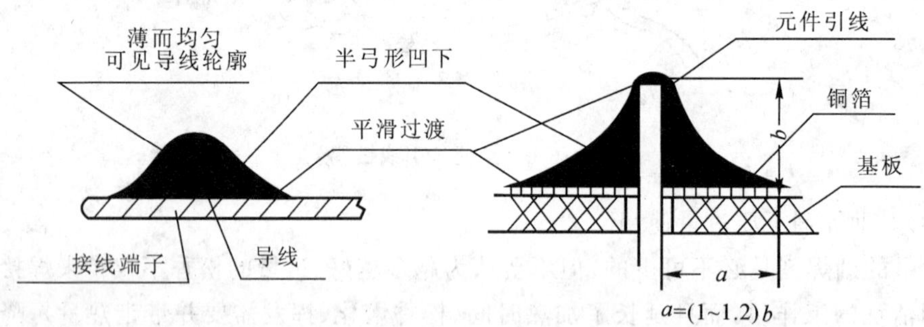

图 1-6-7　典型焊点的外观

(2)通电检查

通电检查必须是在外观检查及连线检查无误后才可进行的工作，也是检验电路性能的关键步骤。如果不经过严格的检查，通电检查不仅困难较多，而且有损坏仪器设备、造成安全事故的发生。例如，电源连线虚焊，那么通电时，就会发现设备加不上电，当然无法检查。通电检查可以发现许多微小的缺陷，例如用目测观察不到的电路桥接、内部虚焊等。

(3)常见焊点的缺陷及分析

造成焊接缺陷的原因很多，但主要可从焊料、焊剂、烙铁、夹具这四要素中去寻找。

在材料与工具一定的情况下，采用什么方式方法以及操作者是否有责任心，是决定性的因素，表 1-6-1 为常见焊点的缺陷与分析。

表 1-6-1　常见焊点缺陷及分析

焊点缺陷	外观特点	危　害	原因分析
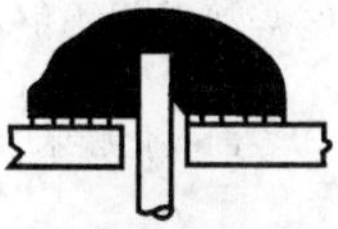 焊料过多	焊料面呈凸形	浪费焊料且可能包藏缺陷	焊锡丝撤离过迟
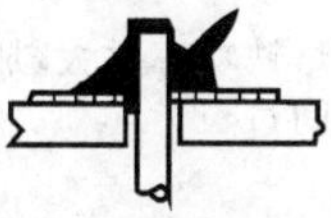 拉尖	出现尖端	外观不佳，容易造成桥接现象	①助焊剂过少，而加热时间过长 ②烙铁撤离角度不当
 桥接	相邻导线连接	电气短路	①焊锡过多 ②烙铁撤离方向不当
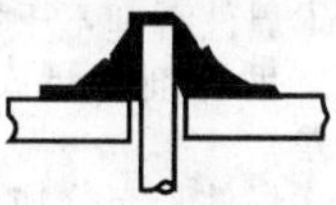 针孔	目测或低倍放大镜可见有孔	强度不足，焊点容易腐蚀	焊盘孔与引线间隙太大
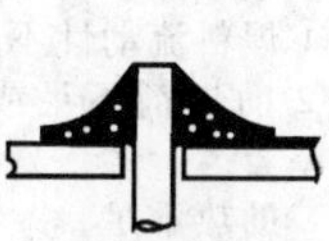 气泡	引线根部有时有喷火式焊料隆起，内部藏有空洞	暂时导通，但长时间容易引起导通不良	引线与焊盘孔间隙过大或引线浸润性不良
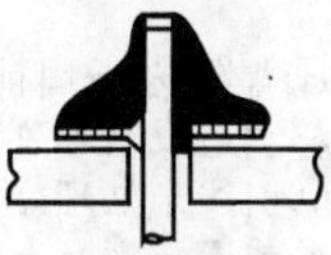 剥离	焊点剥落(不是铜箔剥落)	断路	焊盘镀层不良
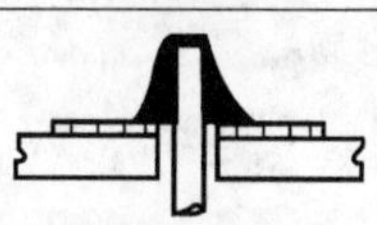 焊料过少	焊料未形成平滑面	机械强度不足	焊锡丝撤离过早

续表

焊点缺陷	外观特点	危　害	原因分析
松香焊	焊缝中夹有松香渣	强度不足，导通不良，有可能时通时断	①加焊剂过多，或已失效 ②焊接时间不够，加热不足 ③表面氧化膜未去除
过热	焊点发白、无金属光泽，表面较粗糙	焊盘容易剥落，强度降低	烙铁功率过大，加热时间过长
冷焊	表面呈豆腐渣状颗粒，有时可有裂纹	强度低，导电性不好	焊料未凝固前焊件抖动或烙铁功率不够
浸润不良	焊料与焊件交接面接触角过大，不平滑	强度低，不通或时通时断	①焊件清理不干净 ②助焊剂不足或质量差 ③焊件未充分加热
不对称	焊锡未流满焊盘	强度不足	①焊料流动性不好 ②助焊剂不足或质量差 ③助热不足
松动	导线或元器件引线可移动	导通不良或不导通	①焊锡未凝固前引线移动造成空隙 ②引线未处理好（浸润差或不浸润）

项目 1-7　万用表的使用

一、实训目的

1. 了解指针式万用表和数字式万用表的结构和功能。

2. 掌握用万用表进行电阻、电流和电压的测量。

二、所需仪器设备及器件清单

名　称	数　量	备　注
直流电源	1	
直流恒流源	1	
万用表	各 1	指针式数显式
电　阻	51Ω,390Ω,1kΩ,2.4kΩ,10kΩ,100kΩ	各 1

三、测试内容

1. 选择电阻 6 个,分别用指针式万用表、数字式万用表进行测量,注意选择量程,将测量结果记入表 1-7-1 中。

表 1-7-1

序号	指针式万用表测量			数字式万用表测量			
	量程档位	指示值	电阻值	量程档位	读数值	误差值	实际电阻值
1							
2							
3							
4							
5							
6							

2. 在直流恒流源的每个档位上分别调节输出 2 个不同的电流,用指针式万用表、数字式万用表分别进行测量,将测量结果记入表 1-7-2 中。

表 1-7-2

序号	指针式万用表测量				数字式万用表测量	
	量程档位	刻度线	指示值	电流值	量程档位	电流值
1						
2						
3						
4						
5						
6						

3. 在直流电压源的每个档位上分别调节输出 2 个不同的电压，用指针式万用表、数字式万用表分别进行测量，将测量结果记入表 1-7-3 中。

表 1-7-3

序号	指针式万用表测量				数字式万用表测量	
	量程档位	刻度线	指示值	电压值	量程档位	电压值
6						
2						
3						
4						
5						
6						

四、问 题

1. 在测量电阻之前，应如何操作？为什么不能带电操作？

2. 数字式万用表进行电压、电流测量时，有时会出现只在最左侧显示数字“1”，这是什么原因？

3. 用万用表的电流档并接在电路中进行电流的测量，万用表会出现什么现象？

4. 指针式万用表进行电压、电流测量时，指示在什么位置最好？

五、报告内容重点

1. 整理测试数据，分析误差原因并得出结论。

2. 回答问题。

3. 报告格式详见范例(附录一)。

项目 1-8　常用电阻器的识别和电位器

一、实训目的

1. 熟悉电阻器和电位器的外形结构。
2. 掌握用万用表测量电位器的阻值。
3. 正确掌握色环电阻的读数。

二、所需仪器设备及器件清单

1. 万用表。
2. 电阻器(见表 1-8-1 所示)。
3. 电位器三个。

三、测试内容

1. 看色环读电阻

根据表 1-8-1 中的色环写出电阻阻值,根据电阻阻值写出色环。

表 1-8-1

由色环写出具体阻值				由具体阻值写出色环			
色环（四环）	阻值	色环（五环）	阻值	阻值（四环）	色环	阻值（五环）	色环
棕黑红银		棕红黑红棕		0.2Ω		2.7kΩ	
绿棕棕银		红黄黑黑棕		10Ω		3kΩ	
棕黑绿银		橙蓝黑红棕		39Ω		5.6kΩ	
蓝灰橙银		黄紫橙红棕		240Ω		8.2kΩ	
黄紫红银		灰红红金棕		430Ω		9.1kΩ	
红紫黄银		白棕黄黑棕		820Ω		24kΩ	
紫绿棕银		黄紫棕银棕		1kΩ		51kΩ	
棕黑橙银		橙黑棕黑棕		1.5kΩ		100kΩ	
棕灰紫银		紫绿红黑棕		1.8kΩ		3.9MΩ	
蓝灰绿银		白棕棕黑棕		2kΩ		150MΩ	

2. 用万用表测量电位器

(1)测量两固定端间的电阻值。

(2)测中间滑动片与固定端间的电阻值,旋转电位器,观察阻值变化情况,记入表1-8-2中。

表 1-8-2

<table>
<tr><td rowspan="4">测量
电位器</td><td>型　　号</td><td>固定端之间阻值</td><td>判断好坏</td></tr>
<tr><td></td><td></td><td></td></tr>
<tr><td></td><td></td><td></td></tr>
<tr><td></td><td></td><td></td></tr>
<tr><td>识别、测试中
出现的问题</td><td colspan="3"></td></tr>
</table>

四、问　题

1. 用指针式万用表测量一只标称值为1.8kΩ±5%的电阻,应选择哪一电阻档最合适?

2. 在电路中,如一只碳膜电阻(阻值为10Ω、功率为1W)的电阻坏了,能否用一只金属膜电阻(阻值10Ω、功率为0.25W)的电阻替代?为什么?

五、报告内容重点

1. 整理测试数据,并进行误差分析。
2. 回答问题。
3. 报告格式详见范例(附录一)。

项目 1-9　示波器、信号源、交流毫伏表的使用

一、实训目的

1. 熟悉示波器、信号源、交流毫伏表的用途和主要性能。
2. 掌握示波器、信号源、交流毫伏表的使用方法。
3. 掌握示波器、交流毫伏表的正确读数方法。

二、所需仪器设备及器件清单

1. 双踪示波器 1 台。
2. 信号源 1 台。
3. 交流毫伏表 1 只。

三、测试内容

1. 函数信号发生器的使用练习

(1)调节输出信号的频率。

(2)调节输出信号的幅值。

注意:函数信号发生器用作信号源,其输出端不允许短路。

(3)用交流毫伏表测试信号源的输出电压。

注意:①更换被测点前必将交流毫伏表的量程旋扭重新调到最大档,否则要打坏表头指针,损坏交流毫伏表。

②读数时表头指针位置应在等于或大于满刻度的 1/3 处。

③读数方法:量程旋扭在 1 开头的档位,读第一条黑色刻度线 1 的数字;若量程旋扭在 3 开头的档位,读第二条黑色刻度线 3 的数字。

2. 用示波器和交流毫伏表测量正弦信号的电压

先由函数信号发生器输出频率为 2kHz 的正弦信号,将输出信号加到毫伏表和示波器的输入端,调节函数信号发生器输出端的输出电压,使交流毫伏表分别指示为 50mV、200mV、250mV、2V、5V,用示波器分别测量其电压峰峰值 $V_{p\text{-}p}$,记入表 1-9-1 中。

表 1-9-1

序号	测量值			
	交流毫伏表指示	Y 轴衰减档 (VOLTS/DIV)	垂直方向距离 (格)	$V_{p\text{-}p}$ (V)
1	50mV			
2	200mV			
3	250mV			
4	2V			
5	5V			

3. 周期和频率测量

将函数信号发生器输出端的输出电压调至 1V，改变其频率为 400Hz、2kHz、10kHz、50kHz、80kHz，用示波器测出其周期，并计算频率，测量数据记入表 1-9-2 中。

表 1-9-2

序号	测量值			
	信号源指示频率	扫描开关位置 (TIME/DIV)	水平偏离距离 (格)	周期值 T
1	400Hz			
2	2kHz			
3	10kHz			
4	50kHz			
5	80kHz			

四、问 题

1. 用毫伏表和示波器对信号源的电压进行测量时，电压值读数为什么大小不同？
2. 用示波器测量交流信号的幅值和周期时，如何尽可能地提高示波器的测量精度？

五、报告内容重点

1. 整理数据，并进行误差分析。
2. 回答问题。
3. 报告格式详见范例(附录一)。

项目 1-10　电容器的识别和应用

一、实训目的

1. 熟悉电容器的外形结构。
2. 掌握用万用表测量电容器的漏电阻和充电情况。
3. 熟悉电容器的作用。
4. 进一步熟练掌握常用电子仪器的使用。

二、所需仪器设备及器件清单

1. 万用表。
2. 示波器。
3. 电容器。
4. 发光二极管 2 只,240Ω 电阻 1 只,100μF 电容 1 只(交流 380V)。

三、实训内容

1. 电容器容量的识别

根据所给的电容器,正确判别电容器的容量大小,记入表 1-10-1 中。

表 1-10-1

序号	标　示	电容量	序号	标　示	电容量
1	470		6	2200	
2	0.22		7	47n	
3	103		8	P33	
4	1μ5		9	225	
5	229		10	3n3	

2. 按图 1-10-1 电路进行连接,观察电容器在电路中能够起到什么作用。

(1) 根据电路(a)进行连接,输入交流电压 6V,观察发光管的变化情况?为什么?

(2) 根据电路(b)进行连接,输入直流电压 6V,观察发光管的变化情况?为什么?

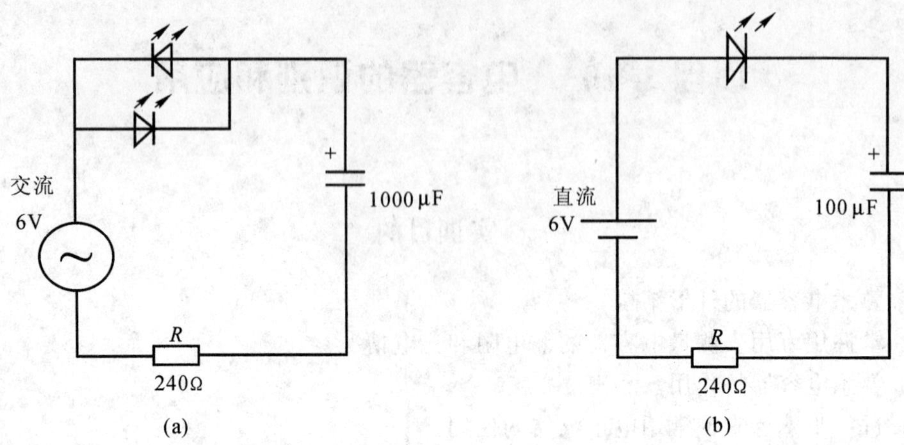

图 1-10-1

四、问 题

1. 电容在电路中能起什么作用?
2. 容量大的电容器在一定时间内是否可看成电压源？为什么?
3. 某一电容器充电结束后，用 100Ω 和 10kΩ 电阻进行放电，用哪个电阻放电快?

五、报告内容重点

1. 整理数据。
2. 记录、分析测试中的现象。
3. 回答问题。
4. 报告格式详见范例(附录一)。

项目 1-11　半导体二极管的识别和应用

一、实训目的

1. 熟悉各种半导体二极管的外形结构和标志方法。
2. 学会用万用表测量二极管的极性与好坏。
3. 熟悉二极管的作用。

二、所需仪器设备及器件清单

1. 指针式万用表、稳压源、示波器各一。
3. 半导体二极管若干。
4. 变压器 1 只(具有中心抽头)。
5. 1kΩ 和 10kΩ 电阻各 1 只、稳压二极管 1 只。

三、测试内容

1. 半导体二极管的识别

利用万用表测量半导体二极管的正、反向压降,通过测量的正向压降判别半导体二极管所用的材料,并判别它们的好坏,将测量结果记入表 1-11-1 中。(自拟测试电路)

表 1-11-1

序号	型号	正向压降	反向压降	所用材料	质量判别
1					
2					
3					
4					
5					

2. 半导体二极管的作用

(1)半导体二极管的整流作用,电路如图 1-11-1 所示,用示波器观察并记录 A、B、A_1、B_1 的波形。

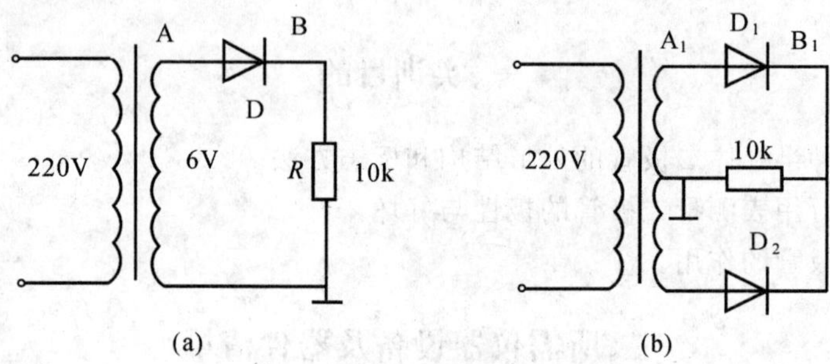

图 1-11-1

(2)按电路图 1-11-2 进行连接,输入端分别输入+5V 和-5V 的电压,测量输出端的电压值。

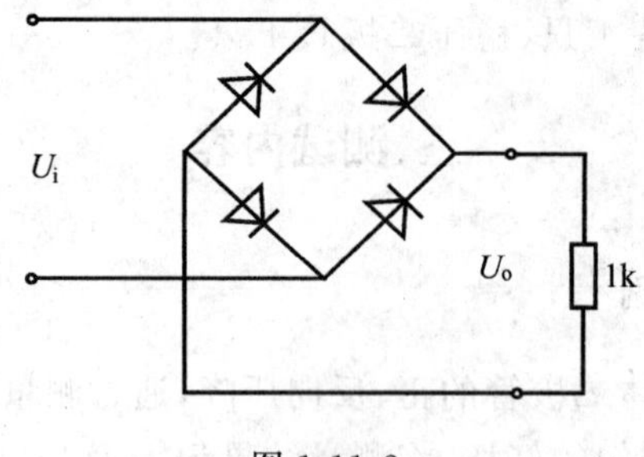

图 1-11-2

(3)按电路图 1-11-3 进行连接,注意稳压二极管的极性不要接错,U_i 输入端接 1.3~18V 电压,调节输入电压,观察稳压管两端的电压,并记入表 1-11-2 中。

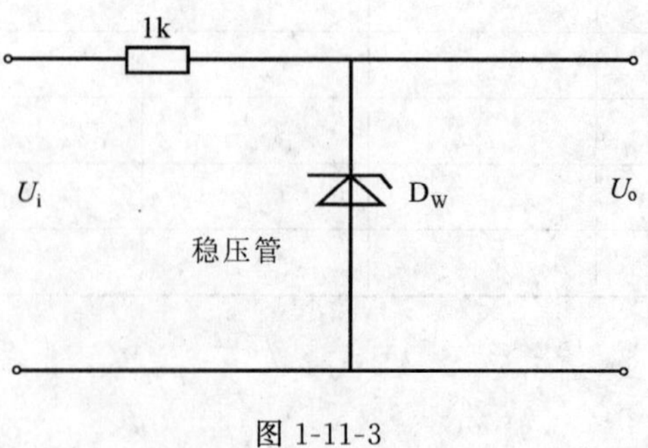

图 1-11-3

表 1-11-2

U_i(V)	3	5	7	9	11	13	15	18
U_o(V)								

四、问　题

1. 如何判别半导体二极管的好坏？
2. 用稳压管或普通二极管的正向压降，是否也可以稳压？

五、报告内容重点

1. 整理测试数据，得出结论（二极管性能的好坏、二极管的作用、稳压管的稳压值）。
2. 总结二极管的作用。
3. 回答问题。
4. 报告格式详见范例（附录一）。

项目 1-12　半导体三极管的识别和应用

一、实训目的

1. 熟悉各种半导体三极管的外形结构和标志。
2. 学会用万用表判断半导体三极管的管脚和类型。
3. 熟悉半导体三极管的应用。

二、所需仪器设备及器件清单

1. 指针式万用表、稳压源、示波器各一。
2. 半导体三极管。
3. 元件若干。

三、测试内容

1. 用万用表测半导体三极管

(1)用万用表判断半导体三极管的管脚

(2)用万用表判别半导体三极管的管型,将测量结果记入表 1-12-1 中。

表 1-12-1

序号	型　号	管　型	I_{CEO}	质量判别 (好坏)
1				
2				
3				
4				
5				

2. 半导体三极管的作用

用 NPN、PNP、电阻和电容等元件组成的简易闪光灯电路如图 1-12-1 所示,按图进行正确连线,当合上电源开关后,观察发光二极管状态的变化情况。

分别测量 NPN、PNP 三极管的管脚电压，记入表 1-12-2 中。

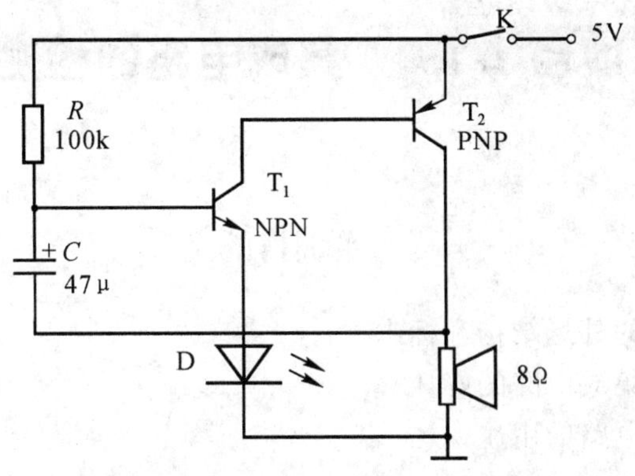

图 1-12-1

表 1-12-2

状态 \ 管脚电压	三极管 NPN			三极管 PNP			发光二极管工作情况
	U_{b1}	U_{c1}	U_{e1}	U_{b2}	U_{c2}	U_{e2}	
合上电源开关							
判别三极管是否工作							

四、问　题

1. 如何判断半导体三极管的管脚？
2. 半导体三极管在图 1-12-1 所示电路中起什么作用？

五、报告内容重点

1. 整理测试数据，并得出相应结论。
2. 分析如图 1-12-1 所示电路的工作原理。
3. 回答问题。
4. 报告格式详见范例(附录一)。

项目 1-13　集成电路的检测

一、实训目的

1. 熟悉集成电路的外形结构和标志。
2. 学会检测常用集成电路的好坏。
3. 了解常用集成电路的用途。

二、所需仪器设备及器件清单

1. 数字电路实训器。
2. 集成电路若干。

三、测试内容

1. 根据如图 1-13-1 所示集成电路的引线，判别集成电路的逻辑功能，并检查各门电路的好坏，将结果填入表 1-13-1 中。

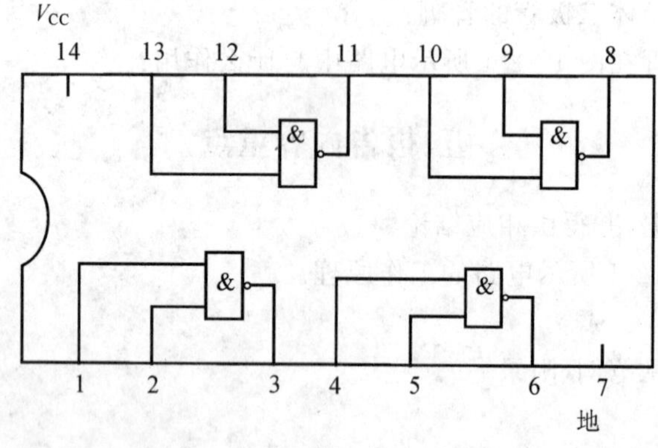

图 1-13-1　74LS00 管脚排列

表 1-13-1 74LS00 集成电路

14 脚接电源正极		7 脚接地
A 输入(1 脚)	B 输入(2 脚)	F 输出(3 脚)
0	0	
0	1	
1	0	
1	1	
判断集成电路的好坏		

2. 按图 1-13-2 进行电路连接,将 R_W 调到最大,观察 7815 的作用。

(1) 测出 7815 输入端的电压。

(2) 测出 7815 输出端的电压。

(3) 调节 R_W 并观察 7815 输出端(脚 3)电压的变化情况。

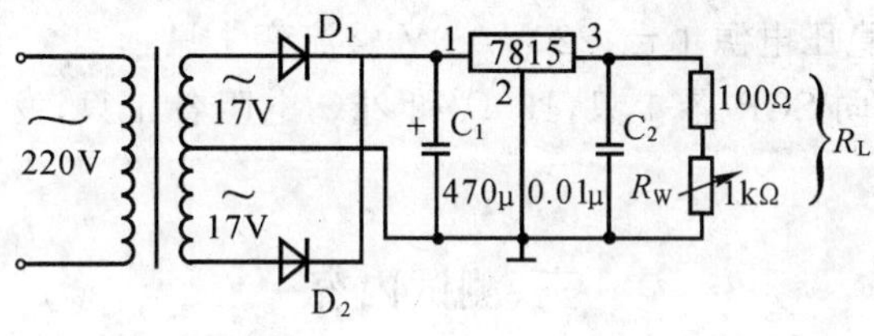

图 1-13-2

四、问 题

1. 图 1-13-1 中电源和地的极性是否能对换连接?输出端是否允许与电源或地短路?

2. 图 1-13-2 中的 D_1、D_2 极性接错时,会发生什么现象?电容 C_1 的极性接错呢?

3. 为什么图 1-13-2 中负载电阻 R_L 的值变小时,7815 输出电压的稳定性会变差?

五、报告内容重点

1. 整理数据,记录测试情况,得出 74LS00 的逻辑功能和 7815 的功能。

2. 分析如图 1-13-2 所示电路的工作原理。

3. 回答问题。

4. 报告格式见范例(附录一)。

项目 1-14　晶闸管的检测

一、实训目的

1. 熟悉晶闸管(可控硅)的外形结构和标志方法。

2. 学会用万用表测量晶闸管的极性与好坏。

3. 了解晶闸管的作用。

二、所需仪器设备及器件清单

1. 万用表 1 只;稳压电源 1 台;220V/10V 整流变 1 只。

2. 单向 SCR、双向 SCR 各 1 只,100Ω 和 2kΩ 电阻各 1 只,发光二极管 1 只,灯泡 1 只。

三、测试内容

1. 单向晶闸管

(1)按图 1-14-1 进行电路接线,先在可控硅 SCR 的阳、阴极之间加正向电压(+5V),合上开关(相当于给晶闸管控制极加触发电压),然后再把开关断开,观察发光二极管的变化情况。(取 $R_1=100\Omega$、$R_2=2\text{k}\Omega$)

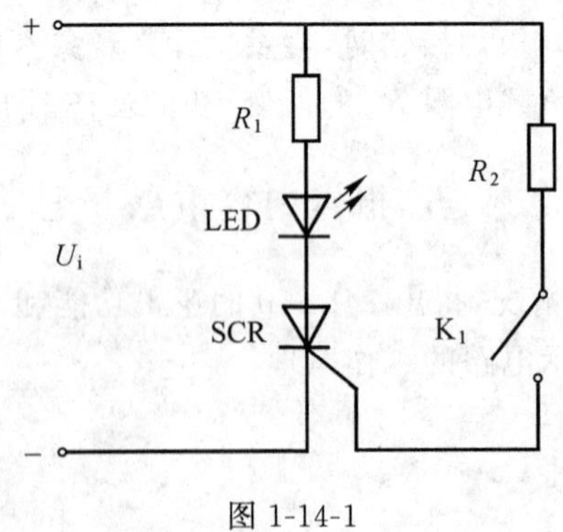

图 1-14-1

(2)输入电压 U_i 慢慢调小,用万用表监测,判断阻断电压(SCR 关断时的 U_i 值)为多少？观察发光二极管的变化情况。

(3)将阳、阴极之间加反向电压($U_i=-5$V)，合上开关，然后再把开关断开，观察发光二极管的变化情况。

2. 双向晶闸管

用双向晶闸管控制交流信号，电路如图 1-14-2 所示，A_2 通过一负载灯泡接 10V，A_1 接地，在控制极输入频率为 50Hz、电压为 5V 左右的方波信号，零点与 GND(地)相接，观察灯炮的变化情况。

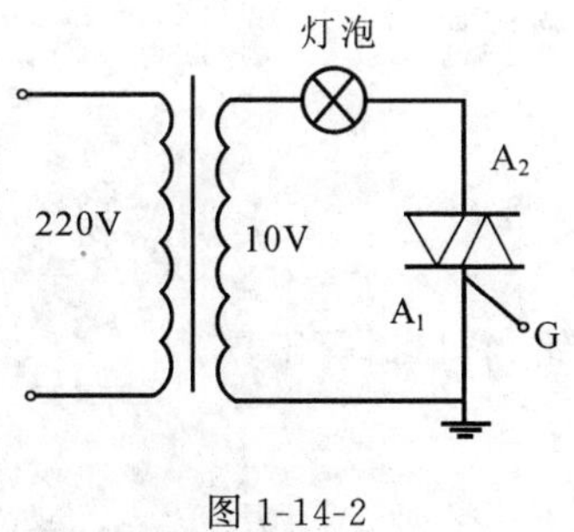

图 1-14-2

四、问 题

1. 如何判别单向晶闸管的电极和导电特性？
2. 如何判别双向晶闸管的电极和导电特性？
3. 如何区别单向晶闸管和双向晶闸管？

五、报告内容重点

1. 分析图 1-14-1 和图 1-14-2 所示电路的工作原理。
2. 回答问题。
3. 报告格式详见范例(附录一)。

项目 1-15　焊接训练

一、实训目的

1. 掌握焊接工具的正确使用。
2. 掌握焊接材料的正确选择。
3. 焊点的训练。

二、实训器材

1. 电烙铁、镊子、尖嘴钳、斜口钳等工具。
2. 细砂纸、导线若干。

三、实训内容和要求

1. 正方体框架焊接，如图 1-15-1 所示。

（要求：正方体框架平直方正，导线及外皮无损伤，焊点光亮、大小适中）

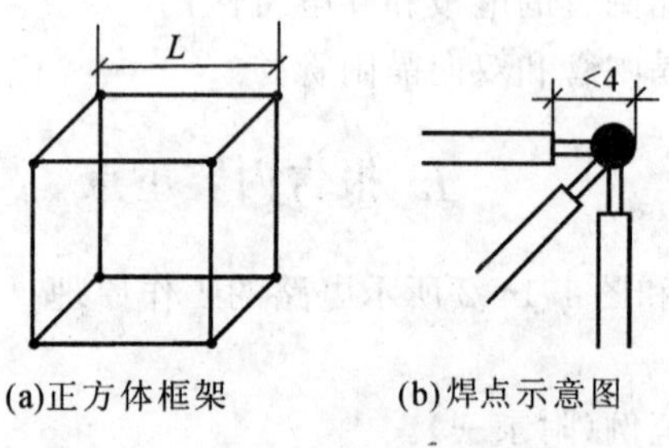

(a)正方体框架　　(b)焊点示意图

图 1-15-1

2. 自己设计、制作导线焊接工艺品（图 1-15-2）。

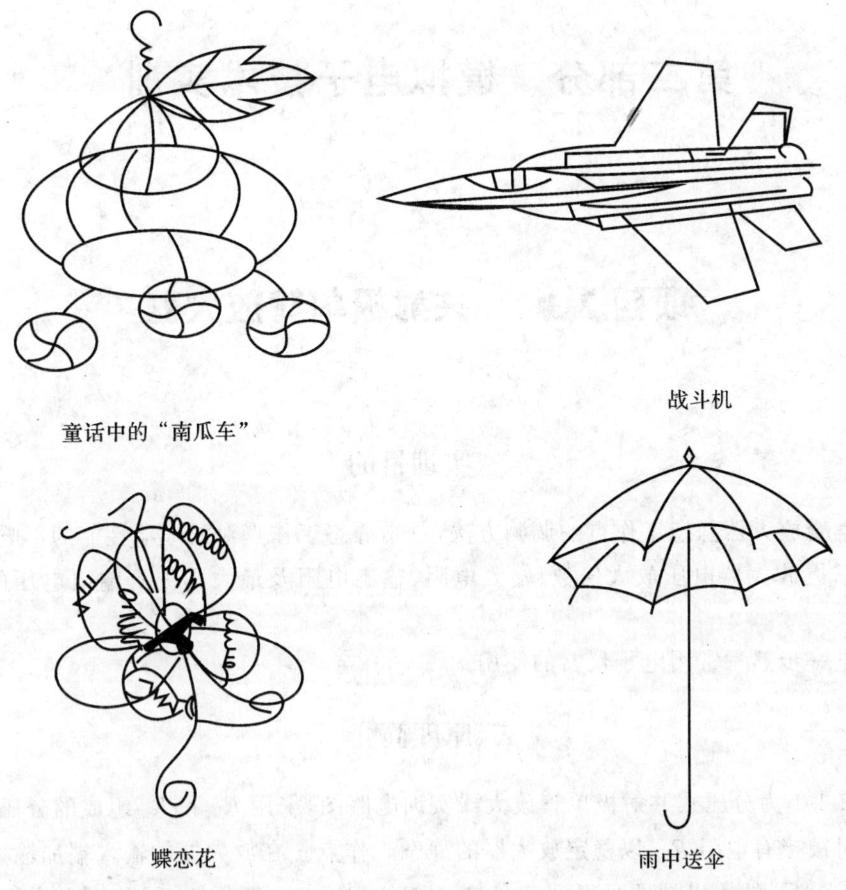

图 1-15-2

四、报告内容重点

1. 写出手工焊接的五步法。

2. 总结手工焊接的技巧及注意事项。

第二部分　模拟电子技术实训

项目 2-1　共射极单管放大器

一、实训目的

1. 学会放大器静态工作点的调测方法，总结静态工作点对放大器性能的影响。

2. 掌握放大器电压放大倍数、输入电阻、输出电阻及最大不失真输出电压的测试方法。

3. 进一步熟悉常用电子仪器的使用。

二、原理简介

图 2-1-1 为分压式共射极单管放大器实训电路图，采用 R_{B1} 和 R_{B2} 组成的分压电路，并在发射极接有电阻 R_E，以稳定放大器的静态工作点。在放大器的输入端加输入信号 u_i 后，在放大器的输出端便可得到一个与 u_i 相位相反、幅值被放大了的输出信号 u_o，从而实现电压放大。

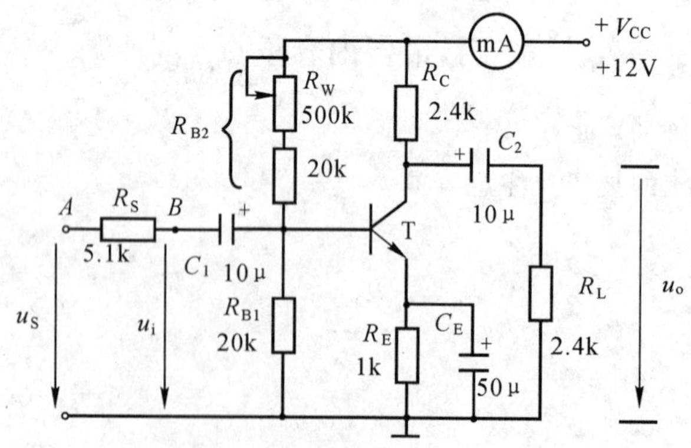

图 2-1-1　共射极单管放大器测试电路

在图 2-1-1 电路中，当静态时流过偏置电阻 R_{B1} 和 R_{B2} 的电流远大于晶体管 T 的基极电流 I_b 时（一般 5～10 倍），则它的静态工作点可用下列各式估算：

$$U_b \approx \frac{R_{B1}}{R_{B1}+R_{B2}} V_{CC}$$

$$I_e \approx \frac{U_B - U_{BE}}{R_E} \approx I_c$$

$$U_{ce} = V_{CC} - I_c(R_C + R_E)$$

动态指标中，电压放大倍数

$$A_u = -\beta \frac{R_C /\!/ R_L}{r_{be}}$$

输入电阻

$$R_i = R_{B1} /\!/ R_{B2} /\!/ r_{be}$$

输出电阻

$$R_o \approx R_C$$

由于电子器的参数具有分散性，因此在设计和制作晶体管放大电路时，离不开测量和调试技术。在设计前应测量所用元器件的参数，为电路设计提供必要的依据。在完成设计和装配后，还必须测量和调试放大器的静态工作点和各项性能指标。一个优质放大器，必定是理论设计与测试调整相结合的产物。因此，除了学习放大器的理论知识和设计方法外，还必须掌握必要的测量和调试技术。

放大器的测量和调试一般包括：放大器静态工作点的测量与调试，消除干扰与自激振荡及放大器各项动态参数的测量与调试等。

1. 放大器静态工作点的测量与调试

(1)静态工作点的测量

测量放大器的静态工作点，应在输入信号 $u_i=0$ 的情况下进行，即将放大器输入端与地端短接，然后选用量程合适的直流毫安表和直流电压表，分别测量晶体管的集电极电流 I_c 以及各电极对地的电位 U_b、U_c 和 U_e。一般实验中，为了避免断开集电极，所以采用测量电压 U_e 或 U_c，然后算出 I_c 的方法。例如，只要测出 U_e，即可用公式 $I_c \approx I_e = \frac{U_e}{R_E}$ 算出 I_c（也可根据 $I_c = \frac{V_{CC}-U_c}{R_C}$，由 U_c 确定 I_c），同时也能算出 $U_{be}=U_b-U_e$，$U_{ce}=U_c-U_e$。

为了减小误差，提高测量精度，应选用内阻较高的直流电压表。

(2)静态工作点的调试

静态工作点是否合适，对放大器的性能和输出波形都有很大影响。如工作点偏高，放大器在加入交流信号后易产生饱和失真，此时 u_o 的负半周将被削底，如图 2-1-2(a) 所示；如工作点偏低，则易产生截止失真，即 u_o 的正半周被缩顶（一般截止失真不如饱和失真明显)，如图 2-1-2(b)所示。所以在选定工作点以后还必须进行动态调试，即在放大器的输入端加入一定的输入电压 u_i，检查输出电压 u_o 的大小和波形是否满足要求；如不满足，则应调节静态工作点的位置。

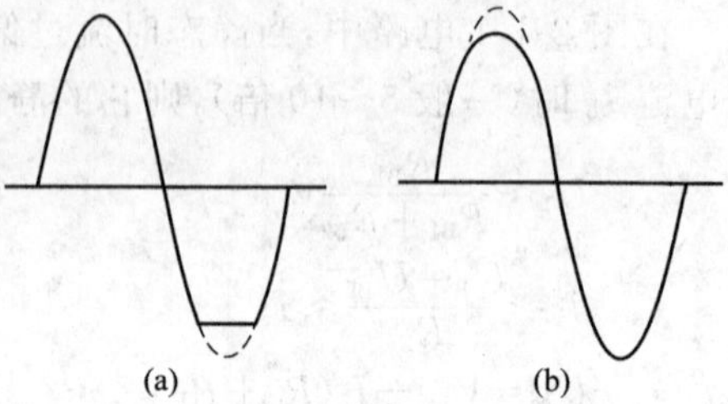

(a) (b)

图 2-1-2 静态工作点对 u_o 波形失真的影响

改变电路参数 V_{CC}、R_C、R_B(R_{B1}、R_{B2})都会引起静态工作点的变化，如图 2-1-3 所示。但通常采用调节偏置电阻 R_{B2} 的方法来改变静态工作点，如减小 R_{B2}，则可使静态工作点位置提高等。

需要特别说明的是，上面所说的工作点"偏高"或"偏低"不是绝对的，是相对信号的幅度而言的。如输入信号幅度很小，即使工作点较高或较低也不一定会出现失真。所以确切地说，产生波形失真是信号幅度与静态工作点设置配合不当所致。如需满足较大信号幅度的要求，静态工作点最好尽量靠近交流负载线的中点。

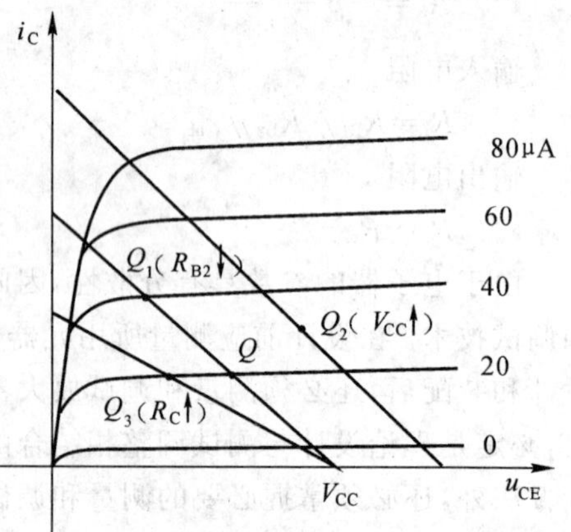

图 2-1-3 电路参数对静态工作点的影响

2. 放大器动态指标测试

放大器动态指标包括电压放大倍数、输入电阻、输出电阻、最大不失真输出电压(动态范围)和通频带等。

(1) 电压放大倍数 A_u 的测量

调整放大器到合适的静态工作点，然后加入输入电压 u_i，在输出电压 u_o 不失真的情况下，用交流毫伏表测出 u_i 和 u_o 的有效值 U_i 和 U_o，则

$$A_u=\frac{U_o}{U_i}$$

(2) 输入电阻 R_i 的测量

为了测量放大器的输入电阻，按图 2-1-4 所示电路在被测放大器的输入端与信号源之间串入一已知电阻 R，在放大器正常工作的情况下，用交流毫伏表测出 U_s 和 U_i (u_s 和 u_i 的有效值)，则根据输入电阻的定义可得

$$R_i=\frac{U_i}{I_i}=\frac{U_i}{\frac{U_R}{R}}=\frac{U_i}{U_s-U_i}R$$

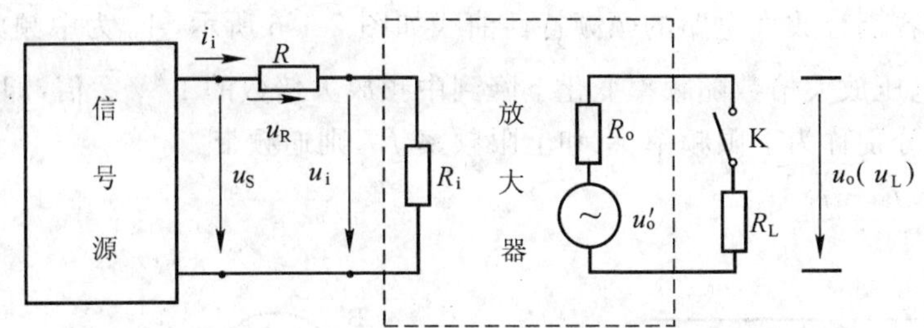

图 2-1-4 输入、输出电阻测量电路

测量时应注意下列几点：

1）由于电阻 R 两端没有电路公共接地点，所以测量 R 两端电压 U_R 时必须分别测出 U_s 和 U_i，然后按 $U_R=U_s-U_i$ 求出 U_R 值。

2）电阻 R 的值不宜取得过大或过小，以免产生较大的测量误差，通常取 R 与 R_i 为同一数量级为好，本项目可取 $R=1\sim2\text{k}\Omega$。

(3) 输出电阻 R_o 的测量

按图 2-1-4 所示电路，在放大器正常工作条件下，测出输出端不接负载 R_L 的输出电压 U_o（u_o 的有效值）和接入负载后的输出电压 U_L（u_L 的有效值），根据

$$U_L=\frac{R_L}{R_o+R_L}U_o$$

即可求出

$$R_o=\left(\frac{U_o}{U_L}-1\right)R_L$$

在测试中应注意，必须保持 R_L 接入前后输入信号的大小不变。

(4)最大不失真输出电压 U_{opp} 的测量(最大动态范围)

如上所述，为了得到最大动态范围，应将静态工作点调至交流负载线的中点。为此，在放大器正常工作情况下，逐步增大输入信号的幅度，并同时调节 R_W（改变静态工作点），用示波器观察 u_o，当输出波形同时出现削底和缩顶现象(图 2-1-5)时，说明静态工作点已调在交流负载线的中点。然后反复调整输入信号，使波形输出幅度最大，且无明显失真时，用交流毫伏表测出 U_o（有效值），则动态范围等于 $2\sqrt{2}U_o$；或用示波器直接读出 U_{opp} 来。

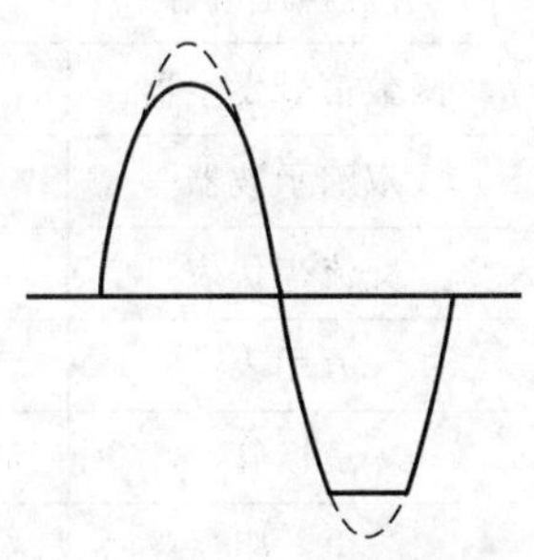

图 2-1-5 静态工作点正常，输入信号太大引起的失真

(5)放大器幅频特性的测量

放大器的幅频特性是指放大器的电压放大倍数 A_u 与输入信号频率 f 之间的关系

曲线。单管阻容耦合放大电路的幅频特性曲线如图 2-1-6 所示，A_{um}为中频电压放大倍数，通常规定电压放大倍数随频率变化下降到中频放大倍数的 $1/\sqrt{2}$ 倍，即 $0.707A_{um}$，所对应的频率分别称为下限频率 f_L 和上限频率 f_H，则通频带

$$f_{BW}=f_H-f_L$$

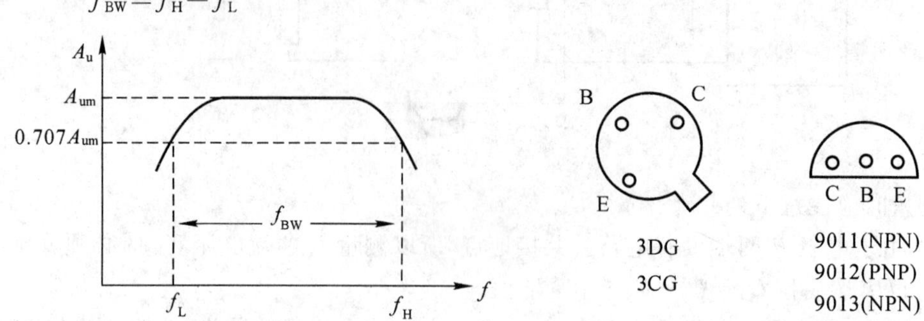

图 2-1-6 单管放大器幅频特性曲线　　图 2-1-7 晶体三极管管脚排列

放大器的幅频特性就是测量不同频率信号时的电压放大倍数 A_u。为此，可采用前述测 A_u 的方法，每改变一个信号频率，测量其相应的电压放大倍数。测量时，应注意取点要恰当，在低频段与高频段应多测几点，在中频段可以少测几点。此外，在改变频率时，要保持输入信号的幅度不变，且输出波形基本不失真。

三、所需仪器设备及器件清单

名　称	数　量	备　注
直流稳压电源	1	+12V
函数信号发生器	1	
双踪示波器	1	
交流毫伏表	1	也可用示波器代替
万用表	1	
三极管	3DG6×1	或 9011×1
电　阻	1k×1，2.4k×2，5.1k×1，20k×2	
电位器	500k×1	
电　容	10μ×2，50μ×1	耐压 25V

四、测试内容

实训电路如图 2-1-1 所示。为防止干扰，各电子仪器的公共端必须连在一起，同时信号源、交流毫伏表和示波器的引线应采用专用电缆线或屏蔽线。如使用屏蔽线，则屏蔽线的外包金属网应接在公共接地端上。

1. 调试静态工作点

在接通直流电源前，先将 R_W 调至最大，函数信号发生器输出幅度旋钮旋至零。接通 +12V 电源、调节 R_W，使 $I_c=2.0\text{mA}$（即 $U_e=2.0\text{V}$），用直流电压表测量 U_b、U_e、U_c，用万用表测量 R_{B2} 值，记入表 2-1-1 中。

表 2-1-1　数据记录（$I_c=2\text{mA}$）

测量值				计算值		
U_b(V)	U_e(V)	U_c(V)	R_{B2}(kΩ)	U_{be}(V)	U_{ce}(V)	I_c(mA)

2. 测量电压放大倍数

在放大器输入端加频率为 1kHz 的正弦信号 u_s，调节函数信号发生器的输出幅度旋钮，使放大器输入电压 $U_i\approx10\text{mV}$，同时用示波器观察放大器输出电压 u_o 波形。在波形不失真的条件下，用交流毫伏表测量下述三种情况下的 U_o 值，并用双踪示波器观察 u_o 和 u_i 的相位关系，记入表 2-1-2 中。

表 2-1-2　数据记录（$I_c=2.0\text{mA}$，$U_i=10\text{mV}$）

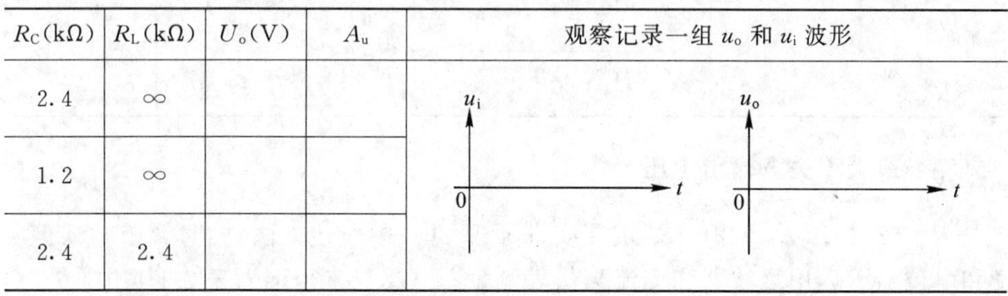

R_C(kΩ)	R_L(kΩ)	U_o(V)	A_u	观察记录一组 u_o 和 u_i 波形
2.4	∞			
1.2	∞			
2.4	2.4			

3. 观察静态工作点对电压放大倍数的影响

置 $R_C=2.4\text{k}\Omega$，$R_L\to\infty$，U_i 适量，调节 R_W，用示波器监视输出电压波形，在 u_o 不失真的条件下，测量数组 I_c 和 U_o 值，记入表 2-1-3 中。

表 2-1-3 数据记录($R_C=2.4k\Omega$, $R_L\to\infty$, $U_i=$ mV)

I_c(mA)			2.0		
U_o(V)					
A_u					

注意:测量 I_c 时,要先将信号源输出幅度旋钮旋至零(即使 $U_i=0$)。

4. 观察静态工作点对输出波形失真的影响

置 $R_C=2.4k\Omega$,$R_L=2.4k\Omega$,$u_i=0$,调节 R_W 使 $I_c=2.0mA$,测出 U_{ce}值。再逐步加大输入信号,使输出电压 u_o 足够大但不失真。然后保持输入信号不变,分别增大和减小 R_W,使波形出现失真,绘出 u_o 的波形,并测出失真情况下的 I_c 和 U_{ce}值,记入表 2-1-4 中。每次测 I_c 和 U_{ce}值时都要将信号源的输出幅度旋钮旋至零。

表 2-1-4 数据记录($R_C=2.4k\Omega$, $R_L\to\infty$, $U_i=$ mV)

I_c(mA)	U_{ce}(V)	u_o 波形	失真情况	管子工作状态
		u_o – t		
2.0		u_o – t		
		u_o – t		

5. 测量最大不失真输出电压

置 $R_C=2.4k\Omega$,$R_L=2.4k\Omega$,按照实训原理 2(4)中所述方法,同时调节输入信号的幅度和电位器 R_W,用示波器和交流毫伏表测量 U_{opp}及 U_o 值,记入表 2-1-5 中。

表 2-1-5 数据记录($R_C=2.4k\Omega$, $R_L=2.4k\Omega$)

I_c(mA)	U_{im}(mV)	U_{om}(V)	U_{opp}(V)

***6. 测量输入电阻和输出电阻**

置 $R_C=2.4\text{k}\Omega$，$R_L=2.4\text{k}\Omega$，$I_c=2.0\text{mA}$。输入频率 $f=1\text{kHz}$ 的正弦信号，在输出电压 u_o 不失真的情况下，用交流毫伏表测出 U_s、U_i 和 U_L，记入表 2-1-6 中。

保持 U_s 不变，断开 R_L，测量输出电压 U_o，记入表 2-1-6 中。

表 2-6　数据记录($I_c=2\text{mA}$，$R_C=2.4\text{k}\Omega$，$R_L=2.4\text{k}\Omega$)

U_s (mV)	U_i (mV)	R_i(kΩ)		U_L (V)	U_o (V)	R_o(kΩ)	
		测量值	计算值			测量值	计算值

***7. 测量幅频特性曲线**

取 $I_c=2.0\text{mA}$，$R_C=2.4\text{k}\Omega$，$R_L=2.4\text{k}\Omega$。保持输入信号 u_i 的幅度不变，改变信号源频率 f，逐点测出相应的输出电压 U_o，记入表 2-1-7 中。

表 2-1-7　数据记录($U_i=$　　mV)

		f_L				f_H	
f(kHz)							
U_o(V)							
$A_u=U_o/U_i$							

为了使信号源频率 f 取值合适，可先粗测一下，找出中频范围，然后再仔细读数。

说明：本实训内容较多，其中 6、7 可作为选做内容。

五、问　题

1. 能否用直流电压表直接测量晶体管的 U_{be}？为什么实训中要采用测 U_b、U_e，再间接算出 U_{be} 的方法？

2. 当调节偏置电阻 R_{B2}，使放大器输出波形出现饱和或截止失真时，晶体管的管压降 U_{ce} 怎样变化？

3. 在测试中，如果将函数信号发生器、交流毫伏表、示波器中任一仪器的两个测试端子接线换位(即各仪器的接地端不再连在一起)，将会出现什么问题？

六、报告内容重点

1. 列表整理测量结果，并把实测的静态工作点、电压放大倍数、输入电阻、输出电阻之值与理论计算值比较(取一组数据进行比较),分析产生误差的原因。

2. 总结 R_C、R_L 及静态工作点对放大器电压放大倍数、输入电阻、输出电阻的影响。

3. 讨论静态工作点变化对放大器输出波形的影响。

4. 分析讨论在调试过程中出现的问题。

5. 回答问题。

6. 报告格式详见范例(附录一)。

附加图 实训模块

附加图 2-1-1 所示为共射极单管放大器与带有负反馈的两级放大器共用实训模块。如将 K_1、K_2 断开,则前级(Ⅰ)为典型分压式单管放大器;如将 K_1、K_2 接通,则前级(Ⅰ)与后级(Ⅱ)接通,组成带有电压串联负反馈的两级放大器。

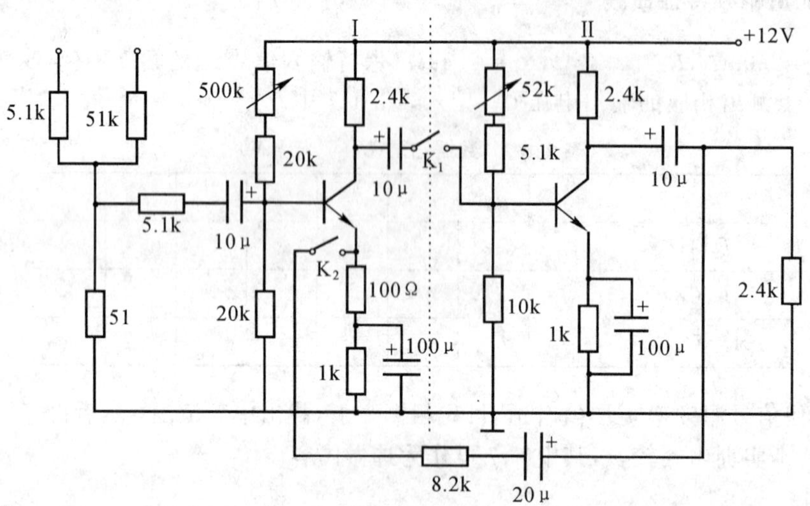

附加图 2-1-1

项目 2-2　负反馈放大器

一、实训目的

1. 加深理解放大电路中引入负反馈的方法。

2. 进一步熟悉负反馈对放大器各项性能指标的影响。

二、原理简介

负反馈在电子电路中有着非常广泛的应用，虽然它使放大器的放大倍数降低，但能在多方面改善放大器的动态指标，如稳定放大倍数，改变输入、输出电阻，减小非线性失真和展宽通频带等。因此，几乎所有的实用放大器都带有负反馈。

负反馈放大器有四种组态，即电压串联、电压并联、电流串联、电流并联。本项目以电压串联负反馈为例，分析总结负反馈对放大器各项性能指标的影响。

1. 图 2-2-1 为带有负反馈的两级阻容耦合放大电路，在电路中通过 R_F 把输出电压 u_o 引回到输入端，加在晶体管 T_1 的发射极上，在发射极电阻 R_{F1} 上形成反馈电压 u_F。根据对反馈的判断可知，它属于电压串联负反馈。

主要性能指标如下：

(1) 闭环电压放大倍数

$$A_{uf}=\frac{A_u}{1+A_uF_u}$$

式中：$A_u=U_o/U_i$——基本放大器(无反馈)的电压放大倍数，即开环电压放大倍数。

$1+A_uF_u$——反馈深度，它的大小决定了负反馈对放大器性能影响的程度。

(2) 反馈系数

$$F_u=\frac{R_{F1}}{R_F+R_{F1}}$$

(3) 输入电阻

$$R_{if}=(1+A_uF_u)R_i$$

式中：R_i——基本放大器的输入电阻。

(4) 输出电阻

$$R_{of}=\frac{R_o}{1+A_{uo}F_u}$$

式中：R_o——基本放大器的输出电阻；

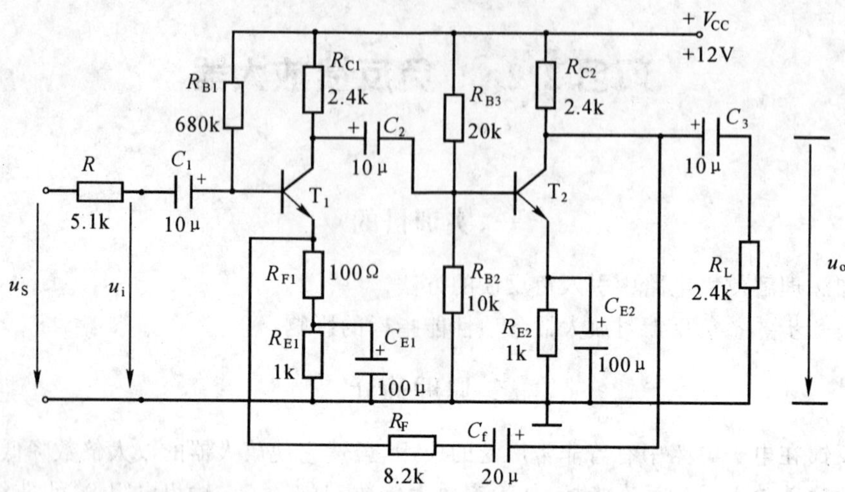

图 2-2-1 带有电压串联负反馈的两级阻容耦合放大器

A_{uo}——基本放大器 $R_L \to \infty$ 时的电压放大倍数。

2. 本实训还需要测量基本放大器的动态参数。怎样在图 2-2-1 所示电路中实现无反馈而得到基本放大器呢？不能简单地断开反馈支路，而是要去掉反馈作用，但又要把反馈网络的影响(负载效应)考虑到基本放大器中去，为此：

(1) 在画基本放大器的输入回路时，因为是电压负反馈，所以可将负反馈放大器的输出端交流短路，即令 $u_o=0$，此时 R_F 相当于并联在 R_{F1}上。

(2) 在画基本放大器的输出回路时，由于输入端是串联负反馈，因此需将反馈放大器的输入端(T_1 管的射极)开路，此时(R_F+R_{F1})相当于并接在输出端。

根据上述规律，就可得到所要求的如图 2-2-2 所示的基本放大器。

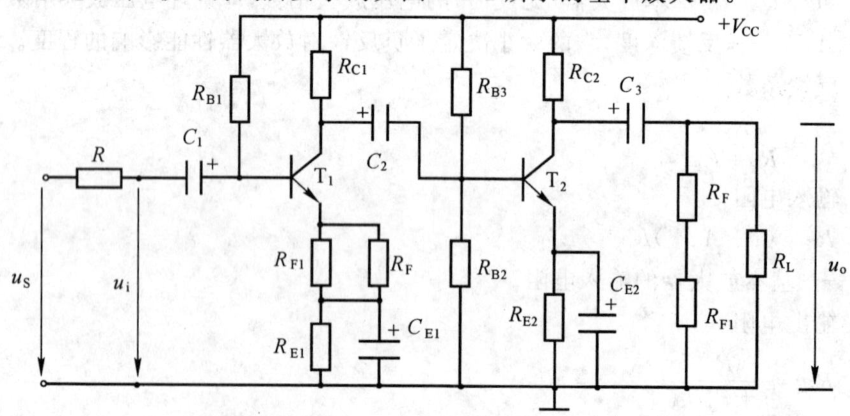

图 2-2-2 基本放大器

三、所需仪器设备及器件清单

名 称	数 量	备 注
直流稳压电源	1	+12V
双踪示波器	1	
函数信号发生器	1	
交流毫伏表	1	也可用示波器代替
万用表	1	
三极管	3DG6×2	或 9011×2
电 阻	100Ω×1,1k×2,2.4k×3,5.1k×1 8.2k×1,10k×1,20k×1,680k×1	
电 容	10μ×3,20μ×1,100μ×2	耐压 25V

四、测试内容

1. 测量静态工作点

按图 2-2-1 连接实训电路,取 $V_{CC}=+12V$,$U_i=0$,用直流电压表分别测量第一级、第二级的静态工作点,记入表 2-2-1 中。

表 2-2-1

	U_b(V)	U_e(V)	U_c(V)	I_c(mA)
第一级				
第二级				

2. 测试基本放大器的各项动态指标

将实训电路按图 2-2-2 改接,即把 R_F 断开后分别并在 R_{F1} 和 R_L 上,其他连线不动。

(1) 测量中频电压放大倍数 A_u、输入电阻 R_i 和输出电阻 R_o(测试方法见项目 2-1 中相应内容)。

1) 将 $f=1kHz$,U_s(u_s 的有效值)约 5mV 正弦信号输入放大器,用示波器监视输出波形 u_o,在 u_o 不失真的情况下,用交流毫伏表测量 U_s、U_i、U_L,记入表 2-2-2 中。

表 2-2-2

基本放大器	U_s (mV)	U_i (mV)	U_L (V)	U_o (V)	A_u	R_i (kΩ)	R_o (kΩ)
负反馈放大器	U_s (mV)	U_i (mV)	U_L (V)	U_o (V)	A_{uf}	R_{if} (kΩ)	R_{of} (kΩ)

2）保持 U_s 不变，断开负载电阻 R_L（注意，R_F 不要断开），测量空载时的输出电压 U_o，记入表 2-2-2 中。

（2）测量通频带

接上 R_L，保持 U_s 不变，然后增加和减小输入信号的频率，找出上、下限频率 f_H 和 f_L，记入表 2-2-3 中。

3. 测试负反馈放大器的各项性能指标

将实训电路恢复为图 2-2-1 的负反馈放大电路。适当加大 U_s（约 10mV），在输出波形不失真的条件下，测量负反馈放大器的 A_{uf}、R_{if}和 R_{of}，记入表 2-2-2 中；测量 f_{Hf}和 f_{Lf}，记入表 2-2-3 中。

表 2-2-3

基本放大器	f_L(kHz)	f_H(kHz)	f_H-f_L(kHz)
负反馈放大器	f_{Lf}(kHz)	f_{Hf}(kHz)	$f_{Hf}-f_{Lf}$(kHz)

***4. 观察负反馈对非线性失真的改善**

(1)实训电路改接成基本放大器形式（如图 2-2-2 所示），在输入端加入 $f=1$kHz 的正弦信号，输出端接示波器，逐渐增大输入信号的幅度，使输出波形开始出现失真，记下此时的波形和输出电压的幅度。

(2)再将实训电路改接成负反馈放大器形式（如图 2-2-1 所示），增大输入信号幅度，使输出电压幅度的大小与实训(1)相同，比较有负反馈时，输出波形的变化情况。

五、问　题

1. 按实训电路 2-2-1 估算放大器的静态工作点(取 $\beta_1=\beta_2=100$)。

2. 怎样把负反馈放大器改接成基本放大器？为什么要把 R_F 并接在输入和输出端？

3. 估算基本放大器的 A_u、R_i 和 R_o；估算负反馈放大器的 A_{uf}、R_{if}和 R_{of}，并验算它们之间的关系。

4. 如按深负反馈估算，则闭环电压放大倍数 $A_{uf}=$？与测量值是否一致？为什么？

5. 如输入信号存在失真，能否用负反馈来改善？

六、报告内容重点

1. 将基本放大器和负反馈放大器动态指标的实测值和理论估算值列表进行比较。

2. 根据测试结果，总结电压串联负反馈对放大器性能的影响。

3. 回答问题。

4. 报告格式详见范例(附录一)。

项目 2-3　差动放大器

一、实训目的

1. 加深对差动放大器性能及特点的理解。

2. 学习差动放大器主要性能指标的测试方法。

二、原理简介

图 2-3-1 是差动放大器的基本结构，它由两个元件参数相同的基本共射放大电路组成。当开关 K 拨向左边时，构成典型的差动放大器。调零电位器 R_P 用来调节 T_1、T_2 管的静态工作点，使得输入信号 $U_i=0$ 时，双端输出电压 $U_o=0$。R_E 为两管共用的发射极电阻，它对差模信号无负反馈作用，因而不影响差模电压放大倍数，但对共模信号有较强的负反馈作用，故可以有效地抑制零漂，稳定静态工作点。

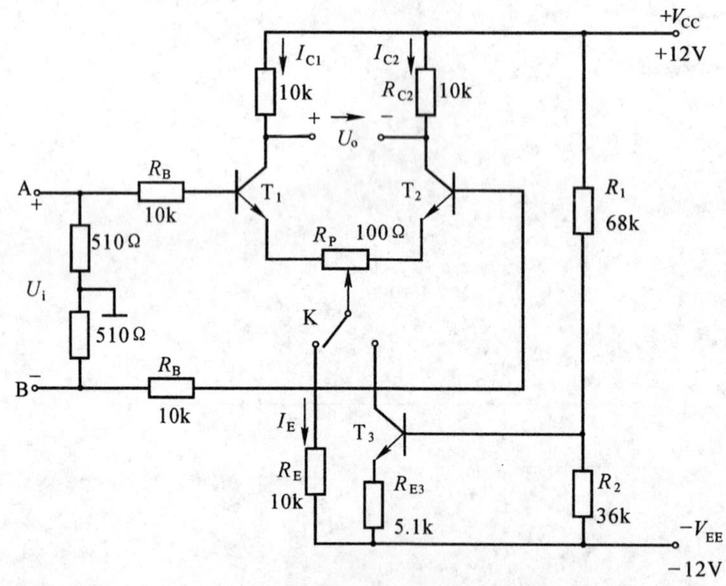

图 2-3-1　差动放大器测试电路

当开关 K 拨向右边时，构成具有恒流源的差动放大器，它用晶体管恒流源代替发

射极电阻 R_E,可以进一步提高差动放大器抑制共模信号的能力。

1. 静态工作点的估算

典型电路

$$I_E \approx \frac{V_{EE}-U_{be}}{\frac{R_P}{4}+R_E} \approx \frac{V_{EE}-U_{be}}{R_E}(\text{认为 } U_{b1}=U_{b2}\approx 0)$$

$$I_{C1}=I_{C2}=\frac{1}{2}I_E$$

恒流源电路

$$I_{C3}\approx I_{E3}\approx \frac{\frac{R_2}{R_1+R_2}(V_{CC}+V_{EE})-U_{be}}{R_{E3}}$$

$$I_{C1}=I_{C2}=\frac{1}{2}I_{C3}$$

2. 差模电压放大倍数和共模电压放大倍数

当差动放大器的射极电阻 R_E 足够大,或采用恒流源电路时,差模电压放大倍数 A_{ud} 由输出端方式决定,而与输入方式无关。

双端输出:R_P 在中心位置,空载时

$$A_{ud}=\frac{\Delta U_o}{\Delta U_i}=-\frac{\beta R_C}{R_B+r_{be}+\frac{1}{2}(1+\beta)R_P}$$

单端输出

$$A_{ud_1}=\frac{\Delta U_{C1}}{\Delta U_i}=\frac{1}{2}A_{ud}$$

$$A_{ud_2}=\frac{\Delta U_{C2}}{\Delta U_i}=-\frac{1}{2}A_{ud}$$

当输入共模信号时,若为单端输出,则有

$$A_{uc1}=A_{uc2}=\frac{\Delta U_{C1}}{\Delta U_i}=\frac{-\beta R_C}{R_B+r_{be}+(1+\beta)\left(\frac{1}{2}R_P+2R_E\right)}\approx -\frac{R_C}{2R_E}$$

若为双端输出,在理想情况下

$$A_{uc}=\frac{\Delta U_o}{\Delta U_i}=0$$

实际上,由于元件不可能完全对称,因此,在双端输出时,A_{uc} 也不会绝对等于零。

3. 共模抑制比 K_{CMR}

为了表征差动放大器对有用信号(差模信号)的放大作用和对共模信号的抑制能

力，通常用一个综合指标来衡量，即共模抑制比

$$K_{CMR}=\left|\frac{A_{ud}}{A_{uc}}\right| \quad 或 \quad K_{CMR}=20\lg\left|\frac{A_{ud}}{A_{uc}}\right|(dB)$$

差动放大器的输入信号可采用直流信号，也可采用交流信号。本项目由函数信号发生器提供频率 $f=1kHz$ 的正弦信号作为输入信号。

三、所需仪器设备及器件清单

名　称	数　量	备　注
直流稳压电源	1	±12V
函数信号发生器	1	
双踪示波器	1	
交流毫伏表	1	也可用示波器代
万用表	1	
三极管	3DG6×3	或 9011×3，要求 T_1、T_2 性能对称
电　阻	510Ω×2，5.1k×1，10k×5，36k×1，68k×1	
电位器	100Ω×1	

四、测试内容

1. 典型差动放大器性能测试

按图 2-3-1 连接测试电路，开关 K 拨向左边构成典型差动放大器。

(1) 测量静态工作点

1)调节放大器零点

信号源不接入。将放大器输入端 A、B 与地短接，接通±12V 直流电源，用万用表直流电压档测量输出电压 U_o，调节调零电位器 R_P，使 $U_o=0$。调节要仔细，力求准确。

2)测量静态工作点

零点调好以后，用直流电压档测量 T_1、T_2 管各电极电位及射极电阻 R_E 两端电压 U_{RE}，记入表 2-3-1 中。

表 2-3-1

<table>
<tr><td rowspan="2">测量值</td><td>U_{c1}(V)</td><td>U_{b1}(V)</td><td>U_{e1}(V)</td><td>U_{c2}(V)</td><td>U_{b2}(V)</td><td>U_{e2}(V)</td><td>U_{RE}(V)</td></tr>
<tr><td></td><td></td><td></td><td></td><td></td><td></td><td></td></tr>
<tr><td rowspan="2">计算值</td><td colspan="2">I_c(mA)</td><td colspan="3">I_b(mA)</td><td colspan="2">U_{ce}(V)</td></tr>
<tr><td colspan="2"></td><td colspan="3"></td><td colspan="2"></td></tr>
</table>

(2) 测量差模电压放大倍数

断开直流电源，将函数信号发生器的输出端接放大器输入 A 端，地端接放大器输入 B 端，构成单端输入方式，调节输入信号为频率 $f=1\text{kHz}$ 的正弦信号，并使输出旋钮旋至零，用示波器监视输出端（T_1 或 T_2 集电极与地之间）。

接通±12V 直流电源，逐渐增大输入电压 U_i（约 100mV），在输出波形无失真的情况下，用交流毫伏表测 U_i、U_{C1}、U_{C2}，记入表 2-3-2 中，并观察 u_i、u_{C1}、u_{C2}之间的相位关系及 U_{RE}随 U_i 改变而变化的情况。

(3)测量共模电压放大倍数

将放大器 A、B 短接，信号源接 A 端与地之间，构成共模输入方式，调节输入信号 $f=1\text{kHz}$，$U_i=1\text{V}$，在输出电压无失真的情况下，测量 U_{C1}、U_{C2}之值，并记入表 2-3-2 中，同时观察 u_i、u_{C1}、u_{C2}之间的相位关系及 U_{RE}随 U_i 改变而变化的情况。

表 2-3-2

	典型差动放大电路		具有恒流源差动放大电路	
	单端输入	共模输入	单端输入	共模输入
U_i	100mV	1V	100mV	1V
U_{C1}(V)				
U_{C2}(V)				
$A_{ud1}=\frac{U_{C1}}{U_i}$		/		/
$A_{ud}=\frac{U_o}{U_i}$		/		/
$A_{uc1}=\frac{U_{C1}}{U_i}$	/		/	
$A_{uc}=\frac{U_o}{U_i}$	/		/	
$K_{CMR}=\left\|\frac{A_{ud1}}{A_{uc1}}\right\|$				

2. 具有恒流源的差动放大电路性能测试

将图 2-3-1 所示电路中的开关 K 拨向右边，构成具有恒流源的差动放大电路。重复内容 1(2)、1(3)的要求，记入表 2-3-2 中。

五、问 题

1. 根据实训电路参数，估算典型差动放大器和具有恒流源差动放大器的静态工作点及差模电压放大倍数(取 $\beta_1=\beta_2=100$)。

2. 测量静态工作点时，放大器输入端 A、B 与地应如何连接？

3. 项目中怎样获得双端和单端输入差模信号？怎样获得共模信号？画出 A、B 端与信号源之间的连接图。

4. 怎样进行静态调零？用什么仪表测 U_o？

5. 怎样用交流毫伏表测双端输出电压 U_o？

六、报告内容重点

1. 整理测试数据，列表比较测试结果和理论估算值，分析产生误差的原因。

(1) 静态工作点和差模电压放大倍数。

(2) 典型差动放大电路单端输出时的 K_{CMR} 实测值与理论值比较。

(3) 典型差动放大电路单端输出时 K_{CMR} 的实测值与具有恒流源差动放大电路的 K_{CMR} 实测值比较。

2. 比较 u_i、u_{C1} 和 u_{C2} 之间的相位关系。

3. 根据实训结果，总结电阻 R_E 和恒流源的作用。

4. 回答问题。

5. 报告格式详见范例(附录一)。

项目 2-4　集成运算放大器指标测试

一、实训目的

1.了解运算放大器主要指标的测试方法。

2.通过对运算放大器 μA741 指标的测试，了解集成运算放大器组件主要参数的定义和表示方法。

二、原理简介

集成运算放大器是一种线性集成电路。为了正确使用集成运放，就必须了解它的主要参数指标。集成运放组件的各项指标通常是由专用仪器进行测试的，这里介绍的是一种简易测试方法。

本项目采用的集成运放型号为 μA741(或 F007)，引脚排列如图 2-4-1 所示，它是八脚双列直插式组件，②脚和③脚为反相和同相输入端，⑥脚为输出端，⑦脚和④脚为正、负电源端，①脚和⑤脚为静态调零端(①、⑤脚之间可接入一只几十千欧的电位器，并将滑动触头接到负电源端)，⑧脚为空脚。

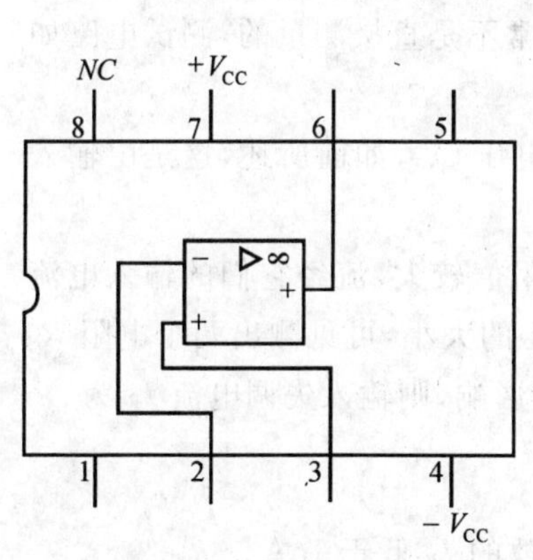

图 2-4-1　μA741 管脚图

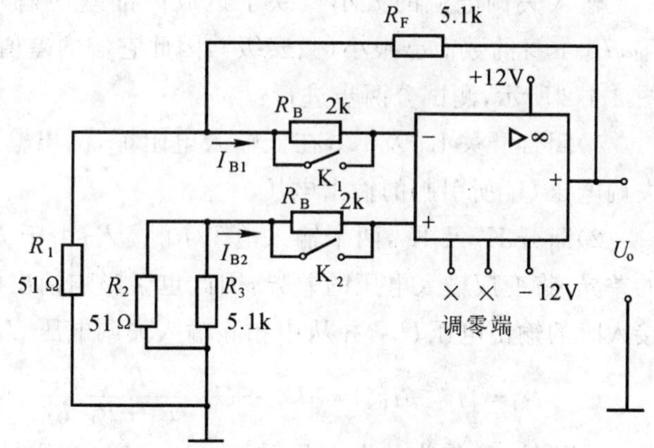

图 2-4-2　U_{IO}、I_{IO}测试电路

1. μA741 主要指标测试

(1)输入失调电压 U_{IO}

理想运放组件，当输入信号为零时，其输出也为零。但是即使是最优质的集成组件，由于运放内部差动输入级参数的不完全对称，输出电压往往不为零。这种零输入时输出不为零的现象称为集成运放的失调。

输入失调电压 U_{IO}是指输入信号为零时，输出端出现的电压折算到输入端的数值。

失调电压测试电路如图 2-4-2 所示。闭合开关 K_1 及 K_2，使电阻 R_B 短接，测量此时的输出电压 U_{o1}即为输出失调电压，则输入失调电压

$$U_{IO}=\frac{R_1}{R_1+R_F}U_{o1}$$

实际测出的 U_{o1}可能为正，也可能为负，一般在 1～5mV，对于高质量的运放，U_{IO}在 1mV 以下。

测试中应注意：a. 将运放调零端开路。

b. 要求电阻 R_1 和 R_2、R_3 和 R_F 的参数严格对称。

(2)输入失调电流 I_{IO}

输入失调电流 I_{IO}是指当输入信号为零时，运放的两个输入端的基极偏置电流之差，即

$$I_{IO}=|I_{BP}-I_{BN}|$$

输入失调电流的大小反映了运放内部差动输入级两个晶体管 β 的失配度，由于 I_{BP}、I_{BN}本身的数值已很小(微安级)，因此它们的差值通常不是直接测量的，测试电路如图 2-4-2 所示，测试分两步进行：

1)闭合开关 K_1 及 K_2，在低输入电阻下，测出输出电压 U_{o1}，如前所述，这是由输入失调电压 U_{IO}所引起的输出电压。

2)断开 K_1 及 K_2，两个输入电阻 R_B 接入，由于 R_B 阻值较大，流经它们的输入电流的差异，将变成输入电压的差异，因此也会影响输出电压的大小，可见测出两个电阻 R_B 接入时的输出电压 U_{o2}，并从中扣除输入失调电压 U_{IO}的影响，则输入失调电流 I_{IO}为

$$I_{IO}=|I_{BP}-I_{BN}|=|U_{o2}-U_{o1}|\frac{R_1}{R_1+R_F}\frac{1}{R_B}$$

一般地，I_{IO}约为几十～几百 nA(10^{-9}A)，高质量运放的 I_{IO}低于 1nA。

测试中应注意：a. 将运放调零端开路。

b. 两输入端电阻 R_B 必须精确配对。

(3)开环差模放大倍数 A_{ud}

集成运放在没有外部反馈时的直流差模放大倍数称为开环差模电压放大倍数，用

A_{ud}表示。它定义为开环输出电压U_o与两个差分输入端之间所加信号电压U_{id}之比：

$$A_{ud}=\frac{U_o}{U_{id}}$$

按定义，A_{ud}应是信号频率为零时的直流放大倍数，但为了测试方便，通常采用低频（几十赫兹以下）正弦交流信号进行测量。由于集成运放的开环电压放大倍数很高，难以直接进行测量，故一般采用闭环测量方法。A_{ud}的测试方法很多，现采用交、直流同时闭环的测试方法，如图 2-4-3 所示。

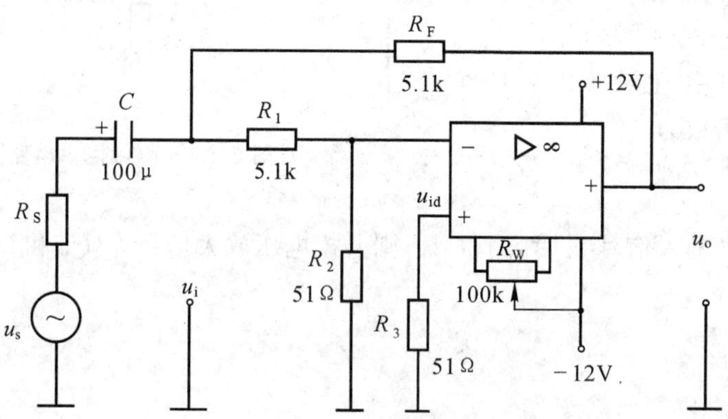

图 2-4-3　A_{ud}测试电路

被测运放一方面通过 R_F、R_1、R_2 完成直流闭环，以抑制输出电压漂移，另一方面通过 R_F 和 R_S 实现交流闭环，外加信号 u_s 经 R_1、R_2 分压，使 u_{id}足够小，以保证运放工作在线性区。同相输入端电阻 R_3 应与反相输入端电阻 R_2 相匹配，以减小输入偏置电流的影响，电容 C 为隔直电容，则被测运放的开环电压放大倍数为(U_o 和 U_i 分别为 u_o 和 u_i 的有效值)

$$A_{ud}=\frac{U_o}{U_{id}}=\left(1+\frac{R_1}{R_2}\right)\frac{U_o}{U_i}\quad 或\quad 开环增益为\ 20\lg\left(1+\frac{R_1}{R_2}\right)\frac{U_o}{U_i}(\text{dB})$$

通常低增益运放 A_{ud}约为 60～70dB，中增益运放约为 80dB，高增益在 100dB 以上，可达 120～140dB。

测试中应注意：a. 输入前电路应首先消振及调零。

b. 被测运放要工作在线性区。

c. 输入信号频率应较低，一般用 50～100Hz，输出信号幅度应较小，且无明显失真。

(4)共模抑制比 K_{CMR}

集成运放的差模电压放大倍数 A_{ud}与共模电压放大倍数 A_{uc}之比称为共模抑制比：

$$K_{CMR}=\left|\frac{A_{ud}}{A_{uc}}\right|\quad 或\ K_{CMR}=20\lg\left|\frac{A_{ud}}{A_{uc}}\right|(\text{dB})$$

共模抑制比在应用中是一个很重要的参数，理想运放对输入的共模信号其输出为零。但在实际的集成运放中，其输出不可能没有共模信号的成分。输出端共模信号愈小，说明电路对称性愈好，即运放对共模干扰信号的抑制能力愈强，K_{CMR}愈大。K_{CMR}的测试电路如图 2-4-4 所示。

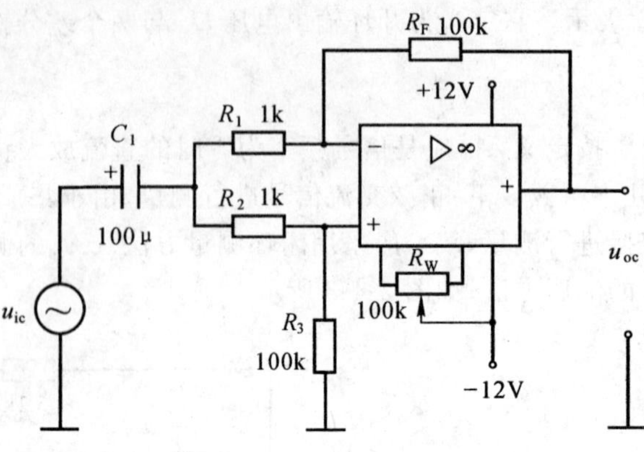

图 2-4-4 K_{CMR}测试电路

集成运放工作在闭环状态下的差模电压放大倍数为

$$A_{ud}=-\frac{R_F}{R_1}$$

当接入共模输入信号 u_{ic}时，测得 u_{oc}，则共模电压放大倍数为(U_{oc}和 U_{ic}分别为 u_{oc}和 u_{ic}的有效值)

$$A_{uc}=\frac{U_{oc}}{U_{ic}}$$

得共模抑制比

$$K_{CMR}=\left|\frac{A_{ud}}{A_{uc}}\right|=\frac{R_F}{R_1}\frac{U_{ic}}{U_{oc}}$$

测试中应注意：a. 输入信号前，电路应先消振与调零；

b. R_1 与 R_2、R_3 与 R_F 之间阻值严格对称；

c. 输入信号 u_{ic}的幅度必须小于集成运放的最大共模输入电压范围 U_{icmax}。

(5) 共模输入电压范围 U_{icmax}

集成运放所能承受的最大共模电压称为共模输入电压范围，超出这个范围，运放的 K_{CMR} 会大大下降，输出波形产生失真，有些运放还会出现“堵塞”现象以及永久性的损坏。

U_{icmax}的测试电路如图 2-4-5 所示。

被测运放接成电压跟随器形式，输出端接示波器，观察最大不失真输出波形，从而确定 U_{icmax}值。

(6) 输出电压最大动态范围 U_{opp}

集成运放的动态范围与电源电压、外接负载及信号源频率有关。测试电路如图 2-4-6 所示。

改变 u_s 幅度，观察 u_o 削顶失真刚开始时刻，从而确定 u_o 的不失真范围，这就是运放在某一定电源电压下可能输出的电压峰峰值 U_{opp}。

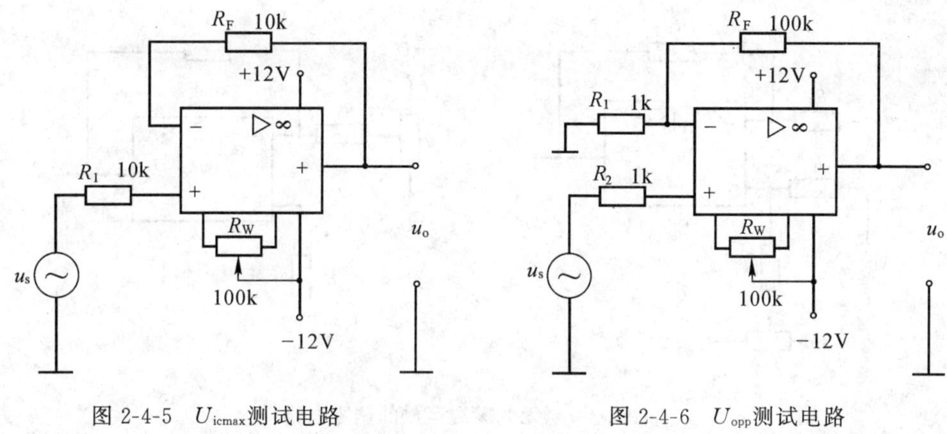

图 2-4-5　U_{icmax}测试电路　　　图 2-4-6　U_{opp}测试电路

2. 集成运放在使用时应考虑的一些问题

(1) 输入信号选用交、直流量均可，但在选取信号的频率和幅度时，应考虑运放的频响特性和输出幅度的限制。

(2) 调零。为提高运算精度，在接入输入信号前，应首先对直流输出电位进行调零，即保证输入为零时，输出也为零。当运放有外接调零端子时，可按组件要求接入调零电位器 R_W。调零时，将输入端接地，调零端接入电位器 R_W，用直流电压表测量输出电压 U_o，细心调节 R_W，使 U_o 为零(即失调电压为零)。如运放没有调零端子，可按图 2-4-7 所示电路进行调零。

一个运放如不能调零，大致有如下原因：① 组件正常，接线有错误。② 组件正常，但负反馈不够强(R_F/R_1 太大)，为此可将 R_F 短路，观察是否能调零。③ 组件正常，但由于它所允许的共模输入电压太低，可能出现“堵塞”现象，因而不能调零。为此可将电源断开后，再重新接通，如能恢复正常，则属于这种情况。④组件正常，但电路有自激现象，应进行消振。⑤组件内部损坏，应更换好的集成块。

(3) 消振。一个集成运放自激时，即使输入信号为零，亦会有输出，使各种运算功能无法实现，严重时还会损坏器件。在实验中，可用示波器监视输出波形。为消除运放的自激，常采用如下措施：①若运放有相位补偿端子，可利用外接 RC 补偿电路。产品手册中有补偿电路及元件参数提供。②电路布线、元器件布局应尽量减少分布电容。③在正、负电源进线与地之间接上几十 μF 的电解电容和 0.01～0.1μF 的陶瓷电容相并联以减小电源引线的影响。

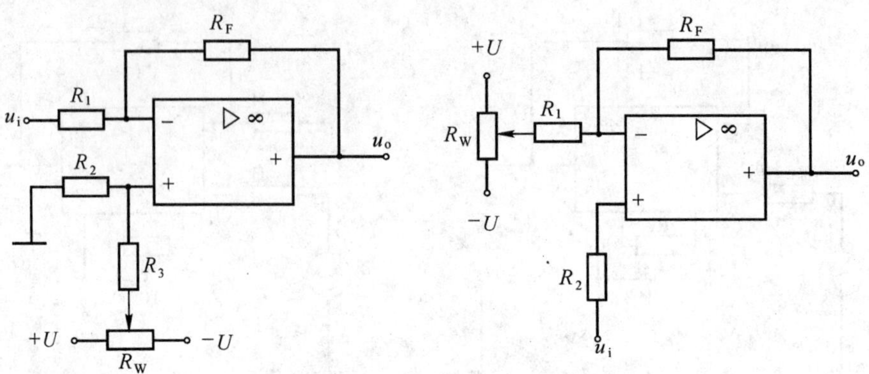

图 2-4-7 无调零端运放的调零电路

三、所需仪器设备及器件清单

名 称	数 量	备 注
直流稳压电源	1	±12V
函数信号发生器	1	
双踪示波器	1	
交流毫伏表	1	也可用示波器代替
万用表	1	
集成运放	1	μA741 或 F007
电 阻	51Ω×2,1k×2,2k×2, 5.1k×2,10k×2,100k×2	
电位器	100k×1	
电 容	100μ×1	耐压 35V

四、测试内容

测试前看清运放管脚排列及电源电压极性和数值,切忌正、负电源接反。

1. 测量输入失调电压 U_{os}

按图 2-4-2 连接测试电路,闭合开关 K_1、K_2,用万用表直流电压档测量输出端电压 U_{o1},并计算 U_{IO},记入表 2-4-1 中。

2. 测量输入失调电流 I_{IO}

测试电路如图 2-4-2，打开开关 K_1、K_2，用万用表直流电压档测量 U_{o2}，并计算 I_{IO}，记入表 2-4-1 中。

表 2-4-1

U_{IO}(mV)		I_{IO}(nA)		A_{ud}(dB)		K_{CMR}(dB)	
实测值	典型值	实测值	典型值	实测值	典型值	实测值	典型值
	2～10		50～100		100～106		80～86

3. 测量开环差模电压放大倍数 A_{ud}

按图 2-4-3 连接测试电路，运放输入端加频率 100Hz、大小约 30～50mV 的正弦信号，用示波器监视输出波形。用交流毫伏表测量 U_o 和 U_i，并计算 A_{ud}，记入表 2-4-1 中。

4. 测量共模抑制比 K_{CMR}

按图 2-4-4 连接测试电路，运放输入端加 $f=100$Hz、$U_{ic}=1\sim2$V 的正弦信号，监视输出波形。测量 U_{oc} 和 U_{ic}，计算 A_{uc} 及 K_{CMR}，记入表 2-4-1 中。

5. 测量共模输入电压范围 U_{icmax} 及输出电压最大动态范围 U_{opp}。

自拟测试步骤及方法。

五、问　题

1. 测量输入失调参数时，为什么运放反相及同相输入端的电阻要精选，以保证严格对称？

2. 测量输入失调参数时，为什么要将运放调零端开路，而在进行其他测试时，则要求对输出电压进行调零？

3. 测试信号的频率选取的原则是什么？

六、报告内容重点

1. 将所测得的数据与典型值进行比较。
2. 对测试结果及测试中碰到的问题进行分析、讨论。
3. 回答问题。
4. 报告格式详见范例(附录一)。

项目 2-5 集成运算放大器的基本应用(I)——模拟运算电路

一、实训目的

1. 研究由集成运算放大器组成的基本线性运算电路。

2. 了解运算放大器在实际应用时应考虑的一些问题。

二、原理简介

集成运算放大器是一种具有高电压放大倍数的直接耦合放大电路。当外部接入不同的线性或非线性元器件时，可以灵活地实现各种特定的函数关系。在线性应用方面，可组成比例、加法、减法、积分、微分、对数等模拟运算电路。

1. 理想运算放大器特性

在大多数情况下，可将运放视为理想运放，即将运放的各项技术指标理想化。理想运放的特点如下：

(1)开环电压放大倍数　　$A_{ud}\to\infty$

(2)输入阻抗　　$R_i\to\infty$

(3)输出阻抗　　$R_o=0$

(4)带宽　　$f_{BW}\to\infty$

(5)失调与漂移均为零等。

理想运放在线性应用时的两个重要特性：

(1)输出电压 U_o 与输入电压之间满足关系式：

$$U_o=A_{ud}(U_+-U_-)$$

由于 $A_{ud}\to\infty$，而 U_o 为有限值，因此 $U_+-U_-\approx0$，即 $U_+\approx U_-$，称为“虚短”。

(2)由于 $R_i\to\infty$，故流进运放两个输入端的电流可视为零，称为“虚断”。这说明运放对其前级吸取电流极小。

上述两个特性是分析理想运放应用电路的基本原则，可简化运放电路的计算。

2. 基本运算电路

(1) 反相比例运算电路

电路如图 2-5-1 所示。对于理想运放，该电路的输出电压与输入电压之间的关系为

$$U_o = -\frac{R_F}{R_1}U_i$$

为了减小输入级偏置电流引起的运算误差，在同相输入端应接入平衡电阻 $R_2 = R_1 /\!/ R_F$。

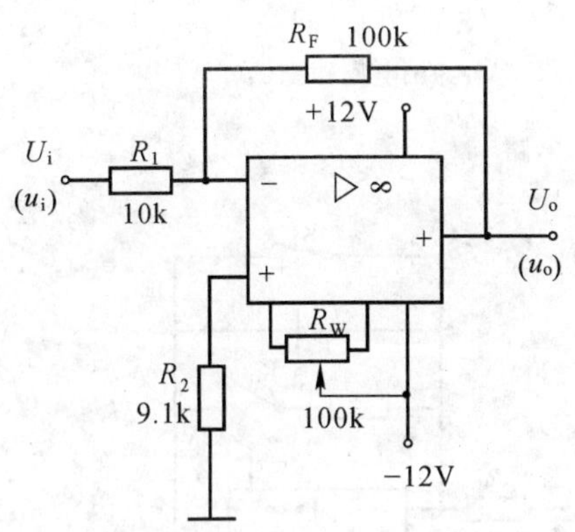

图 2-5-1　反相比例运算电路

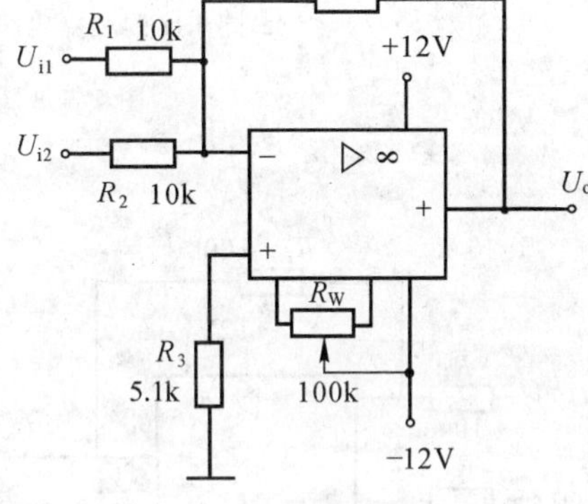

图 2-5-2　反相加法运算电路

(2) 反相加法电路

电路如图 2-5-2 所示，输出电压与输入电压之间的关系为

$$U_o = -\left(\frac{R_F}{R_1}U_{i1} + \frac{R_F}{R_2}U_{i2}\right) \qquad R_3 = R_1 /\!/ R_2 /\!/ R_F$$

(3) 同相比例运算电路

图 2-5-3(a)是同相比例运算电路，它的输出电压与输入电压之间的关系为

$$U_o = \left(1 + \frac{R_F}{R_1}\right)U_i \qquad R_2 = R_1 /\!/ R_F$$

当 $R_1 \to \infty$ 时，$U_o = U_i$，即得到如图 2-5-3(b)所示的电压跟随器，图中 $R_2 = R_F$，用以减小漂移并起保护作用。一般 R_F 取 10kΩ，R_F 太小起不到保护作用，太大则影响跟随性。

(4) 差动放大电路(减法器)

对于图 2-5-4 所示的减法运算电路，当 $R_1 = R_2$，$R_3 = R_F$ 时，有如下关系式：

$$U_o = \frac{R_F}{R_1}(U_{i2} - U_{i1})$$

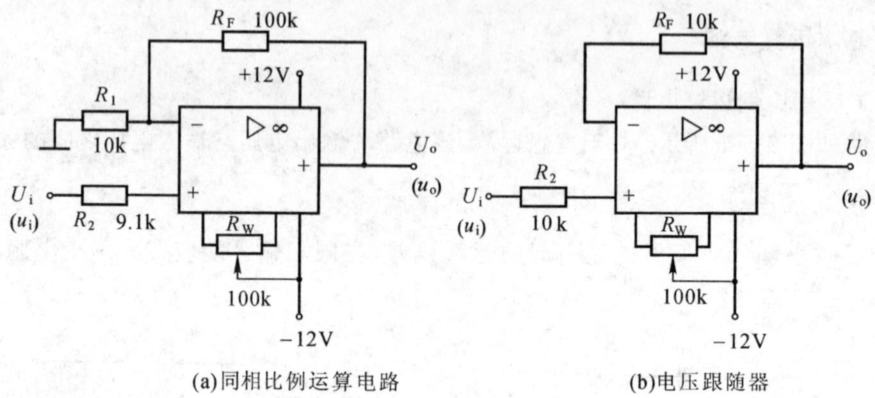

(a)同相比例运算电路　　(b)电压跟随器

图 2-5-3　同相比例运算电路

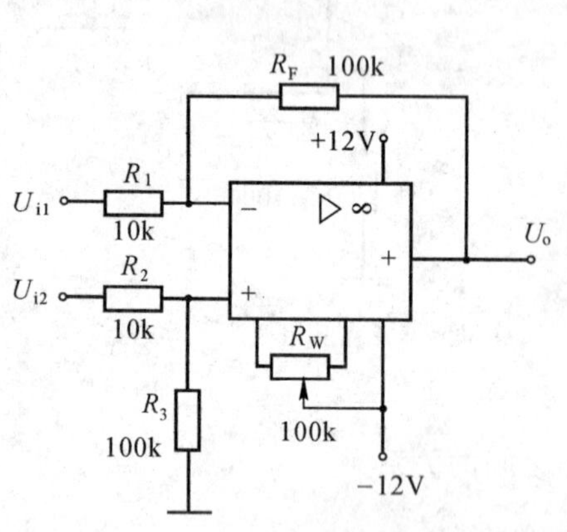

图 2-5-4　减法运算电路

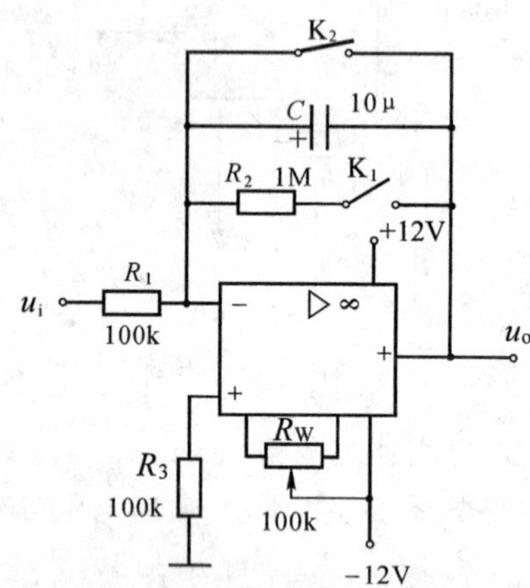

图 2-5-5　积分运算电路

(5) 积分运算电路

反相积分电路如图 2-5-5 所示。在理想化条件下，输出电压

$$u_o(t)=\frac{1}{R_1C}\int_0^t u_i\mathrm{d}t+u_C(0)$$

式中：$u_C(0)$是 $t=0$ 时刻电容 C 两端的电压值，即初始值。

如果 u_i 是幅值为 E 的阶跃电压，并设 $t=0$ 时其值为 0，则

$$u_o(t)=-\frac{1}{R_1C}\int_0^t E\mathrm{d}t=-\frac{E}{R_1C}t$$

即输出电压 $u_o(t)$随时间增长而线性下降。显然 RC 的数值越大，达到给定的 U_o 值所需的时间就越长。积分输出电压所能达到的最大值受集成运放最大输出范围的限制。

在进行积分运算之前，首先应对运放调零。为了便于调节，将图中 K_1 闭合，即通过

电阻 R_2 的负反馈作用帮助实现调零。但在完成调零后，应将 K_1 断开，以免因 R_2 的接入造成积分误差。K_2 的设置一方面为积分电容放电提供通路，同时可实现积分电容初始电压 $u_C(0)=0$，另一方面，可控制积分起始点，即在加入信号 u_i 后，只要 K_2 一断开，电容就将被恒流充电，电路也就开始进行积分运算。

三、所需仪器设备及器件清单

名　称	数　量	备　注
直流稳压电源	1	±5V，±12V
函数信号发生器	1	
双踪示波器	1	
万用表	1	
集成运放	1	μA741 或 F007
电　阻	510Ω×4，5.1k×1，9.1k×1，10k×2，100k×2，1M×1	
电位器	100k×1，1k×2	
电　容	10μ×1	耐压 25V

四、测试内容

实训前要看清运放组件各管脚的位置；切忌正、负电源极性接反并避免输出端短路，否则将会损坏集成块。

1. 反相比例运算电路

(1) 按图 2-5-1 连接测试电路，接通±12V 电源，输入端对地短路，进行调零和消振。

(2) 输入 $f=100\text{Hz}$、$U_i=0.5\text{V}$ 的正弦交流信号，测量相应的 U_o，并用示波器观察 u_o 和 u_i 的相位关系，记入表 2-5-1 中。

表 2-5-1 数据记录($U_i=0.5\text{V}$，$f=100\text{Hz}$)

U_i(V)	U_o(V)	u_i 波形	u_o 波形	A_u	
				实测值	计算值
		t	t		

2. 同相比例运算电路

(1) 按图 2-5-3(a)连接测试电路。测试步骤同内容 1，将结果记入表 2-5-2 中。

（2）按图 2-5-3(b)所示电路，重复测试内容(1)。

表 2-5-2　数据记录($U_i=0.5V$，$f=100Hz$)

U_i(V)	U_o(V)	u_i 波形	u_o 波形	A_u	
				实测值	计算值
		t	t		

3. 反相加法运算电路

（1）按图 2-5-2 连接测试电路，并调零和消振。

（2）输入信号采用直流信号，如图 2-5-6 所示电路为简易直流信号源，由测试者自行实现。测试时要注意选择合适的直流信号幅度以确保集成运放工作在线性区。用万用表直流电压档测量输入电压 U_{i1}、U_{i2} 及输出电压 U_o，记入表 2-5-3 中。

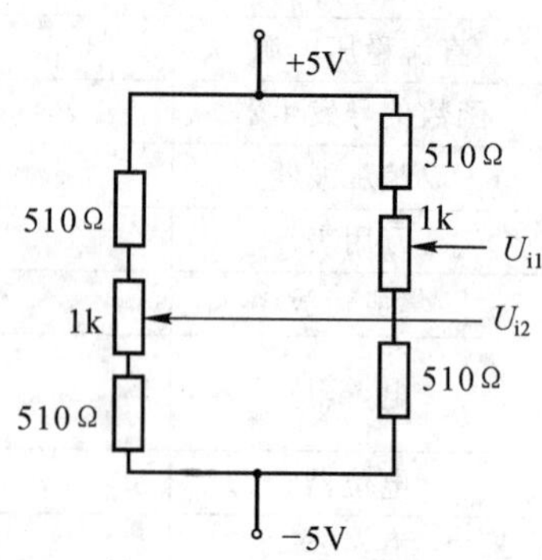

图 2-5-6　简易可调直流信号源

表 2-5-3　数据记录

U_{i1}(V)					
U_{i2}(V)					
U_o(V)					

4. 减法运算电路

（1）按图 2-5-4 连接测试电路，并调零和消振。

（2）采用直流输入信号，实训步骤同内容 3，记入表 2-5-4 中。

表 2-5-4　数据记录

U_{i1}(V)					
U_{i2}(V)					
U_o(V)					

5. 积分运算电路

测试电路如图 2-5-5 所示。

(1) 打开 K_2,闭合 K_1,对运放输出进行调零。

(2) 调零完成后,再断开 K_1,闭合 K_2,使 $u_C(0)=0$。

(3) 预先调好直流输入电压 $U_i=0.1V$,接入测试电路,再断开 K_2,然后用万用表直流电压档测量输出电压 U_o,每隔 5 秒读一次 U_o,记入表 2-5-5 中,直到 U_o 不继续明显增大为止。

表 2-5-5 数据记录

t(s)	0	5	10	15	20	25	30	……
U_o(V)								

五、问 题

1. 根据测试电路参数计算各电路输出电压的理论值。

2. 在反相加法器中,如 U_{i1} 和 U_{i2} 均采用直流信号,并选定 $U_{i2}=-1V$,当考虑到运算放大器的最大输出幅度($\pm 12V$)时,$|U_{i1}|$ 的大小不应超过多少伏?

3. 在积分电路中,如 $R_1=100k\Omega$,$C=4.7\mu F$,求时间常数;假设 $U_i=0.5V$,问要使输出电压 U_o 达到 5V,需多长时间(设 $u_C(0)=0$)?

4. 为了不损坏集成块,测试中应注意什么问题?

六、报告内容重点

1. 整理测试数据,画出波形图(注意波形间的相位关系)。

2. 将理论计算结果和实测数据相比较,分析产生误差的原因。

3. 分析讨论测试中出现的现象和问题。

4. 回答问题。

5. 报告格式详见范例(附录一)。

项目 2-6 集成运算放大器的基本应用(II)——电压比较器

一、实训目的

1. 熟悉电压比较器的电路构成及特点；

2. 学会测试比较器的方法。

二、原理简介

电压比较器是集成运放非线性应用电路，它将一个模拟电压信号和一个参考电压相比较，在两者幅度相等的附近，输出电压将产生跃变，相应输出高电平或低电平。比较器可以组成非正弦波形变换电路及应用于模拟与数字信号转换等领域。

如图 2-6-1 所示为一最简单的电压比较器，U_R 为参考电压，加在运放的同相输入端，输入电压 u_i 加在反相输入端。

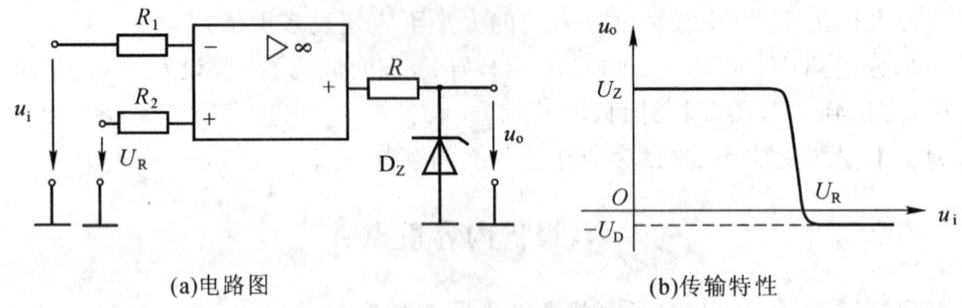

(a)电路图　(b)传输特性

图 2-6-1　电压比较器

当 $u_i<U_R$ 时，运放输出高电平，稳压管 D_Z 反向稳压工作。输出端电位被其钳位在稳压管的稳定电压 U_Z，即 $u_o=U_Z$。

当 $u_i>U_R$ 时，运放输出低电平，D_Z 正向导通，输出电压等于稳压管的正向压降 U_D，即 $u_o=-U_D$。

因此，以 U_R 为界，当输入电压 u_i 变化时，输出端反映出两种状态：高电位和低电位。

表示输出电压与输入电压之间关系的特性曲线，称为传输特性。图 2-6-1(b)为图 2-6-1(a)所示比较器的传输特性。

常用的电压比较器有过零比较器、具有滞回特性的过零比较器、双限比较器(又称窗口比较器)等。

1. 过零比较器

如图 2-6-2 所示为加限幅电路的过零比较器,D_Z 为限幅稳压管。信号从运放的反相输入端输入,参考电压为零。当 $u_i>0$ 时,输出 $u_o=-(U_Z+U_D)$,当 $u_i<0$ 时,$u_o=+(U_Z+U_D)$。其电压传输特性如图 10-6-2(b)所示。

过零比较器结构简单,灵敏度高,但抗干扰能力差。

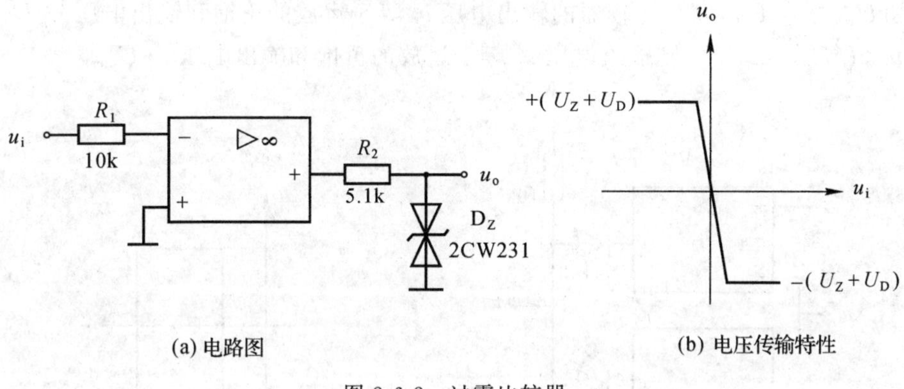

(a) 电路图　(b) 电压传输特性

图 2-6-2　过零比较器

2. 滞回比较器

图 2-6-3 为具有滞回特性的电压比较器。过零比较器在实际工作时,如果 u_i 恰好在零值附近,则由于零点漂移和干扰的存在,u_o 将不断地由一个极限值转换到另一个极限值,这在控制系统中,对执行机构将是很不利的。为此,就需要输出特性具有滞回现象。如图 2-6-3 所示,从输出端引一个正反馈支路到同相输入端,若 u_o 改变状态,同相端电位也随着改变,使过零点离开原来位置。当 u_o 为正(记作 U_+),$U_P=\dfrac{R_2}{R_F+R_2}U_+$,

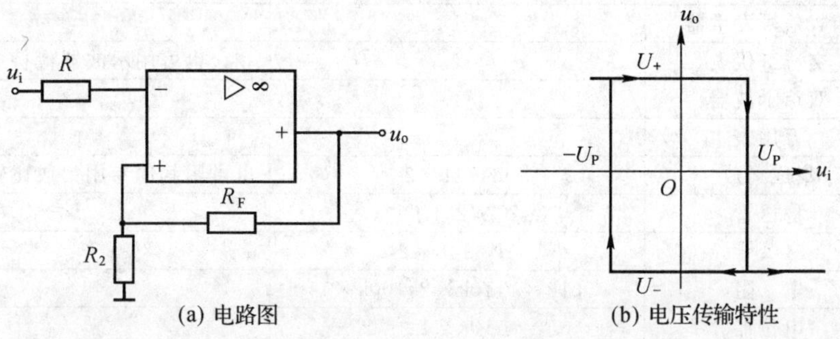

(a) 电路图　(b) 电压传输特性

图 2-6-3　滞回比较器

则当 $u_i > U_P$ 后，u_o 即由正变负（记作 U_-），此时 U_P 变为 $-U_P$。故只有当 u_i 下降到 $-U_P$ 以下，才能使 u_o 再度回升到 U_+，于是出现图 2-6-3(b) 中所示的滞回特性。$-U_P$ 与 U_P 的差别称为回差。改变 R_2 的数值可以改变回差的大小。

3. 窗口（双限）比较器

简单的比较器仅能鉴别输入电压 u_i 比参考电压 U_R 高或低的情况，窗口比较电路是由两个简单比较器组成的，如图 2-6-4 所示，它能指示出 u_i 值是否处于 U_R^+ 和 U_R^- 之间。如 $U_R^- < u_i < U_R^+$，窗口比较器的输出电压 u_o 等于运放的正饱和输出电压（$+U_{omax}$），如果 $u_i < U_R^-$ 或 $u_i > U_R^+$，则输出电压 u_o 等于运放的负饱和输出电压（$-U_{omax}$）。

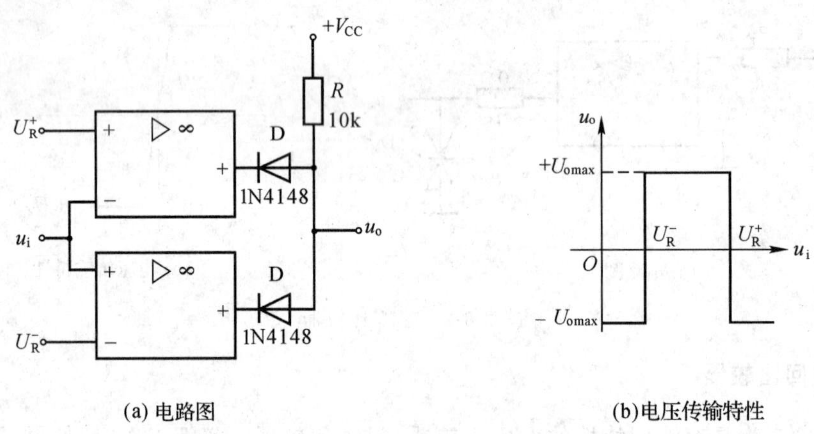

图 2-6-4 由两个简单比较器组成的窗口比较器

三、所需仪器设备及器件清单

名 称	数 量	备 注
直流稳压电源	1	±12V
函数信号发生器	1	
交流毫伏表	1	也可用示波器代替
双踪示波器	1	
万用表	1	
集成运放	μA741×2	也可用其他专用集成比较器
稳压管	2CW231×1	
二极管	1N4148×2	
电 阻	5.1k×1,10k×2,100k×1	
电位器	10k×1	

四、测试内容

1. 过零比较器

测试电路如图 2-6-2 所示(D_Z 也可不用)。

(1) 接通±12V 电源。

(2) 测量 u_i 悬空时的 u_o 值。

(3) u_i 输入 500Hz、幅值合适的正弦信号，观察 $u_i \to u_o$ 波形并记录。

(4) 改变 u_i 幅值，测量传输特性曲线。

2. 反相滞回比较器

测试电路如图 2-6-5(a)所示。

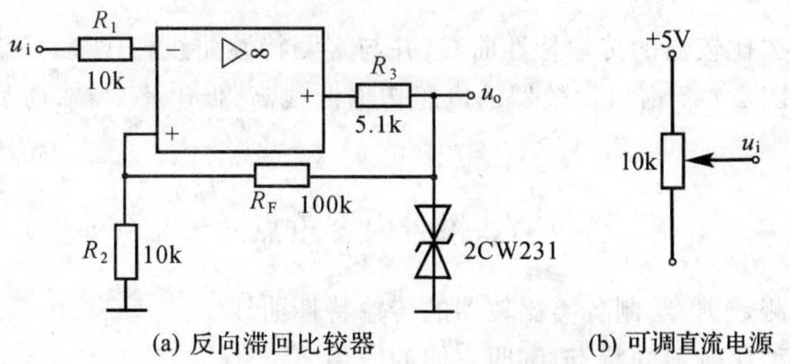

图 2-6-5　反相滞回比较器(a)及可调直流电源(b)

(1) 按图接线，u_i 接可调直流电源(如图 2-6-5(b)所示)，测出 u_o 由 $+U_{omax} \to -U_{omax}$ 时 u_i 的临界值。

(2) 同上，测出 u_o 由 $-U_{omax} \to +U_{omax}$ 时 u_i 的临界值。

(3) u_i 接 500Hz、峰值为 5V 的正弦信号，观察并记录 u_i、u_o 波形。

(4) 将 R_F 电阻改为 200kΩ，重复上述过程，测定传输特性。

*3. 同相滞回比较器

测试线路如图 2-6-6 所示。

(1) 参照 2，自拟测试步骤及方法。

(2) 将结果与 2 进行比较。

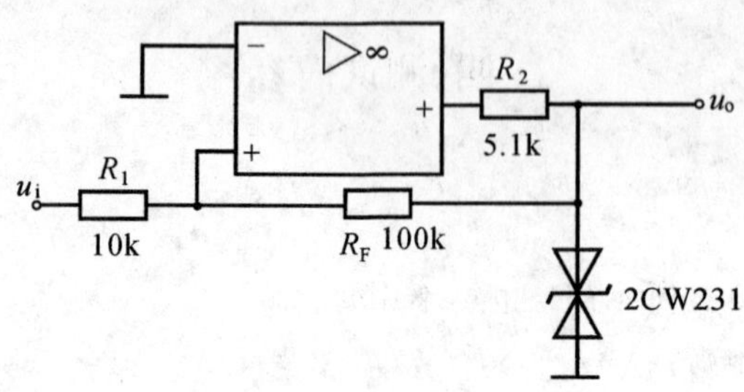

图 2-6-6　同相滞回比较器

***4. 窗口比较器**

参照图 2-6-4 自拟测试步骤和方法测定其传输特性。

五、问　题

1. 画出各类比较器的传输特性曲线，并与实测特性曲线相比较，分析比较结果。

2. 若要将图 2-6-4 窗口比较器的电压传输曲线高、低电平对调，应如何改动比较器电路？

六、报告内容重点

1. 整理实测数据，绘制各类比较器的传输特性曲线。

2. 总结几种比较器的特点，阐明它们的应用。

3. 回答问答。

4. 报告格式详见范例（附录一）。

项目 2-7　RC 正弦波振荡器

一、实训目的

1. 熟悉 RC 正弦波振荡器的组成及振荡条件。

2. 学会测量、调试振荡器。

二、原理简介

从结构上看，正弦波振荡器由一个基本放大器和一个具有选频特性的正反馈网络组成。若用 R、C 元件组成选频网络，就称为 RC 振荡器，主要用来产生 1Hz～1MHz 的低频信号。

1. RC 移相振荡器

电路型式如图 2-7-1 所示，选择 $R \gg R_i$。我们知道，一级 RC 的移相范围 $|\varphi| < 90°$，则三级 RC 移相范围 $0° < 3|\varphi| < 270°$，所以当图中 A 为反相放大器时，经三级 RC 移相得到的反馈信号与原输入信号同相，即引入了正反馈。

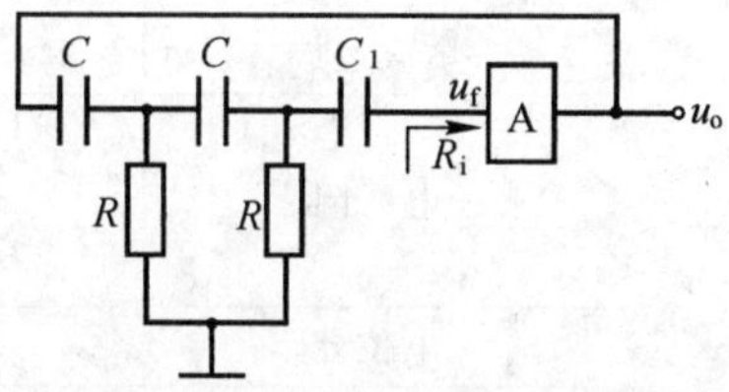

图 2-7-1　RC 移相振荡器原理图

2. RC 串并联网络（文氏桥）振荡器

电路型式如图 2-7-2 所示。

当振荡信号频率 $f = f_0 = \dfrac{1}{2\pi RC}$，即 $\omega = 2\pi f = \dfrac{1}{RC}$ 时，u_f 与 u_o 相位相同，则当 A 为同相放大器时，就组成了正弦振荡电路。要使该振荡器工作，还要满足振幅条件，即起振条件 $|A| > 3$。

3. 双 T 选频网络振荡器

电路型式如图 2-7-3 所示。

当频率 $f = \dfrac{1}{5RC}$，元件参数满足 $R' < \dfrac{R}{2}$ 及振幅的起振条件时，电路就能产生正弦振荡。该电路选频特性好，但调频困难，适合于产生单一频率的正弦振荡。

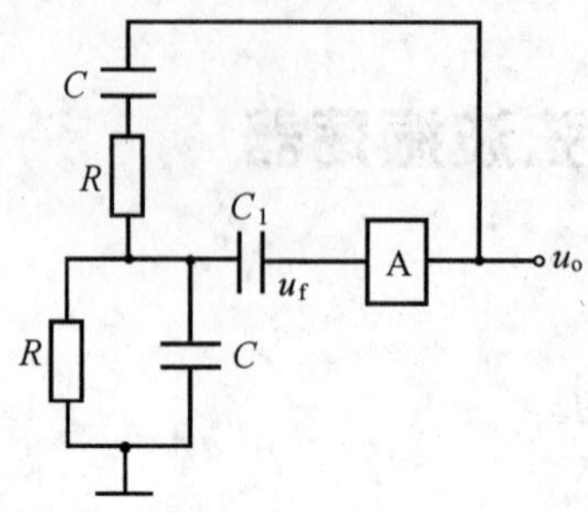

图 2-7-2 RC 串并联网络振荡器原理图

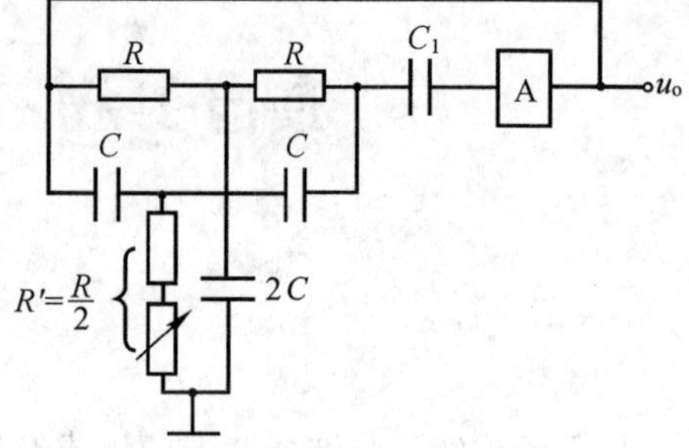

图 2-7-3 双 T 选频网络振荡器原理图

三、所需仪器设备及器件清单

名　称	数　量	备　注
直流稳压电源	1	±12V
函数信号发生器	1	
双踪示波器	1	
万用表	1	
集成运放	1	μA741
电　阻	1.3k×1,2k×1,2.4k×1,2.7k×1, 3k×1,6.2k×2,8.2k×1,10k×3, 15k×1,43k×1,51k×1,100k×2	
电位器	10k×1,100k×1	
电　容	0.01μ×2,0.033μ×2,0.068μ×1,100μ×4	耐压 36V
三极管	9013×2	

四、测试内容

1. RC 串并联选频网络振荡器

(1) 实测电路如图 2-7-4 所示。

(2) 接通电源,用示波器观测输出电压 u_o 波形,调节 R_W 使电路起振并获得满意的正弦信号,记录波形及其参数。

(3) 改变 R 或 C 值,观察振荡频率变化情况。

*(4) RC 串并联网络幅频特性的观察:将 RC 串并联网络与放大器断开,用函数信号发生器的正弦信号注入 RC 串并联网络,保持输入信号的幅度不变(约 3V),频率由

低到高变化，RC 串并联网络输出幅值将随之变化，当信号源达某一频率时，RC 串并联网络的输出将达最大值（1V 左右），且输入、输出同相位，此时信号源频率为

$$f=f_0=\frac{1}{2\pi RC}$$

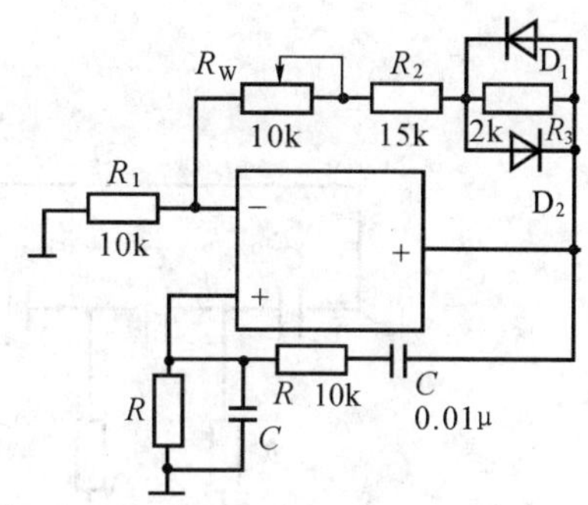

图 2-7-4　RC 串并联选频网络振荡器（齐氏桥）

*2. 双 T 选频网络振荡器

（1）按图 2-7-5 连接线路。

（2）断开双 T 网络（即断开 A 点），调试 T_1 管静态工作点，使 U_{C1} 为 6～7V，记入表 2-7-1 中。

（3）接入双 T 网络，用示波器观察输出波形，记入表 2-7-1 中。若不起振，调节 R_{W1}，使电路起振。

（4）测量电路振荡频率，计入表 2-7-1 中，并与计算值比较。

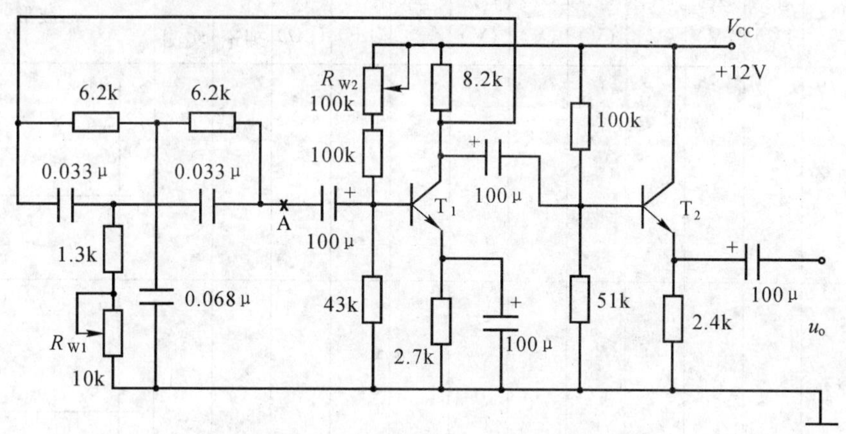

图 2-7-5　双 T 网络 RC 正弦波振荡器

*3. RC 移相式振荡器的组装与调试

（1）按图 2-7-6 连接线路。

（2）断开 RC 移相电路（即断开 D 点），调整放大器的静态工作点，测量放大器电压放大倍数，记入表 2-7-1 中。

（3）接通 RC 移相电路，调节 R_{B2} 使电路起振，并使输出波形幅度最大，用示波器观测输出电压 u_o 波形，同时读出振荡频率，并与理论值比较。

* 参数自选，时间不够可不做。

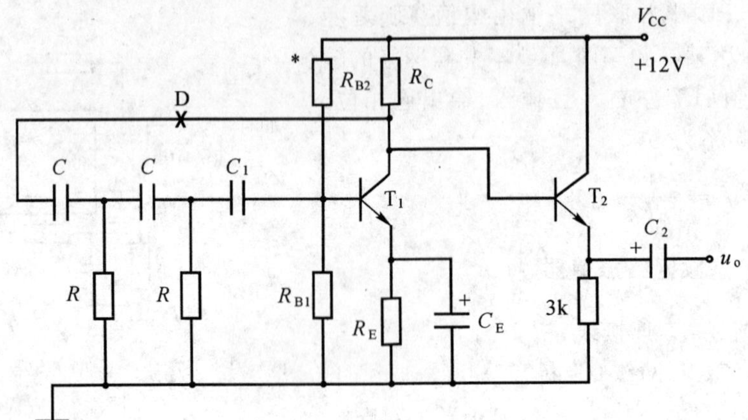

图 2-7-6 RC 移相式振荡器

表 2-7-1

选频网络	U_{B1} (V)	U_{C1} (V)	U_{E1} (V)	U_{B2} (V)	U_{C2} (V)	U_{E2} (V)	A_u	C (μF)	R (kΩ)	f(kHz) 理论	f(kHz) 实测	u_o 波形
双 T 网络												u_o t
*RC 移相												u_o t

五、问　题

1. 如何用示波器来测量振荡电路的振荡频率？
2. 如何用示波器来测量交流信号间的相位差？
3. 分析图 2-7-4 所示电路中，D_1 和 D_2 的作用是什么？

六、报告内容重点

1. 由给定电路参数计算振荡频率，并与实测值比较，分析产生误差的原因。
2. 总结三类 RC 振荡器的特点。
3. 回答问题。
4. 报告格式详见范例(附录一)。

项目 2-8 LC 正弦波振荡器

一、实训目的

1. 了解变压器反馈式 LC 正弦波振荡器的调整和测试方法；

2. 研究电路参数对 LC 振荡器起振条件及输出波形的影响。

二、原理简介

LC 正弦波振荡器是用 L、C 元件组成选频网络的振荡器，一般用来产生 1MHz 以上的高频正弦信号。根据 LC 调谐回路的不同连接方式，LC 正弦波振荡器又可分为变压器反馈式(或称互感耦合式)、电感三点式和电容三点式三种。图 2-8-1 为变压器反馈式 LC 正弦波振荡器的实训电路，其中晶体三极管 T_1 组成共射放大电路，变压器 T_r 的原绕组 L_1(振荡线圈)与电容 C 组成调谐回路，它既作为放大器的负载，又起选频作用，副绕组 L_2 为反馈线圈，L_3 为输出线圈。

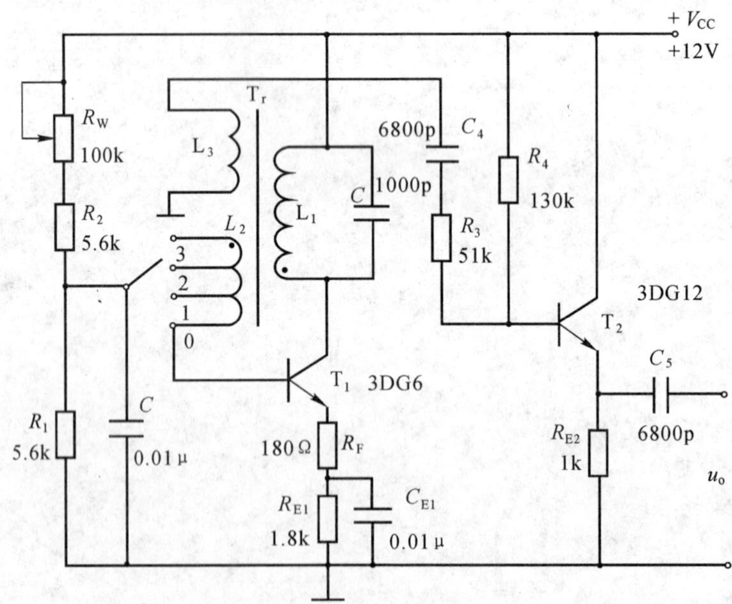

图 2-8-1 LC 正弦波振荡器实验电路

该电路靠变压器原、副绕组同名端的正确连接(如图中所示),来满足自激振荡的相位条件,即正反馈条件。在实际调试中可以通过把振荡线圈 L_1 或反馈线圈 L_2 的首、末端对调,来改变反馈的极性。而振幅条件的满足,一是靠合理选择电路参数,使放大器建立合适的静态工作点,其次是改变线圈 L_2 的匝数,或它与 L_1 之间的耦合程度,以得到足够强的反馈量。稳幅作用是利用晶体管的非线性来实现的。由于LC 并联谐振回路具有良好的选频作用,因此输出电压波形一般失真不大。

振荡器的振荡频率由谐振回路的电感和电容决定:

$$f_0=\frac{1}{2\pi\sqrt{LC}}$$

式中:L 为并联谐振回路的等效电感(即要考虑其他绕组的影响)。

振荡器的输出端增加一级射极跟随器,用以提高电路的带负载能力。

三、所需仪器设备及器件清单

名　称	数　量	备　注
直流稳压电源	1	+12V
双踪示波器	1	
交流毫伏表	1	也可用示波器代替
万用表	1	
振荡线圈	1	
电　阻	180Ω×1,1k×1,1.8k×1, 5.6k×2,51k×1,130k×1	
电位器	100k×1	
电　容	1000p×1,6800p×2,0.01μ×2	耐压 25V
三极管	3DG6×1,3DG12×1	也可用 9011×1,9013×1

四、测试内容

按图 2-8-1 连接实验电路。电位器 R_W 置最大位置,振荡电路的输出端接示波器。

1. 静态工作点的调整

(1) 接通 $V_{CC}=+12$ 电源,调节电位器 R_W,使输出端得到不失真的正弦波形,如不起振,可改变 L_2 的首末端位置,使之起振。

测量两管的静态工作点及正弦波的有效值 U_0，记入表 2-8-1 中。

(2) 把 R_W 调小，观察输出波形的变化。测量有关数据，记入表 2-8-1 中。

(3) 调大 R_W，使振荡波形刚刚消失，测量有关数据，记入表 2-8-1 中。

表 2-8-1

		U_b(V)	U_e(V)	U_c(V)	I_c(mA)	U_o(V)	u_o 波形
R_W 居中	T_1						u_o / t
	T_2						
R_W 小	T_1						u_o / t
	T_2						
R_W 大	T_1						u_o / t
	T_2						

根据以上三组数据，分析静态工作点对电路起振、输出波形幅度和失真的影响。

2. 观察反馈量大小对输出波形的影响

置反馈线圈 L_2 于位置“0”(无反馈)、“1”(反馈量不足)、“2”(反馈量合适)、“3”(反馈量过强)，测量相应的输出电压波形，记入表 2-8-2 中。

表 2-8-2

L_2 位置	“0”	“1”	“2”	“3”
u_o 波形	u_o / t	u_o / t	u_o / t	u_o / t

3. 验证相位条件

改变线圈 L_2 的首末端位置，观察停振现象。

恢复 L_2 的正反馈接法，改变 L_1 的首末端位置，观察停振现象。

4. 测量振荡频率

调节 R_W 使电路正常起振，同时用示波器测量以下两种情况下的振荡频率 f_0，记入表 2-8-3 中。

谐振回路电容：1) $C=1000$pF。

2) $C=100$pF。

表 2-8-3

C(pF)	1000	100
f(kHz)		

5. 观察谐振回路 Q 值对电路工作的影响

谐振回路两端并入 $R=5.1\text{k}\Omega$ 的电阻，观察 R 并入前后振荡波形的变化情况。

五、问　题

1. LC 振荡器是怎样进行稳幅的？在不影响起振的条件下，晶体管的集电极电流是大一些好，还是小一些好？

2. 为什么可以用测量停振和起振两种情况下晶体管的 U_{be} 变化，来判断振荡器是否起振？

六、报告内容重点

1. 整理实测数据，并分析讨论：

(1) LC 正弦波振荡器的相位条件和幅值条件。

(2) 电路参数对 LC 振荡器起振条件及输出波形的影响。

2. 讨论测试中发现的问题及解决办法。

3. 回答问题。

4. 报告格式详见范例(附录一)。

项目 2-9　集成函数信号发生器芯片的应用与调试

一、实训目的

1. 了解单片集成函数信号发生器芯片的结构及调试方法。

2. 进一步掌握波形参数的测试方法。

二、原理简介

1. XR-2206 芯片是单片集成函数信号发生器芯片。用它可产生正弦波、三角波和方波电压信号。XR-2206 的内部线路框图见图 2-9-1，它由压控振荡器 VCO、电流开关、缓冲放大器 A 和三角波、正弦波形成电路四部分组成。三种输出信号的频率由压控振荡器的振荡频率决定，而压控振荡器的振荡频率 f 则由接于 5、6 脚之间的电容 C 与接在 7 脚的电阻 R 决定，即 $f=1/(RC)$，f 范围为 0.1Hz～1MHz（正弦波），一般用 C 确定频段，再调节 R 值来选择该频段内的频率值。

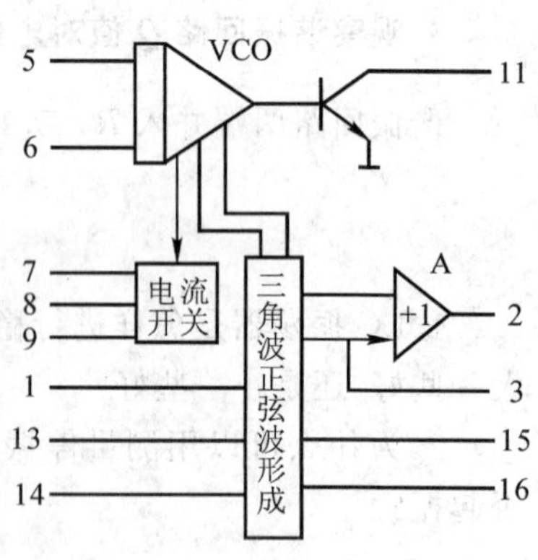

图 2-9-1　XR-2206 的构成框图

2. XR-2206 芯片各引脚的功能如下：

①脚为幅度调整信号输入端，通常接地或负电源。

②脚为正弦波和三角波输出端。常态时输出正弦波，若将 13 脚悬空，则输出三角波。

③脚用于输出波形的幅值调节。

④脚接正电源 V_{CC}（+12V）。

⑤脚和⑥脚接振荡电容 C。

⑦、⑧两脚均可接振荡电阻 R，由⑨脚的电平高低经电流开关来决定哪个起作用。本项目只用⑦脚，⑧、⑨两脚不用（悬空）。

⑩脚接内部参考电压。

⑪脚方波输出，必须外接上拉电阻。

⑫脚接地或负电源 V_{SS}（−12V）。

⑬、⑭脚调节正弦波的波形失真。需输出三角波时，13 脚应悬空。

⑮、⑯脚用于直流电平调节。

3. 测试电路如图 2-9-2 所示。

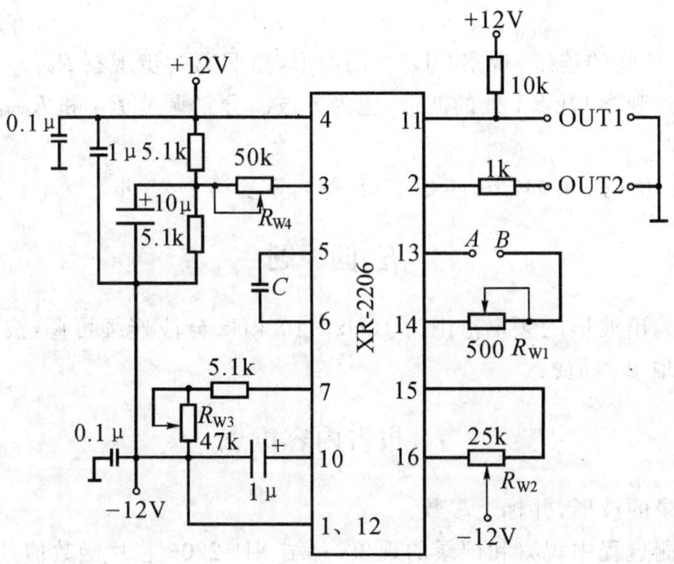

图 2-9-2　测试电路

三、所需仪器设备及器件清单

名　称	数　量	备　注
直流稳压电源	1	±12V
双踪示波器	1	
万用表	1	
集成信号发生器	1	XR-2206
电　阻	1k×1，5.1k×3，10k×1	
电位器	500Ω×1，25k×1，47k×1，50k×1	
电　容	0.1μ×3，1μ×3，10μ×1，0.047μ×1	耐压 35V

四、测试步骤

1. 按图 2-9-2 接线，C 取 0.1μF，短接 A、B 两点，R_{W1}～R_{W4} 均调至中间值附近。

2.接通电源后，用示波器观察OUT2处的波形。

3.依次调节R_{W1}～R_{W4}(每次只调节一个)，观察并记录输出波形随该电位器的调节方向而变化的规律，然后将该电位器调至输出波形最佳处(R_{W3}和R_{W4}可调至中间值附近)。

4.断开A、B间的连线，观察OUT2的波形，参照第3步观察R_{W1}～R_{W4}的作用。

5.用示波器观察OUT1处的波形，应为方波。分别调节R_{W3}和R_{W4}，其频率和幅值应随之改变。

6.C另取一值(如0.047μF或0.47μF等)，重复第1～5步。

五、问　题

如果要求输出波形的频率范围为10Hz～100kHz分段连续可调，按图2-9-2线路，则C应分别选取哪些值?

六、报告内容重点

1.整理记录的波形，并标上参数。

2.根据实测过程中观察和记录的现象，总结XR-2206芯片函数信号发生器电路的调试方法。

3.回答问题。

4.报告格式详见范例(附录一)。

项目 2-10　压控振荡器的调测

一、实训目的

了解压控振荡器的组成及调试方法。

二、原理简介

调节可变电阻或可变电容可以改变波形发生电路的振荡频率，一般是通过人的手来调节的。而在自动控制等场合往往要求能自动地调节振荡频率，常见的情况是给出一个控制电压（例如，计算机通过接口电路输出的控制电压），要求波形发生电路的振荡频率与控制电压成正比。这种电路称为压控振荡器，又称为 VCO 或 u-f 转换电路。

利用集成运放可以构成精度高、线性好的压控振荡器。下面简单介绍这种电路的构成和工作原理，并求出振荡频率与输入电压的函数关系。

1. 电路的构成及工作原理

怎样用集成运放构成压控振荡器呢？我们知道，积分电路输出电压变化的速率与输入电压的大小成正比，如果积分电容充电使输出电压达到一定程度后，设法使它迅速放电，然后输入电压再给它充电，如此周而复始，产生振荡，其振荡频率与输入电压成正比，即压控振荡器。图 2-10-1 就是实现上述意图的压控振荡器（它的输入电压 $u_i>0$）。

如图 2-10-1 所示电路中，A_1 是积分电路，A_2 是同相输入滞回比较器，起开关作用，当它的输出电压 $u_{o2}=+U_Z$ 时，二极管 D 截止，输入电压（$u_i>0$）经电阻 R_1 向电容 C 充电，输出电压 u_o 逐渐下降；当 u_o 下降到零再继续下降，使滞回比较器 A_2 同相输入端电位略低于零，u_{o2}就由 $+U_Z$ 跳变为 $-U_Z$，二极管 D 由截止变导通，电容 C 放电。由于放电回路的等效电阻比 R_1 小得多，因此放电很快，u_o 迅速上升，使 A_2 同相输入端的电位很快上升到大于零，u_{o2}又从 $-U_Z$ 跳回到 $+U_Z$，二极管又截止，输入电压经 R_1 再向电容充电。如此周而复始，产生振荡。

如图 2-10-2 所示为压控振荡器 u_o 和 u_{o2}的波形图。

2. 振荡频率与输入电压的函数关系

$$f=\frac{1}{T}\approx\frac{1}{T_1}=\frac{R_4}{2R_1R_3C}\,\frac{u_i}{U_Z}$$

由上式可见，振荡频率与输入电压成正比。

上述电路实际上就是一个方波、锯齿波发生电路，只不过这里是通过改变输入电压 u_i 的大小来改变输出波形频率，从而将电压参量转换成频率参量。

压控振荡器的用途较广。为了使用方便，一些厂家将压控振荡器做成模块，有的压控振荡器模块输出信号的频率与输入电压幅值的非线性误差小于 0.02%，但振荡频率较低，一般在 100kHz 以下。

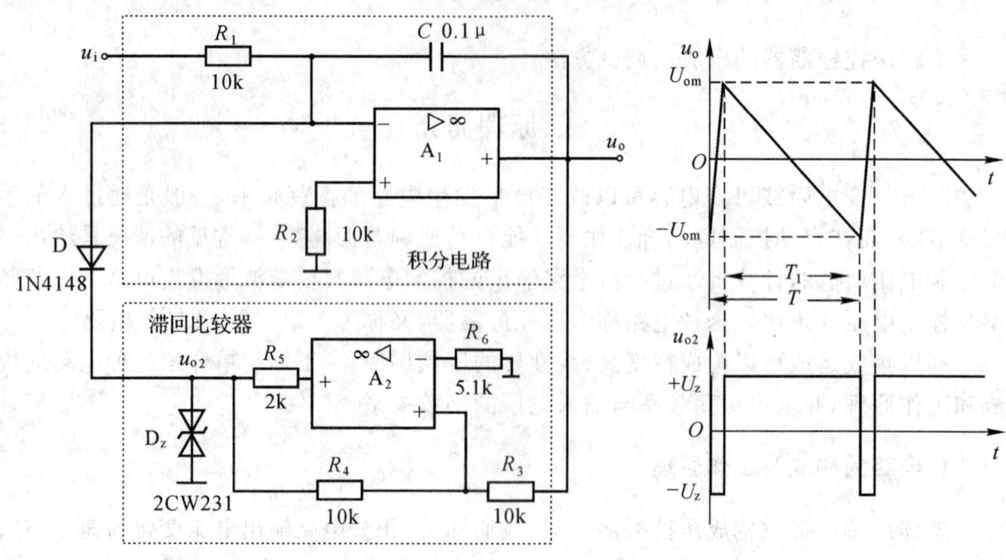

图 2-10-1　压控振荡器实测电路　　图 2-10-2　压控振荡器波形图

三、所需仪器设备及器件清单

名　称	数　量	备　注
直流稳压电源	1	±12V
双踪示波器	1	
交流毫伏表	1	也可用示波器代替
万用表	1	
电　阻	2k×1，5.1k×1，10k×4	
电　容	0.1μ×1	
二极管	1N4148×1	或 1N4007
稳压二极管	2CW231×1	
集成运放	μA741×2	

四、测试内容

1. 按图 2-10-1 接线，用示波器监视输出波形。

2. 按表 2-10-1 所示内容，测量电路的输入电压与振荡频率的转换关系。

3. 用双踪示波器观察并描绘 u_o、u_{o2}的波形。

表 2-10-1

	u_i(V)	1	2	3	4	5	6
用示波器测得	f(Hz)						
	T(ms)						
*用频率计测得	f(Hz)						

五、问　题

1. 指出图 2-10-1 中电容器 C 的充电和放电回路。

2. 定性分析用可调电压 u_i 改变 u_o 频率的工作原理。

*3. 电阻 R_3 和 R_4 的阻值如何确定？当要求输出信号幅值为 $12V_{PP}$，输入电压值为 3V，输出频率为 3000Hz，计算出 R_3、R_4 的值。

六、报告内容重点

1. 整理数据和波形，并对误差进行分析。

2. 作出电压-频率关系曲线，并讨论其结果。

3. 回答问题。

4. 报告格式详见范例(附录一)。

项目 2-11　低频功率放大器(Ⅰ)
——OTL 功率放大器

一、实训目的

1. 进一步理解 OTL 功率放大器的工作原理。
2. 学会 OTL 电路的调试及主要性能指标的测试方法。

二、原理简介

如图 2-11-1 所示为 OTL 低频功率放大器。其中由晶体三极管 T_1 组成推动级(也称前置放大级)，T_2、T_3 是一对参数对称的 NPN 和 PNP 型晶体三极管，它们组成互补推挽 OTL 功放电路。由于每一个管子都接成射极输出器形式，因此具有输出电阻低、负载能力强等优点，适合于作功率输出级。T_1 管工作于甲类状态，它的集电极电流 I_{C1} 由电位器 R_{W1} 进行调节。I_{C1} 的一部分流经电位器 R_{W2} 及二极管 D，给 T_2、T_3 提供偏压。调节 R_{W2}，可以使 T_2、T_3 得到合适的静态电流而工作于甲、乙类状态，以克服交越失真。静态时要求输出端中点 A 的电位 $U_A=\frac{1}{2}V_{CC}$，可以通过调节 R_{W1} 来实现。又由于 R_{W1} 的一端接在 A 点，因此在电路中引入交、直流电压并联负反馈，一方面能够稳定放大器的静态工作点，同时也改善了非线性失真。

当输入正弦交流信号 u_i 时，经 T_1 放大、倒相后同时作用于 T_2、T_3 的基极，u_i 的负半周使 T_3 管导通(T_2 管截止)，有电流通过负载 R_L，同时向电容 C_0 充电；在 u_i 的正半周，T_2 导通(T_3 截止)，则已充好电的电容器 C_0 起着电源的作用，通过负载 R_L 放电，这样在 R_L 上就得到完整的正弦波。

C_2 和 R 构成自举电路，用于提高输出电压正半周的幅度，以得到大的动态范围。

OTL 电路的主要性能指标介绍如下：

(1)最大不失真输出功率 P_{omax}

在理想情况下，$P_{omax}=\frac{1}{8}\frac{V_{CC}^2}{R_L}$，在实验中可通过测量 R_L 两端的电压有效值 U_o，来求得实际的 $P_{omax}=\frac{U_o^2}{R_L}$。

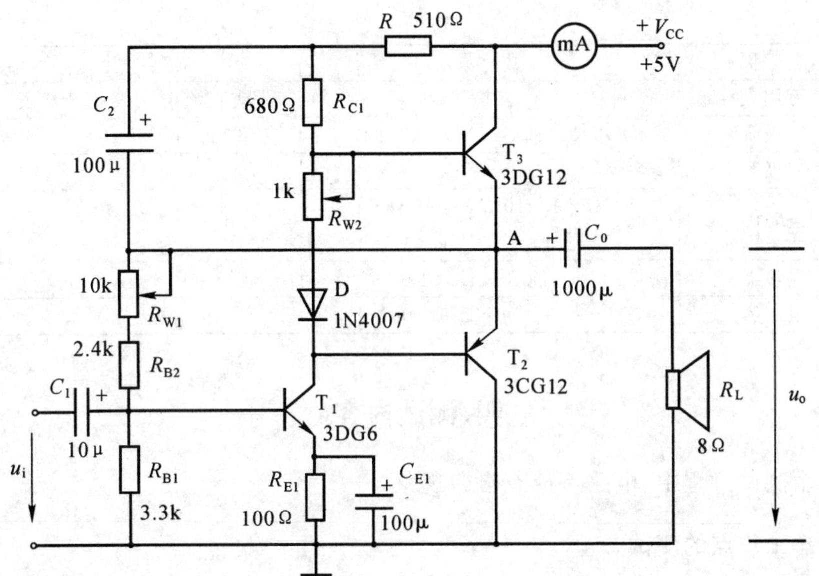

图 2-11-1 OTL 功率放大器测试电路

(2)效率 η

$$\eta=\frac{P_{omax}}{P_E}\times100\%$$

式中：P_E——直流电源供给的平均功率。

在理想情况下，$\eta_{max}=78.5\%$。在实测时，可测量电源供给的平均电流 I_{CC}，从而求得 $P_E=V_{CC}\cdot I_{CC}$，负载上的交流功率已用上述方法求出，因而也就可以计算实际效率了。

(3)频率响应

详见实训项目 2-1 的有关部分内容。

(4)输入灵敏度

输入灵敏度是指输出最大不失真功率时，输入信号 u_i 之值。

三、所需仪器设备及器件清单

名　称	数　量	备　注
直流稳压电源	1	±12V
函数信号发生器	1	
双踪示波器	1	
交流毫伏表	1	也可用示波器代替

续表

名　称	数　量	备　注
万用表	1	或直流电压表和毫安表
三极管	3DG6×1,3DG12×1,3CG12×1	或 9011×1,9013×1,9012×1
二极管	1N4007×1	
电　阻	100Ω×1,510Ω×1,680Ω×1, 2.4k×1,3.3k×1	
电位器	10k×1,1k×1	
电　容	10μ×1,100μ×2,1000μ×1	耐压 36V

四、测试内容

在整个测试过程中,电路不应有自激现象。

1. 静态工作点的测试

按图 2-11-1 连接实测电路,将输入信号旋钮旋至零($u_i=0$),电源进线中串入万用表直流毫安档,电位器 R_{W2}置最小值,R_{W1}置中间位置。接通+5V 电源,观察万用表指示,同时用手触摸输出级管子,若电流过大,或管子温升显著,应立即断开电源检查原因(如 R_{W2}开路、电路自激,或输出管性能不好等)。如无异常现象,可开始调试。

(1) 调节输出端中点电位 U_A

调节电位器 R_{W1},用万用表直流电压档测量 A 点电位,使 $U_A=\frac{1}{2}V_{CC}$。

(2) 调整输出级静态电流、测试各级静态工作点

调节 R_{W2},使 T_2、T_3 管的 $I_{C2}=I_{C3}=5\sim10\text{mA}$。从减小交越失真角度而言,应适当加大输出级静态电流,但该电流过大,会使效率降低,所以一般以 5~10mA 左右为宜。由于万用表直流电流档是串在电源进线中,因此测得的是整个放大器的电流,但一般 T_1 的集电极电流 I_{C1}较小,从而可以把测得的总电流近似当作末级的静态电流。如要准确得到末级静态电流,则可从总电流中减去 I_{C1}之值。

调整输出级静态电流的另一种方法是动态调试法。先使 $R_{W2}=0$,在输入端接入 $f=1\text{kHz}$ 的正弦信号 u_i。逐渐加大输入信号的幅值,此时,输出波形应出现较严重的交越失真(注意:没有饱和和截止失真),然后缓慢增大 R_{W2},当交越失真刚好消失时,停止调节 R_{W2},恢复 $u_i=0$,此时万用表读数即为输出级静态电流。一般数值也应在 5~10mA 左右,如过大,则要检查电路。

输出级静态电流调好以后,测量各级静态工作点,记入表 2-11-1 中。

表 2-11-1　数据记录（$I_{C2}=I_{C3}=$　mA，$U_A=2.5V$）

	T_1	T_2	T_3
U_B(V)			
U_C(V)			
U_E(V)			

注意：① 在调整 R_{W2}时，一是要注意旋转方向，不要调得过大，更不能开路，以免损坏输出管。

② 输出级静态电流调好后，如无特殊情况，不得随意改变 R_{W2}的位置。

2. 最大输出功率 P_{omax}和效率 η 的测试

（1）测量 P_{omax}

输入端接 $f=1kHz$ 的正弦信号 u_i（开始时 u_i 不能过大），输出端用示波器观察输出电压 u_o 波形。逐渐增大 u_i 的幅值，使输出电压达到最大不失真输出，用交流毫伏表测出负载 R_L 上的电压 U_{om}，则

$$P_{omax}=\frac{U_{om}^2}{R_L}$$

（2）测量 η

当输出电压为最大不失真输出时，读出万用表直流毫安档测得的电流值，此电流即为直流电源供给的平均电流 I_{CC}（有一定误差），由此可近似求得 $P_E=V_{CC}I_{CC}$，再根据上面测得的 P_{omax}，即可求出 $\eta=\frac{P_{omax}}{P_E}$。

3. 输入灵敏度测试

根据输入灵敏度的定义，只要测出输出功率 $P_o=P_{omax}$时的输入电压值 u_i 的有效值 U_i 即可。

***4. 频率响应的测试**

测试方法同实训项目 2-1，记入表 2-11-2 中。

表 2-11-2　数据记录

	$f_L=$						$f_H=$			
f(Hz)					1000					
U_o(V)										
A_u										

在测试时，为保证电路的安全，应在较低电压下进行，通常取输入信号为输入灵敏度的 50%。在整个测试过程中，应保持 U_i 为恒定值，且输出波形不得失真。

***5. 研究自举电路的作用**

(1)测量有自举电路，且 $P_o=P_{omax}$ 时的电压增益 $A_u=\frac{U_{om}}{U_i}$。

(2)将 C_2 开路，R 短路(无自举)，再测量 $P_o=P_{omax}$ 时的 A_u。

用示波器观察(1)、(2)两种情况下的输出电压波形，并将以上两项测量结果进行比较，分析研究自举电路的作用。

***6. 噪声电压的测试**

测量时将输入端短路($u_i=0$)，观察输出噪声波形，并用交流毫伏表测量输出电压，即为噪声电压 U_N，本电路若 $U_N<15\text{mV}$，即满足要求。

***7. 试听**

输入信号改为录音机输出，输出端接试听音箱及示波器。开机试听，并观察语言和音乐信号的输出波形。

五、问　题

1. 为什么引入自举电路能够扩大输出电压的动态范围？
2. 交越失真产生的原因是什么？怎样克服交越失真？
3. 电路中电位器 R_{W2} 如果开路或短路，对电路工作有何影响？
4. 为了不损坏输出管，调试中应注意什么问题？
5. 如电路有自激现象，应如何消除？

六、报告内容重点

1. 整理实测数据，计算静态工作点、最大不失真输出功率 P_{omax}、效率 η 等，并与理论值进行比较。画出频率响应曲线。
2. 讨论实测中发生的问题及解决办法。
3. 回答问题。
4. 报告格式详见范例(附录一)。

项目 2-12 低频功率放大器(II)
——集成功率放大器

一、实训目的

1. 了解功率放大集成块的应用。

2. 学习集成功率放大器基本技术指标的测试。

二、原理简介

集成功率放大器由集成功放块和一些外部阻容元件构成。它具有线路简单、性能优越、工作可靠、调试方便等优点,已经成为在音频领域中应用十分广泛的功率放大器。

作为主要组件的集成功放,它的内部电路与一般分立元件功率放大器不同,通常包括前置级、推动级和功率级等几部分。有些还具有一些特殊功能(消除噪声、短路保护等)的电路。其电压增益较高(不加负反馈时,电压增益达 70～80dB,加典型负反馈时电压增益在 40dB 以上)。

集成功放的种类很多。本项目采用的集成功放型号为 LA4112,它的内部电路如图 2-12-1 所示,由三级电压放大、一级功率放大以及偏置、恒流、反馈、退耦电路等组成。

(1) 电压放大级

第一级选用由 T_1 和 T_2 管组成的差动放大器,这种直接耦合的放大器零漂较小;第二级的 T_3 管完成直接耦合电路中的电平移动,T_4 是 T_3 管的恒流源负载,以获得较大的增益;第三级由 T_6 管等组成,此级增益最高,为防止出现自激振荡,需在该管的 B、C 极之间外接消振电容。

(2) 功率放大级

由 T_8～T_{13}等组成复合互补推挽电路。为提高输出级增益和正向输出幅度,需外接"自举"电容。

(3) 偏置电路

为建立各级合适的静态工作点而设立。

除上述主要部分外,为了使电路工作正常,还需要和外部元件一起构成反馈电路来稳定和控制增益。同时,还设有退耦电路来消除各级间的不良影响。

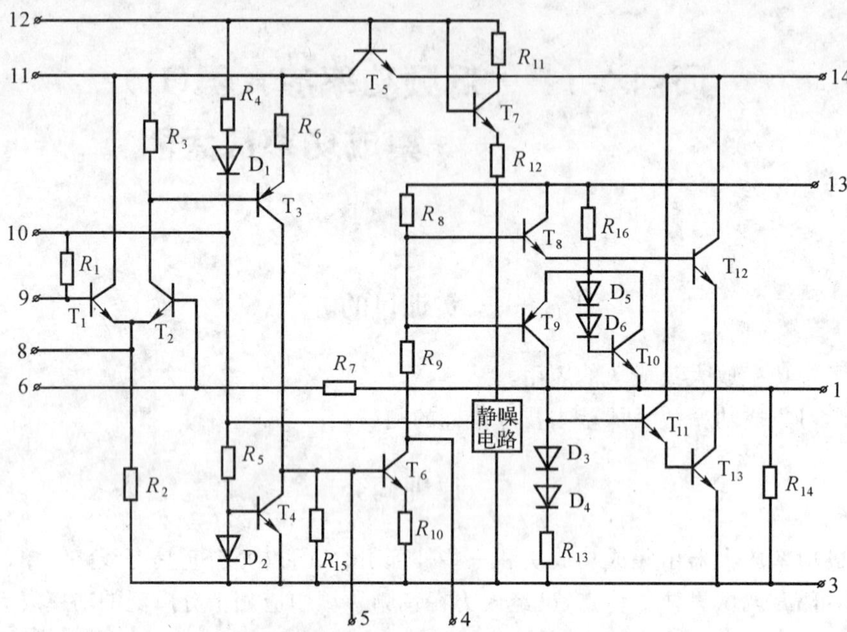

图 2-12-1 LA4112 内部电路图

LA4112 集成功放是一种塑料封装十四脚的双列直插器件，它的外形如图 2-12-2 所示。表 2-12-1、2 是它的极限参数和电参数。

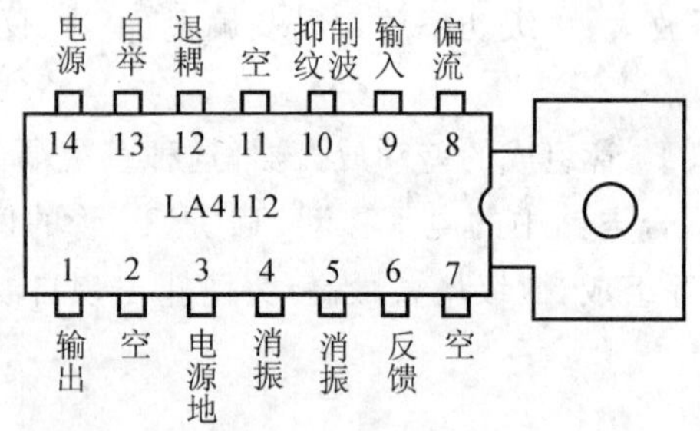

图 2-12-2 LA4112 外形及管脚排列图

与 LA4112 集成功放技术指标相同的国内外产品还有 FD403、FY4112、D4112 等，可以互相替代使用。

表 2-12-1

参　数	符号与单位	额　定　值
最大电源电压	U_{CCmax}(V)	13(有信号时)
允许功耗	P_o(W)	1.2
		2.25(50mm×50mm 铜箔散热片)
工作温度	T_{Opr}(℃)	－20～＋70

表 2-12-2

参　数	符号与单位	测试条件	典型值
工作电压	V_{CC}(V)		9
静态电流	I_{CCQ}(mA)	$V_{CC}=9V$	15
开环电压增益	A_{uo}(dB)		70
输出功率	P_o(W)	$R_L=4\Omega, f=1kHz$	1.7
输入阻抗	R_i(kΩ)		20

集成功率放大器 LA4112 的应用电路如图 2-12-3 所示,该电路中各电容和电阻的作用简要说明如下:

C_1、C_9——输入、输出耦合电容,隔直作用。

C_2 和 R_F——反馈元件,决定电路的闭环增益。

C_3、C_4、C_8——滤波、退耦电容。

C_5、C_6、C_{10}——消振电容,消除寄生振荡。

C_7——自举电容,若无此电容,将出现输出波形半边被削波的现象。

三、所需仪器设备及器件清单

名　称	数　量	备　注
直流稳压电源	1	＋9V
函数信号发生器	1	
双踪示波器	1	
交流毫伏表	1	也可用示波器
直流电压表	1	也可用万用表
直流毫安表	1	也可用万用表

续表

名　称	数　量	备　注
集成功放	LA4112×1	
电　阻	100Ω×1	
电　容	1000p×2，0.15μ×1，4.7μ×1，33μ×1，100μ×2，220μ×2，470μ×1	耐压25V
扬声器	8Ω×1	

四、测试内容

按图2-12-3连接实测电路，输入端接函数信号发生器，输出端接扬声器。

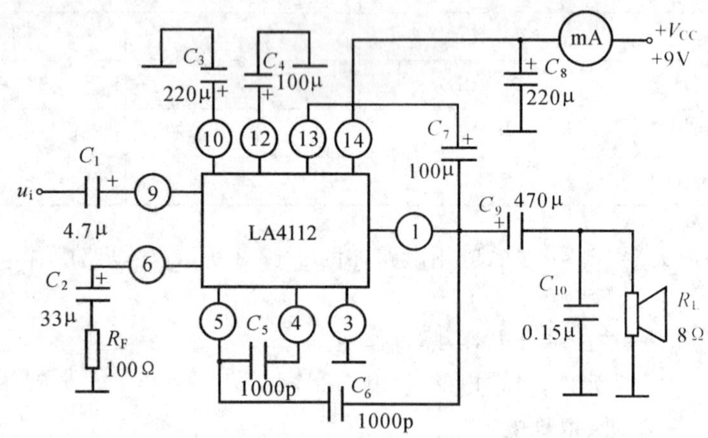

图2-12-3　由LA4112构成的集成功放实验电路

1. 静态测试

将输入信号旋钮旋至零，接通＋9V直流电源，测量静态总电流及集成块各引脚对地电压，记入自拟表格中。

2. 动态测试

(1) 最大输出功率

1)接入自举电容 C_7

输入端接1kHz正弦信号，输出端用示波器观察输出电压波形，逐渐加大输入信号幅度，使输出电压为最大不失真输出，用交流毫伏表测量此时的输出电压 U_{om}，则最大输出功率

$$P_{omax}=\frac{U_{om}^2}{R_L}$$

2）断开自举电容 C_7

观察输出电压波形变化情况。

(2) 输入灵敏度

要求 $U_i<100$mV，测试方法同实训项目 2-11。

(3) 频率响应

测试方法同实训项目 2-11。

(4) 噪声电压

要求 $U_N<2.5$mV，测试方法同实训项目 2-11。

五、问　题

1. 若将电容 C_7 除去，将会出现什么现象？

2. 若在无输入信号时，从接在输出端的示波器上观察到频率较高的波形，正常否？如何消除？

3. 如何由＋12V 直流电源获得＋9V 直流电源？

六、报告内容重点

1. 整理实测数据，并进行分析。
2. 画出频率响应曲线。
3. 讨论测试中发生的问题及解决办法。
4. 回答问题。
5. 报告格式详见范例(附录一)。

七、注意事项

1. 电源电压不允许超过极限值，不允许极性接反，否则集成块将遭损坏。

2. 电路工作时绝对避免负载短路，否则将烧毁集成块。

3. 接通电源后，时刻注意集成块的温度，有时，未加输入信号，集成块就发热过甚，同时直流毫安表指示出较大电流及示波器显示出幅度较大、频率较高的波形，说明电路有自激现象，应立即关机，然后进行故障分析，并处理。待自激振荡消除后，才能重新进行操作。

4. 输入信号不要过大。

项目 2-13　直流稳压电源(Ⅰ)
——串联型晶体管稳压电源

一、实训目的

1. 研究单相桥式整流、电容滤波电路的特性。
2. 了解串联型晶体管稳压电源主要技术指标的测试方法。

二、原理简介

电子设备一般都需要直流电源供电。这些直流电除了少数直接利用干电池和直流发电机外，大多数是采用把交流电(市电)转变为直流电的直流稳压电源。

直流稳压电源由电源变压器、整流、滤波和稳压电路四部分组成，其原理框图如图 2-13-1 所示。电网供给的交流电压 u_1(220V，50Hz) 经电源变压器降压后，得到符合电路需要的交流电压 u_2，然后由整流电路变换成方向不变、大小随时间变化的脉动电压 u_3，再用滤波器滤去其交流分量，就可得到比较平直的直流电压 U_i。但这样的直流输出电压，还会随交流电网电压的波动或负载的变动而变化。在对直流供电要求较高的场合，还需要使用稳压电路，以保证输出直流电压的稳定性。

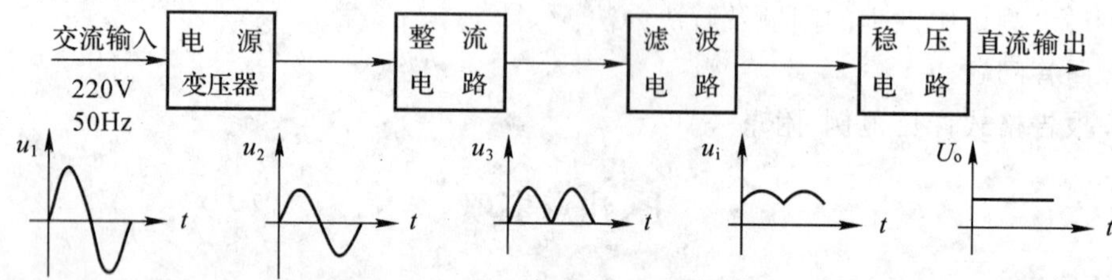

图 2-13-1　直流稳压电源框图

图 2-13-2 是由分立元件组成的串联型稳压电源的电路图。其整流部分为单相桥式整流、电容滤波电路。稳压部分为串联型稳压电路，它由调整元件(晶体管 T_1)，比较放大器 T_2、R_7，取样电路 R_1、R_2、R_W，基准电压 D_W、R_3 和过流保护电路 T_3 管及电阻 R_4、R_5、R_6 等组成。整个稳压电路是一个具有电压串联负反馈的闭环系统，其稳压过程为：当电网电压波动或负载变动引起输出直流电压发生变化时，取样电路取出输出电压的一部分送入比较放大器，并与基准电压进行比较，产生的误差信号经 T_2 放大后送至调

整管 T_1 的基极,使调整管改变其管压降,以补偿输出电压的变化,从而达到稳定输出电压的目的。

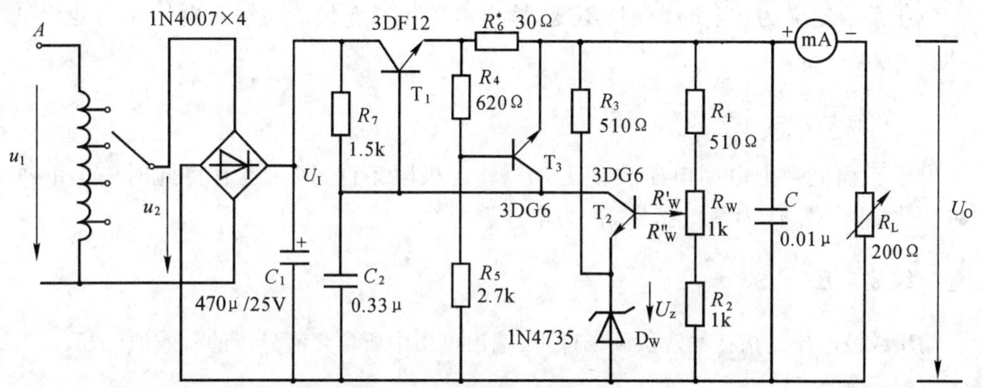

图 2-13-2　串联型稳压电源测试电路

由于在稳压电路中,调整管与负载串联,因此流过它的电流与负载电流一样大。当输出电流过大或发生短路时,调整管会因电流过大或电压过高而损坏,所以需要对调整管加以保护。在图 2-13-2 电路中,晶体管 T_3、R_4、R_5、R_6 组成减流型保护电路。此电路设计在 $I_{oP}=1.2I_o$ 时开始起保护作用,此时输出电流减小,输出电压降低。故障排除后电路应能自动恢复正常工作。在调试时,若保护提前作用,应减少 R_6 值;若保护作用迟后,则应增大 R_6 之值。

稳压电源的主要性能指标:

1. 输出电压 U_o 和输出电压调节范围

$$U_o=\frac{R_1+R_W+R_2}{R_2+R''_W}(U_Z+U_{BE2})$$

调节 R_W 可以改变输出电压 U_o。

2. 最大负载电流 I_{omax}

稳压电源正常工作条件下能输出的最大电流,称最大负载电流 I_{omax}。

3. 输出电阻 R_o

输出电阻 R_o 定义为:当输入电压 U_i(指稳压电路输入电压)保持不变,由于负载变化而引起的输出电压变化量与输出电流变化量之比,即

$$R_o=\left.\frac{\Delta U_o}{\Delta I_o}\right|_{U_i=常数}$$

4. 稳压系数 S(电压调整率)

稳压系数定义为:当负载保持不变,输出电压相对变化量与输入电压相对变化量之比,即

$$S=\left.\frac{\Delta U_o/U_o}{\Delta U_i/U_i}\right|_{R_L=常数}$$

由于工程上常把电网电压波动±10%作为极限条件,因此也有将此时输出电压的相对变化 $\Delta U_o/U_o$ 作为衡量指标,称为电压调整率。

5. 纹波电压

输出纹波电压是指在额定负载条件下,输出电压中所含交流分量的有效值(或峰值)

三、所需仪器设备及器件清单

名 称	数 量	备 注
可调工频电源	1	U_2:5~18V
双踪示波器	1	
直流毫安表	1	或万用表
交流毫伏表	1	或用示波器代
滑线变阻器	470Ω×1	1A
三极管	3DG6×2,3CG12×1	或 9011×2,9013×1
二极管	1N4007×4	
稳压管	1N753×1	或 2DW231×1
电 阻	30Ω×1,100Ω×1,510Ω×2,620Ω×1,1k×1,1.5k×1,2.7k×1	其中 100Ω 电阻功率为 1W
电 容	470μ×1,0.33μ×1	耐压 25V

四、测试内容

1. 整流滤波电路测试

按图 2-13-3 连接电路。取可调工频电源电压为 16V,作为整流电路输入电压 u_2(测试时,为了防止负载短路,R_L 可由 100Ω 固定电阻和 470Ω 可调电阻串联代替)。

(1) 取 $R_L=240\Omega$,不加滤波电容,测量直流输出电压 U_L 及纹波电压 $\tilde{U}_L$,并用示波器观察 u_2 和 u_L 波形,记入表 2-13-1 中。

(2) 取 $R_L=240\Omega$,$C=470\mu F$,重复内容(1)的要求,记入表 2-13-1 中。

(3) 取 $R_L=120\Omega$, $C=470\mu F$, 重复内容(1)的要求，记入表 2-13-1 中。

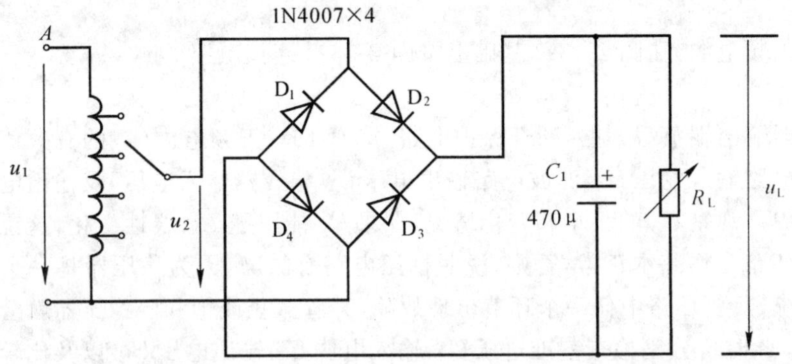

图 2-13-3　整流滤波电路

表 2-13-1　数据记录($U_2=16V$)

电路形式		U_L(V)	$\tilde{U}_L$(V)	u_L 波形
$R_L=240\Omega$	~			u_L, t
$R_L=240\Omega$ $C=470\mu F$	~ +			u_L, t
$R_L=120\Omega$ $C=470\mu F$	~ +			u_L, t

注意：①每次改接电路时，必须切断工频电源。

②在观察输出电压 u_L 波形的过程中，"Y 轴灵敏度"旋钮位置调好以后，不要再变动，否则将无法比较各波形的脉动情况。

2. 串联型稳压电源性能测试

切断工频电源，在图 2-13-3 基础上按图 2-13-2 连接电路。

(1) 初测

稳压器输出端负载开路，断开保护电路，接通 16V 工频电源（u_2 的有效值为 16V），测量整流电路输入电压 U_2，滤波电路输出电压 U_i（稳压器输入电压）及输出电压 U_o。调节电位器 R_W，观察 U_o 的大小和变化情况，如果 U_o 能跟随 R_W 线性变化，这说明稳压电路各反馈环路工作基本正常，否则，说明稳压电路有故障，因为稳压器是一个深负反馈的闭环系统，只要环路中任一个环节出现故障（某管截止或饱和），稳压器就会失去自动调节作用。此时可分别检查基准电压 U_Z、输入电压 U_i、输出电压 U_o，以及比较放大器和调整管各电极的电位（主要是 U_{BE} 和 U_{CE}），分析它们的工作状态是否都处在线性区，从而找出不能正常工作的原因。排除故障以后就可以进行下一步测试。

(2) 测量输出电压可调范围

接入负载 R_L（滑线变阻器），并调节 R_L（R_L 由 100Ω 固定电阻和 470Ω 可变电阻串联代替），使输出电流 $I_o \approx 100$mA。再调节电位器 R_W，测量输出电压可调范围 $U_{omin} \sim U_{omax}$，且使 R_W 动点在中间位置附近时 $U_o = 12$V。若不满足要求，可适当调整 R_1、R_2 之值。

(3) 测量稳压系数 S

取 $I_o = 100$mA，按表 2-13-2 改变整流电路输入电压 U_2（模拟电网电压波动），分别测出相应的稳压器输入电压 U_i 及输出直流电压 U_o，记入表 2-13-2 中。

表 2-13-2 数据记录（$I_o = 100$mA）

测试值			计算值
U_2	U_i(V)	U_o(V)	S
14			$S_{12}=$
16		12	
18			$S_{23}=$

(4) 测量输出电阻 R_o

取 $U_2 = 16$V，改变滑线变阻器位置，使 I_o 为空载、50mA 和 100mA，测量相应的 U_o 值，记入表 2-13-3 中。

(5) 测量输出纹波电压

取 $U_2 = 16$V，$U_o = 12$V，$I_o = 100$mA，测量输出纹波电压 U_{on}，记录之。

*(6) 调整过流保护电路

1) 断开工频电源，接上保护回路，再接通工频电源，调节 R_W 及 R_L 使 $U_o = 12$V，I_o

=100mA,此时保护电路应不起作用。测出 T_3 管各极电位值。

表 2-13-3　数据记录(I_2=16V)

测试值		计算值
I_o(mA)	U_o(V)	$R_o(\Omega)$
空载		R_{o12}=
50	12	
100		R_{o23}=

2) 逐渐减小 R_L,使 I_o 增加到 120mA,观察 U_o 是否下降,并测出保护起作用时 T_3 管各极的电位值。若保护作用过早或迟后,可改变 R_6 之值进行调整。

3) 用导线瞬时短接一下输出端,测量 U_o 值,然后去掉导线,检查电路是否能自动恢复正常工作。

五、问　题

1. 在桥式整流电路测试中,能否用双踪示波器同时观察 u_2 和 u_L 波形,为什么?

2. 在桥式整流电路中,如果某个二极管发生开路、短路或反接三种情况,将会出现什么问题?

3. 为了使稳压电源的输出电压 U_o=12V,则其输入电压的最小值 U_{Imin} 应等于多少?交流输入电压 U_{2min} 又怎样确定?

4. 当稳压电源输出不正常,或输出电压 U_o 不随取样电位器 R_W 而变化时,应如何进行检查以找出故障所在?

5. 分析保护电路的工作原理。

6. 怎样提高稳压电源的性能指标(减小 S 和 R_o)?

六、报告内容重点

1. 将所测各类数据填入对应的表格中,对表 2-13-1 所测结果进行全面分析,总结桥式整流、电容滤波电路的特点。

2. 根据表 2-13-2 和表 2-13-3 所测数据,计算稳压电路的稳压系数 S 和输出电阻 R_o,并进行分析。

3. 分析讨论测试中出现的故障及其排除方法。

4. 回答问题。

5. 报告格式详见范例(附录一)。

项目 2-14 直流稳压电源(II)
——集成稳压器

一、实训目的

1. 研究集成稳压器的特点和性能指标的测试方法。

2. 了解集成稳压器的使用及扩展性能的方法。

二、原理简介

随着半导体工艺的发展，稳压电路也制成了集成器件。由于集成稳压器具有体积小、外接线路简单、使用方便、工作可靠和通用性等优点，因此在各种电子设备中应用十分普遍，基本上取代了由分立元件构成的稳压电路。集成稳压器的种类很多，应根据设备对直流电源的要求来进行选择。对于大多数电子仪器、设备和电子电路来说，通常是选用串联线性集成稳压器。而在这种类型的器件中，又以三端式稳压器应用最为广泛。

W7800、W7900 系列三端集成稳压器的输出电压是固定的，在使用中不能进行调整。W7800 系列三端稳压器输出正极性电压，一般有 5V、6V、9V、12V、15V、18V 、24V 七个档次，输出电流最大可达 1.5A(加散热片)。同类型 78M 系列稳压器的输出电流为 0.5A，78L 系列稳压器的输出电流为 0.1A。若要求负极性输出电压，则可选用 W7900 系列稳压器。

图 2-14-1 为 W7800 系列的外形和接线图，它有三个引出端：

输入端(不稳定电压输入端)　　标以“1”

输出端(稳定电压输出端)　　标以“3”

公共端　　标以“2”

除固定输出三端稳压器外，尚有可调式三端稳压器，后者可通过外接元件对输出电压进行调整，以适应不同的需要。

本实训项目所用集成稳压器为三端固定稳压器 W7812，它的主要参数有：输出直流电压 $U_o=+12V$，输出电流 L：0.1A，M：0.5A，电压调整率：10mV/V，输出电阻 $R_o=0.15\Omega$，输入电压 U_i 的范围 15～17V，因为一般 U_i 要比 U_o 大 3～5V，才能保证集成稳压器工作在线性区。

图 2-14-2 是用三端稳压器 W7812 构成的单电源电压输出串联型稳压电源的实训

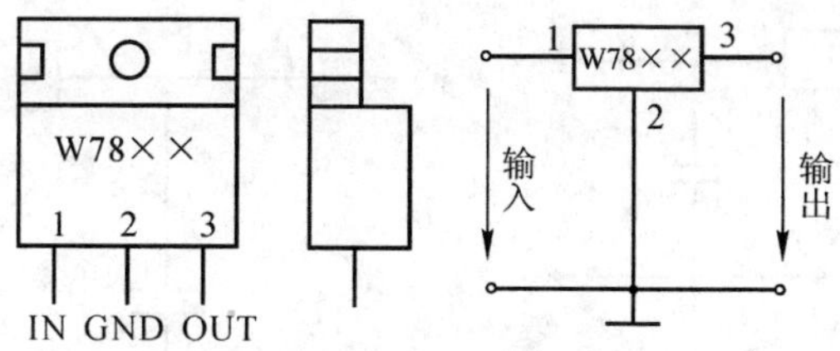

图 2-14-1　W7800 系列外形及接线图

电路图。其中整流部分采用桥式整流器成品(又称桥堆),型号为 2W06(或 KBP306),内部接线和外部管脚引线如图 2-14-3 所示。滤波电容 C_1、C_2 一般选取几百至几千微法。当稳压器距离整流滤波电路比较远时,在输入端必须接入电容 C_3(数值为 0.33μF),以抵消线路的电感效应,防止产生自激振荡。输出端电容 C_4 (0.1μF)用以滤除输出端的高频信号,改善电路的暂态响应。

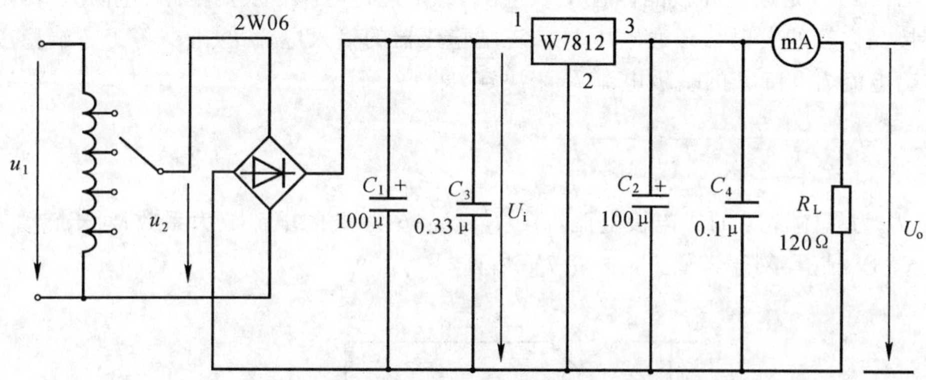

图 2-14-2　由 W7812 构成的串联型稳压电源

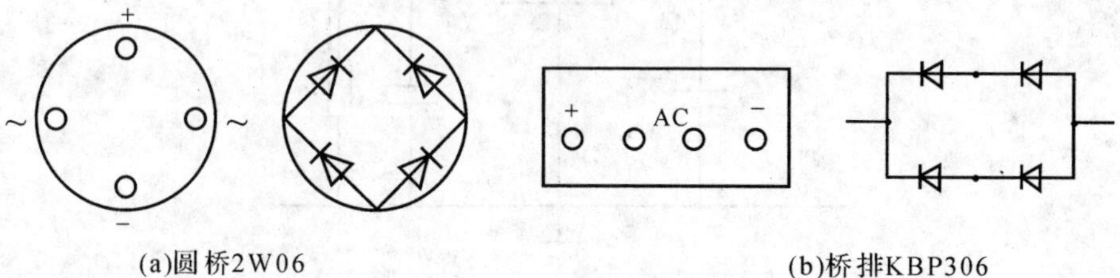

(a)圆桥2W06　(b)桥排KBP306

图 2-14-3　桥堆管脚图

图 2-14-4 为正、负双电压输出电路,例如需要 $U_{o1}=+15\text{V}$,$U_{o2}=-15\text{V}$,则可选用 W7815 和 W7915 三端稳压器,这时的 U_i 应为单电压输出时的两倍。

当集成稳压器本身的输出电压或输出电流不能满足要求时,可通过外接电路来进行性能扩展。图 2-14-5 是一种简单的输出电压扩展电路。如 W7812 稳压器的 3、2 端间

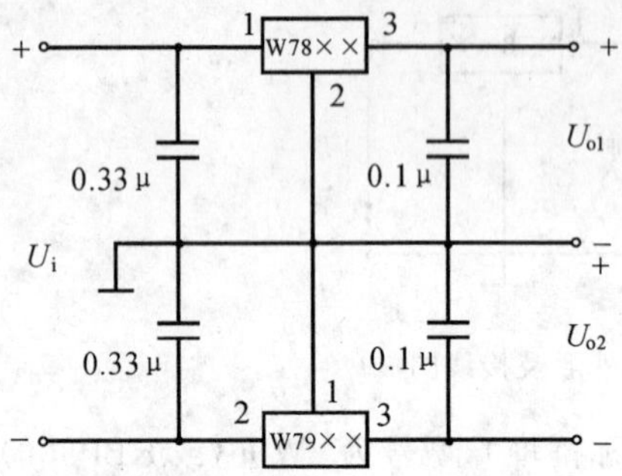

图 2-14-4 正、负双电压输出电路

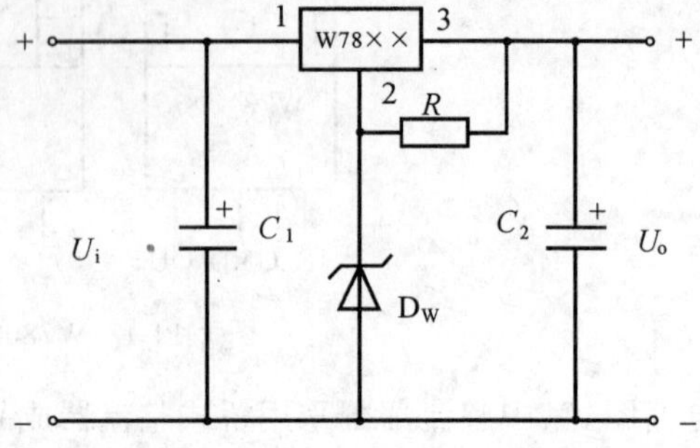

图 2-14-5 输出电压扩展电路

输出电压为 12V，只要适当选择 R 的值，使稳压管 D_W 工作在稳压区，则输出电压 $U_o=12+U_Z$，可以高于稳压器本身的输出电压。

图 2-14-6 是通过外接晶体管 T 及电阻 R_1 来进行电流扩展的电路。电阻 R_1 的阻值由外接晶体管的发射结导通电压 U_{BE}、三端稳压器的输入电流 I_i（近似等于三端稳压器的输出电流 I_{o1}）和 T 的基极电流 I_B 来决定，即

$$R_1=\frac{U_{BE}}{I_R}=\frac{U_{BE}}{I_i-I_B}=\frac{U_{BE}}{I_{o1}-\dfrac{I_C}{\beta}}$$

式中：I_C 为晶体管 T 的集电极电流，$I_C=I_o-I_{o1}$；β 为 T 的电流放大系数；对于锗管 U_{BE} 可按 0.3V 估算，对于硅管 U_{BE} 按 0.7V 估算。

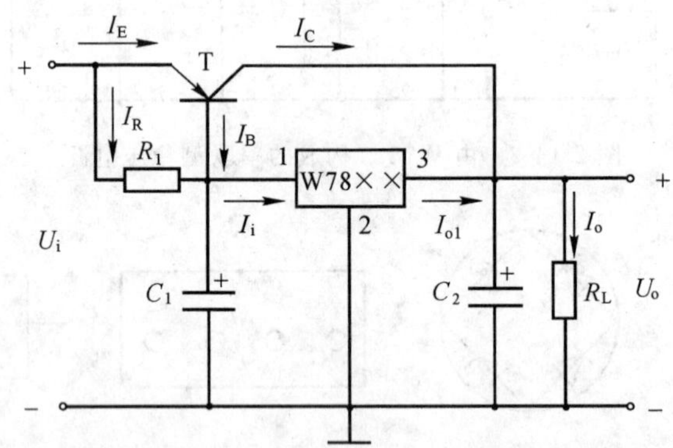

图 2-14-6 输出电流扩展电路

图 2-14-7 为 W7900 系列（输出负电压）外形及接线图。

图 2-14-8 为可调输出三端稳压器 W317 外形及接线图。

输出电压计算公式 $U_o\approx1.25\left(1+\frac{R_2}{R_1}\right)$

最大输入电压 $U_{imax}=40V$

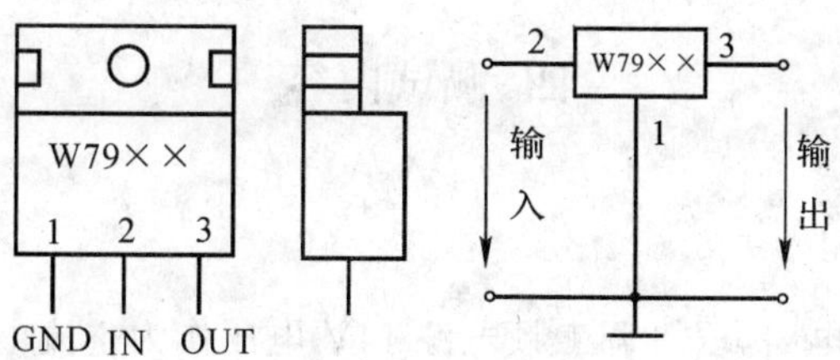

图 2-14-7　W7900 系列外形及接线图

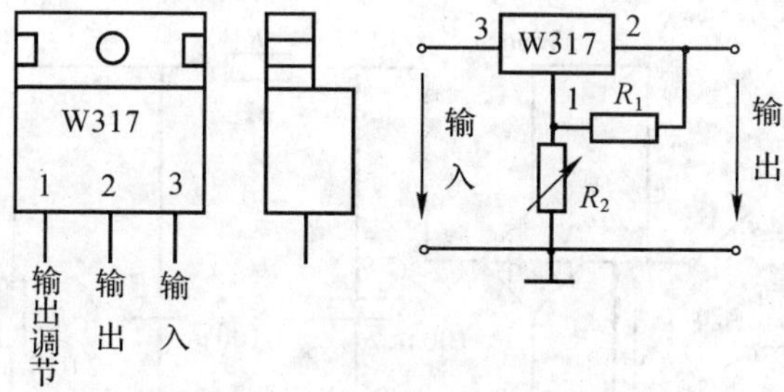

图 2-14-8　W317 外形及接线图

输出电压范围　　$U_o=1.2\sim37(\mathrm{V})$

三、所需仪器设备及器件清单

名　称	数　量	备　注
可调工频变压器	1	
双踪示波器	1	
交流毫伏表	1	也可用示波器代替
直流电压表	1	或万用表代替
直流毫安表	1	也可用万用表代替
集成稳压器	W7812×1,W7815×1,W7915×1	
桥堆	2W06×1	或 KBP306×1
电　阻	120Ω×1,10Ω×1,240Ω×1	1W
电位器	560Ω×1	
电　容	100μ×2,0.33μ×2,0.1μ×2	耐压 36V

四、测试内容

1. 整流滤波电路的测试

按图 2-14-9 连接电路，取可调工频电源 14V 电压作为整流电路输入电压 u_2。接通工频电源，测量输出端直流电压 U_L 及纹波电压 $\widetilde{U}_L$，用示波器观察 u_2、u_L 的波形，把数据及波形记入自拟表格。

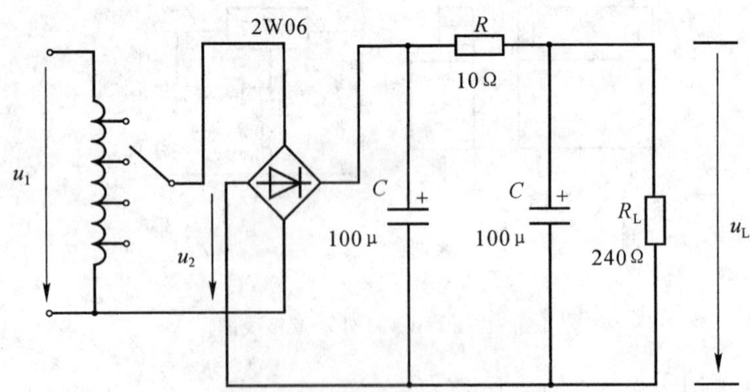

图 2-14-9 整流滤波电路

2. 集成稳压器性能测试

断开工频电源，按图 2-14-2 改接测试电路，取负载电阻 $R_L=120\Omega$。

(1) 初测

接通工频 14V 电源，测量 U_2 值；测量滤波电路输出电压 U_i(稳压器输入电压)，集成稳压器输出电压 U_o，它们的数值应与理论值大致符合，否则说明电路出了故障。设法查找故障并加以排除。

电路经初测进入正常工作状态后，才能进行各项指标的测试。

(2)各项性能指标测试

1) 输出电压 U_o 和最大输出电流 I_{omax} 的测量

在输出端接负载电阻 $R_L=120\Omega$，由于 7812 输出电压 $U_o=12V$，因此流过 R_L 的电流 $I_{omax}=\frac{12}{120}=100mA$。这时 U_o 应基本保持不变，若变化较大，则说明集成块性能不良。

2) 稳压系数 S 的测量

3) 输出电阻 R_o 的测量

4) 输出纹波电压的测量

2)、3)、4)的测试方法同实训项目 2-13，把测量结果记入自拟表格中。

*(3)集成稳压器性能扩展

选取图 2-14-4、图 2-14-5 或 2-14-8 中各元器件，并自拟测试方法与表格，记录测试结果。

五、问 题

在测量稳压系数 S 和输出电阻 R_o 时，应怎样选择测试仪表？

六、报告内容重点

1. 将测试内容中得到的数据填入各种表格中，并整理这些数据，计算 S 和 R_o，与手册上的典型值进行比较。

2. 分析讨论测试中发生的现象和问题。

3. 回答问题。

4. 报告格式详见范例(附录一)。

项目 2-15 晶闸管可控整流电路

一、实训目的

1. 学习单结晶体管和晶闸管的简易测试方法。
2. 了解单结晶体管触发电路(阻容移相桥触发电路)的工作原理及调试方法。
3. 熟悉用单结晶体管触发电路控制晶闸管调压电路的方法。

二、原理简介

可控整流电路的作用是把交流电变换为电压值可以调节的直流电。如图 2-15-1 所示为单相半控桥式整流测试电路。主电路由负载 R_L(灯炮)和晶闸管 T_1 组成,触发电路为单结晶体管 T_2 及一些阻容元件构成的阻容移相桥触发电路。改变晶闸管 T_1 的导通角,便可调节主电路的可控输出整流电压(或电流)的数值,灯炮负载的亮度变化可体现这种调节作用。晶闸管导通角的大小决定于电容 C 的充放电时间。

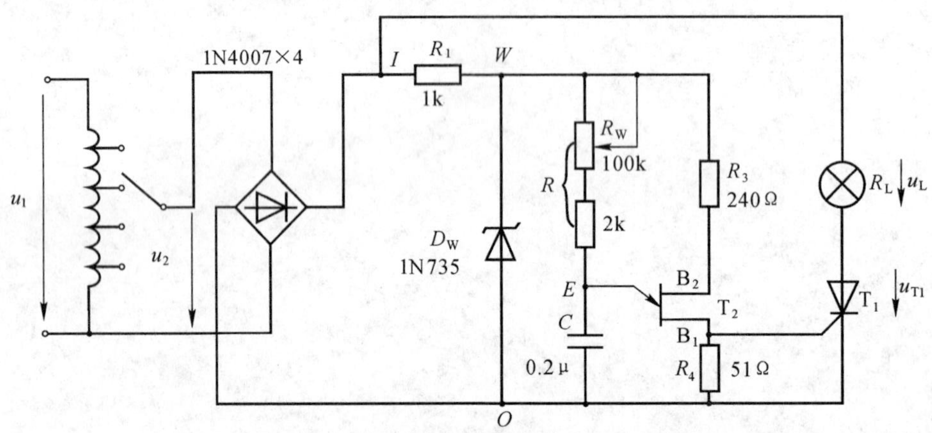

图 2-15-1 单相半控桥式整流测试电路

当单结晶体管的分压比 η(一般在 0.5～0.8 之间)及电容 C 值固定时,C 的充电速度就由 R 决定,因此,通过调节电位器 R_W,便可以改变触发脉冲的出现时间,主电路的输出电压也随之改变,从而达到可控调压的目的。

用万用表的电阻档(或用数字万用表的二极管档)可以对单结晶体管和晶闸管进行

简易测试。

图 2-15-2 为单结晶体管 BT33 管脚排列、结构图及电路符号。好的单结晶体管 PN 结正向电阻 R_{EB1}、R_{EB2}均较小，且 R_{EB1}稍大于 R_{EB2}，PN 结的反向电阻 R_{B1E}、R_{B2E}均应很大，根据这些特点，结合所测阻值，即可判断出各管脚及管子的质量优劣。

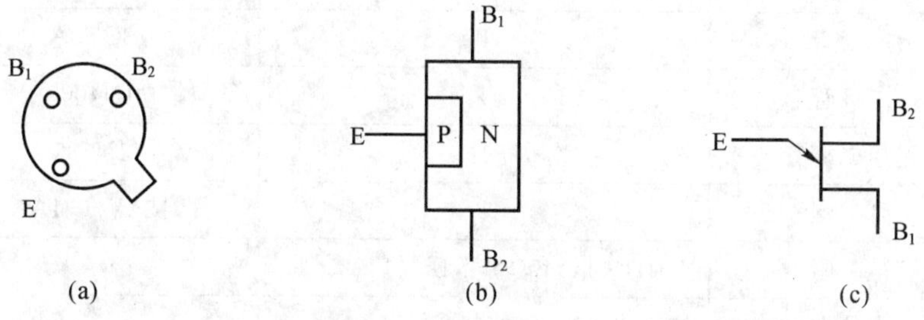

图 2-15-3　单结晶体管 BT33 管脚排列、结构图及电路符号

图 2-15-3 为晶闸管 3CT3A 管脚排列、结构图及电路符号。晶闸管阳极(A)—阴极(K)及阳极(A)—门极(G)之间的正、反向电阻 R_{AK}、R_{KA}、R_{AG}、R_{GA}均应很大，而 G—K 之间为一个 PN 结，PN 结正向电阻应较小，反向电阻应很大。通过这些正、反向电阻的测试，即可判断晶闸管各电极及其性能的好坏。

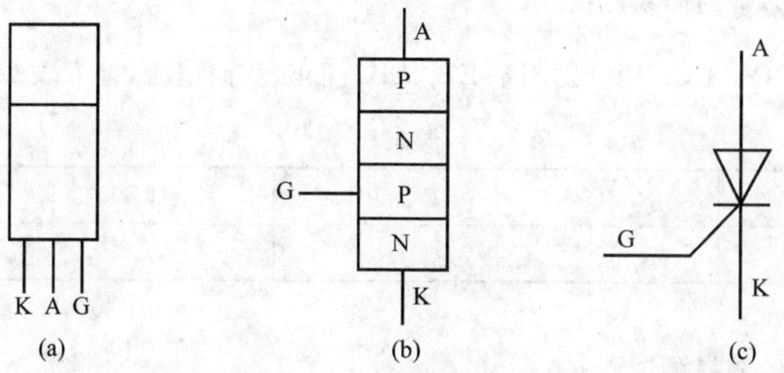

图 2-15-3　晶闸管 3CT3A 管脚排列、结构图及电路符号

三、所需仪器设备及器件清单

名　称	数　量	备　注
直流稳压电源	1	±5V，±12V
可调工频电源	1	
双踪示波器	1	

续表

名　称	数　量	备　注
万用表	1	
单结晶体管	1	BT33
晶闸管	1	3CT3A
二极管	4	1N4007
稳压二极管	1	1N735
灯　泡	1	12V/0.1A
电　阻	51Ω×1,240Ω×1,1k×1,2k×1	
电位器	100k×1	
电　容	0.2μ×1	

四、测试内容

1. 单结晶体管的简易测试

用万用表“R×10Ω”档分别测量 EB_1、EB_2 间正、反向电阻，记入表 2-15-1 中。

表 2-15-1

R_{EB1}(Ω)	R_{EB2}(Ω)	R_{B1E}(kΩ)	R_{B2E}(kΩ)	结 论

2. 晶闸管的简易测试

用万用表“R×1k”档分别测量 A—K、A—G 间正、反向电阻；用“R×10Ω”档测量 G—K 间正、反向电阻，记入表 2-15-2 中。

表 2-15-2

R_{AK}(kΩ)	R_{KA}(kΩ)	R_{AG}(kΩ)	R_{GA}(kΩ)	R_{GK}(kΩ)	R_{KG}(kΩ)	结 论

3. 晶闸管导通、关断条件测试

按图 2-15-4 连接电路。

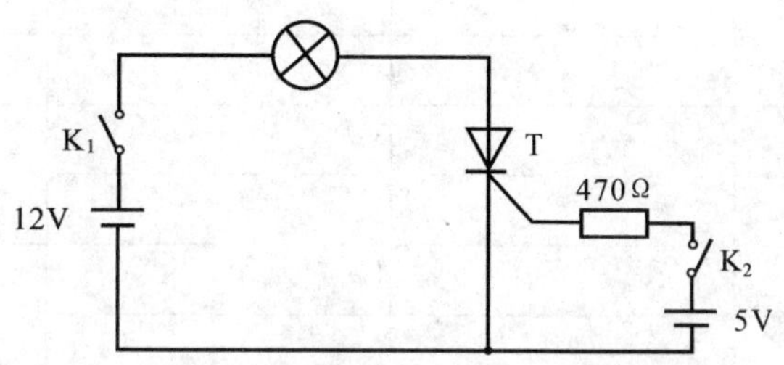

图 2-15-4　晶闸管导通、关断条件测试

(1) 晶闸管阳极加 12V 正向电压，门极：a)开路、b)加 5V 正向电压，观察两种情况下管子是否导通(导通时灯炮亮，关断时灯炮熄灭)；管子导通后，c)去掉＋5V 门极电压、d)反接门极电压(接－5V)，观察管子是否继续导通。

(2) 晶闸管导通后，a) 去掉＋12V 阳极电压、b) 反接阳极电压(接－12V)，观察管子是否关断，记录之。

4. 晶闸管可控整流电路

按图 2-15-1 连接电路。取可调工频电源 14V 电压作为整流电路输入电压 u_2，电位器 R_W 置中间位置。

(1) 单结晶体管触发电路

1)断开主电路(把灯炮取下)，接通工频电源，测量 U_2 值。用示波器依次观察并记录交流电压 u_2、整流输出电压 u_I(I－0)、削波电压 u_W(W－0)、锯齿波电压 u_E(E－0)、触发输出电压 u_{B_1}(B_1－0)。记录波形时，注意各波形间的对应关系，并标出电压幅度及时间，记入表 2-15-3 中。

2) 改变移相电位器 R_W 阻值，观察 u_E 及 u_{B1}波形的变化及 u_{B1}的移相范围，记入表 2-15-3 中。

表 2-15-3

u_2	u_I	u_W	u_E	u_{B1}	移相范围

(2) 可控整流电路

断开工频电源，接入负载灯泡 R_L，再接通工频电源，调节电位器 R_W，使电灯由暗到中等亮，再到最亮，用示波器观察晶闸管两端电压 u_{T1}、负载两端电压 u_L，并测量负载直

流电压 U_L 及工频电源电压 u_2 的有效值 U_2，记入表 2-15-4 中。

表 2-15-4

	暗	较 亮	最 亮
u_L 波形			
u_{T1}波形			
导通角 θ			
U_L(V)			
U_2(V)			

五、问　题

1. 晶闸管导通、关断的基本条件是什么？

2. 可否用万用表“R×10k”欧姆档测试晶闸管，为什么？

3. 为什么可控整流电路必须保证触发电路与主电路同步？本项目是如何实现同步的？

*4. 可以采取哪些措施改变触发信号的幅度和移相范围？

*5. 能否用双踪示波器同时观察 u_2 和 u_L 或 u_L 和 u_{T1}波形？为什么？

六、报告内容重点

1. 列出测试内容中所要求的各种表格。

2. 画出测试中记录的波形(注意各波形间的对应关系)，并进行讨论。

3. 对测试数据 U_L 与理论计算数据 $U_L=0.9U_2\dfrac{1+\cos\alpha}{2}$进行比较，并分析产生误差的原因。

4. 分析测试中出现的异常现象。

5. 回答问题。

6. 报告格式详见范例(附录一)。

第三部分　数字电子技术实训

项目 3-1　晶体管的开关特性及应用

一、实训目的

1. 观察晶体三极管的开关特性，了解外电路参数变化对晶体管开关特性的影响。
2. 了解限幅器和钳位器的基本工作原理。

二、原理简介

1. 晶体二极管的开关特性

由于晶体二极管具有单向导电性，故其开关特性表现在正向导通与反向截止两种状态的转换过程。

由于二极管结电容的存在，当工作状态转换时，二极管有势垒电容的充电、放电和存储电荷的建立与消散的过程。二极管的结面积小，结电容就小，存储和泄放电荷所需时间就短。

当管子选定后，减小正向导通电流和增大反向驱动电流，可加速工作状态的转换过程。

2. 晶体三极管的开关特性

晶体三极管的开关特性是指它从截止到饱和导通，或从饱和导通到截止的转换过程，这种转换由于晶体管结电容的存在需要一定的时间才能完成。

改善晶体三极管开关特性的方法是采用加速电容 C_b 和在晶体管的集电极加箝位二极管 D，如图 3-1-1 所示。

C_b 是一个几十 pF 的小电容，当 u_i 正跃变期间，由于 C_b 的存在，R_{B1} 相当于被短路，u_i 几乎全部加到基极上，使 T 迅速进入饱和状态；当 u_i 负跃变时，R_{B1} 再次被短路，使 T 迅速截止。可见 C_b 仅在瞬态过程中才起作用，稳态时相当于开路，对电路没有影响。C_b

既加速了晶体管的接通过程又加速了断开过程，故称之为加速电容，这是一种经济有效的方法，在脉冲电路中得到广泛应用。

箝位二极管D的作用是当管子T由饱和进入截止时，随着电源对分布电容和负载电容的充电，u_o逐渐上升。因为$V_{CC}>E_C$，当u_o超过E_C后，二极管D导通，使u_o的最高值被箝位在E_C，从而缩短u_o波形的上升边沿，大大缩短了输出波形的上升时间。

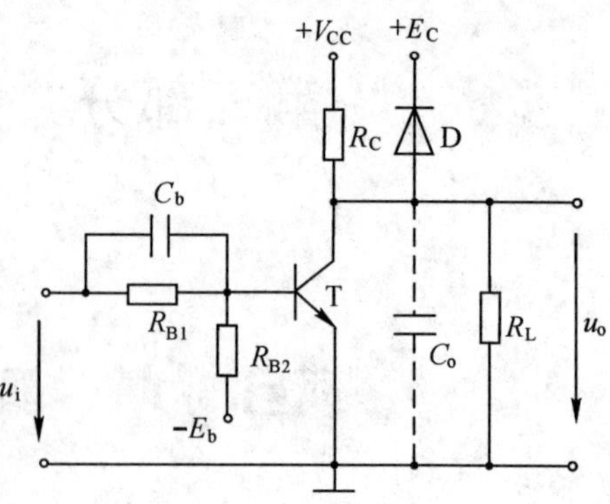

图 3-1-1 改善三极管开关特性的电路

3. 限幅器和箝位器

利用二极管与三极管的开关特性，可构成限幅器和箝位器，它们均是一种波形变换电路，在实际中均有广泛的应用。二极管限幅器是利用二极管导通时和截止时呈现的阻抗不同来实现限幅，其限幅电平由外接偏压决定。三极管则利用其截止和饱和特性实现限幅。箝位的目的是将脉冲波形的顶部或底部箝制在一定的电平上。

三、所需仪器设备及器件清单

名 称	数 量	说 明
直流电源	+5V×1	
	−5V×1	
	+15V×1	
双踪示波器	1	
连续脉冲源	1	
音频信号源	1	
数字万用表	1	
二极管	2AK2×1	
三极管	3DG6×1	
	3DK2×1	
电 容	0.1μ×1	
	30p×2	
	200p×1	

续表

名　称	数　量	说　明
电　阻	1k×2 1.5k×1 2k×1 4.7k×1 5.1k×1 10k×1	

四、测试内容

1. 三极管开关特性的观察

按图 3-1-2 接线，输入 u_i 为 100kHz 方波信号(TTL 标准电平)，晶体管选用 3DG6。

(1)将 B 点接至负电源 $-E_b$，使 $-E_b$ 在 0～-4V 内变化。观察并记录输出信号 u_o 波形的 t_d、t_r、t_s 和 t_f 变化规律。

(2)将 B 点换接在接地点，在 R_{B1}上并联一个 30pF 的加速电容 C_b，观察 C_b 对输出波形的影响；然后将 C_b 更换成 300pF，观察并记录输出波形的变化情况。

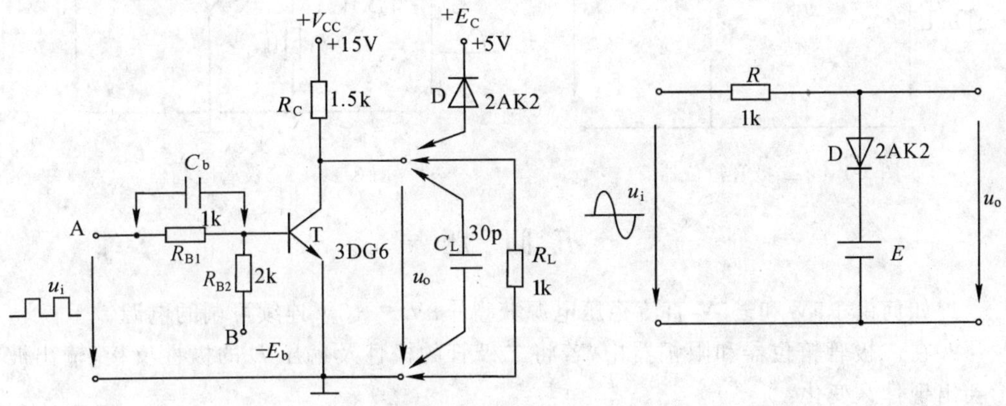

图 3-1-2　三极管开关特性测试电路　　图 3-1-3　二极管限幅器

(3)去掉 C_b，在输出端接入负载电容 $C_L=30$pF，观察并记录输出波形的变化情况。

(4)在输出端再并接一负载电阻 $R_L=1\text{k}\Omega$，观察并记录输出波形的变化情况。

(5)去掉 R_L，接入限幅二极管 D(2AK2)，观察并记录输出波形的变化情况。

2. 二极管限幅器

按图 3-1-3 接线，输入 u_i 为 $f=10\text{kHz}$、$U_{PP}=4\text{V}$ 的正弦波信号，令 E 分别为 2V、0V、－1V，观察输出波形 u_o 变化情况，并列表记录。

3. 二极管箝位器

按图 3-1-4 接线，u_i 为 $f=10\text{kHz}$ 的方波信号（TTL 电平），令 E 分别为 1V、0V、－3V，观察输出波形变化情况，并列表记录。

4. 三极管限幅器

按图 3-1-5 接线，u_i 为正弦波，$f=10\text{kHz}$，U_{PP}在 0～5V 范围连续可调，在不同的输入信号幅度下，观察输出波形 u_o 的变化情况，并列表记录。

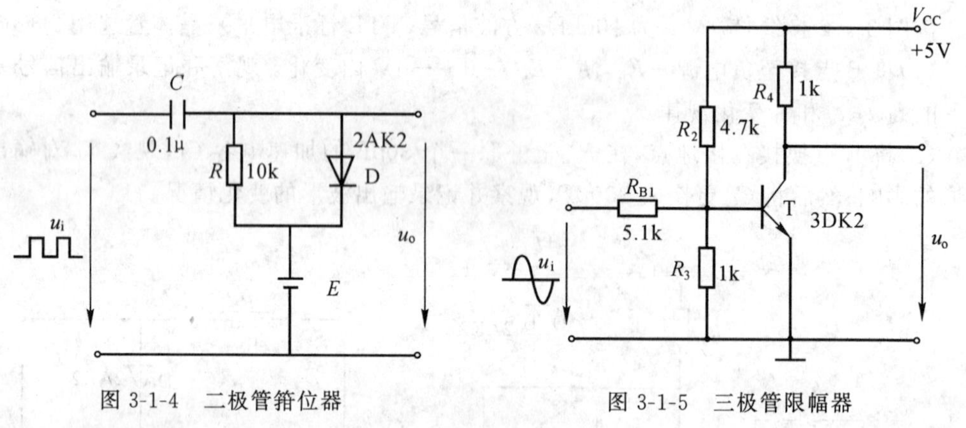

图 3-1-4　二极管箝位器　　图 3-1-5　三极管限幅器

五、问　题

1. 如何由＋5V 和－5V 直流稳压电源获得＋3V～－3V 连续可调的电源？

2. 在二极管箝位器和限幅器中，若将二极管的极性及偏压 E 的极性反接，输出波形会出现什么变化？

六、报告内容重点

1. 将实测波形画在方格坐标纸上，并对它们进行分析和讨论。

2. 总结外电路元件参数对二、三极管开关特性的影响。

3. 回答问题。

4. 报告格式详见范例（附录一）。

项目 3-2　TTL 集成逻辑门电路的测试

一、实训目的

1. 掌握 TTL 集成与非门的逻辑功能和使用规则。

2. 了解 TTL 器件主要参数的测试方法。

二、原理简介

四输入双与非门 74LS20 的逻辑框图、符号及引脚排列如图 3-2-1 所示。

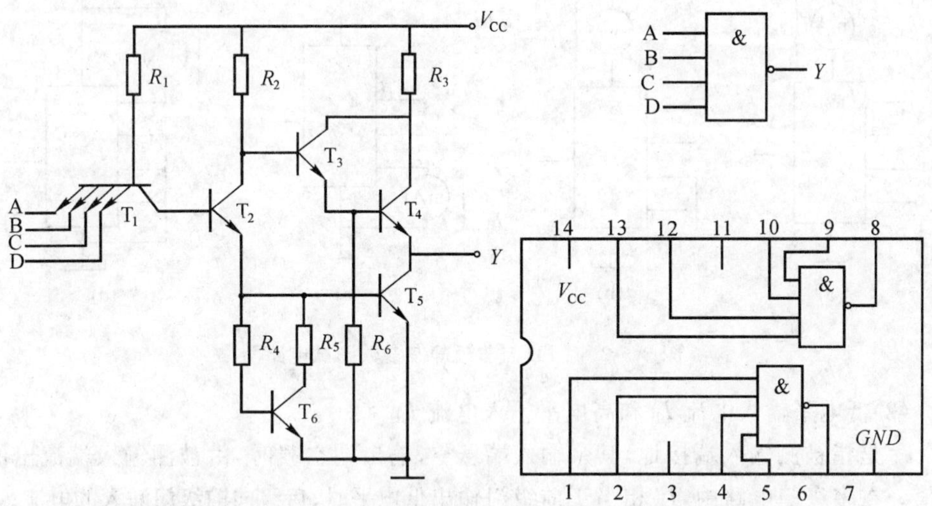

图 3-2-1　74LS20 逻辑框图、逻辑符号及引脚排列

1. 与非门的逻辑功能

与非门的逻辑功能是：当输入端中有一个或一个以上是低电平时，输出端为高电平；只有当输入端全部为高电平时，输出端才是低电平（即有“0”得“1”，全“1”得“0”）。

其逻辑表达式为　$Y=\overline{ABCD}$

2. TTL 与非门的主要参数

(1)低电平输出电源电流 I_{CCL} 和高电平输出电源电流 I_{CCH}

与非门处于不同的工作状态,电源提供的电流是不同的。I_{CCL} 是指所有输入端悬空(或均接高电平 1),输出端空载时,电源提供的电流。I_{CCH} 是指输出端空截,有一个以上的输入端接地,其余输入端悬空,电源提供的电流。通常 $I_{CCL}>I_{CCH}$,它们的大小标志着器件静态功耗的大小。器件的最大功耗为 $P_{CCL}=V_{CC}I_{CCL}$。手册中提供的电源电流和功耗值是指整个器件总的电源电流和总的功耗。I_{CCL} 和 I_{CCH} 测试电路如图 3-2-2(a)、(b)所示。

注意:TTL 电路对电源电压要求较严:电源电压为 5V,只允许有±10%的偏差,超过 5.5V 将损坏器件,低于 4.5V 器件的逻辑功能将不正常。

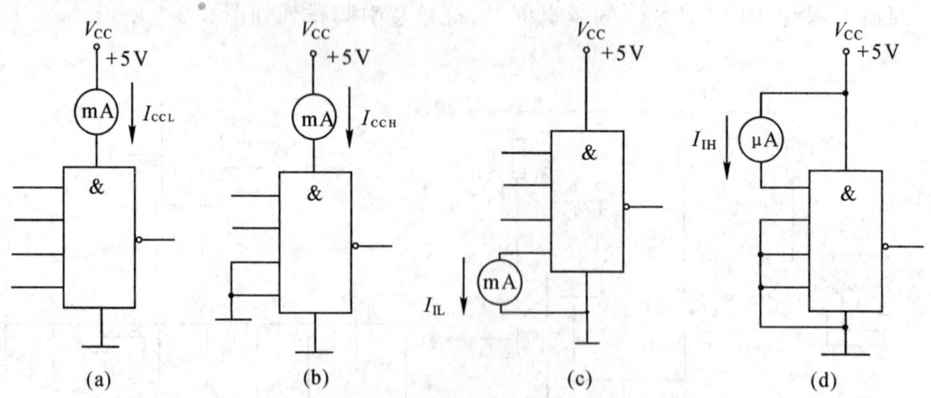

图 3-2-2 TTL 与非门静态参数测试电路图

(2)低电平输入电流 I_{IL} 和高电平输入电流 I_{IH}

I_{IL} 是指被测输入端接地,其余输入端悬空,输出端空载时,由被测输入端流出的电流值。在多级门电路中,I_{IL} 相当于前级门输出低电平时,后级向前级门灌入的电流,关系到前级门的灌电流负载能力,即直接影响前级门电路带负载的个数,因此希望 I_{IL} 小些。

I_{IH} 是指被测输入端接高电平,其余输入端接地,输出端空载时,流入被测输入端的电流值。在多级门电路中,它相当于前级门输出高电平时,前级门的拉电流负载,其大小关系到前级门的拉电流负载能力,希望 I_{IH} 小些。

由于 I_{IH} 较小,难以测量,一般免于测试。

I_{IL} 与 I_{IH} 的测试电路如图 3-2-2(c)、(d)所示。

(3)扇出系数 N_O

扇出系数 N_O 是指门电路能驱动同类门的个数,它是衡量门电路负载能力的一个参数。TTL 与非门有两种不同性质的负载，即灌电流负载和拉电流负载，因此有两种扇出系数，即低电平扇出系数 N_{OL}和高电平扇出系数 N_{OH}。通常 $I_{IH}<I_{IL}$，则 $N_{OH}>N_{OL}$，故常以 N_{OL}作为门的扇出系数。

N_{OL}的测试电路如图 3-2-3 所示，门的输入端全部悬空或接高电平 1，输出端接灌电流负载 R_L。调节 R_L 使 i_{OL}增大，u_{OL}随之增高，当 u_{OL}达到 U_{OLm}(手册中规定低电平规范值为 0.4V)时的 $i_{OL}=I_{OL}$就是允许灌入的最大负载电流，则

$$N_{OL}=\frac{I_{OL}}{I_{IL}}，通常\ N_{OL}\geqslant 8$$

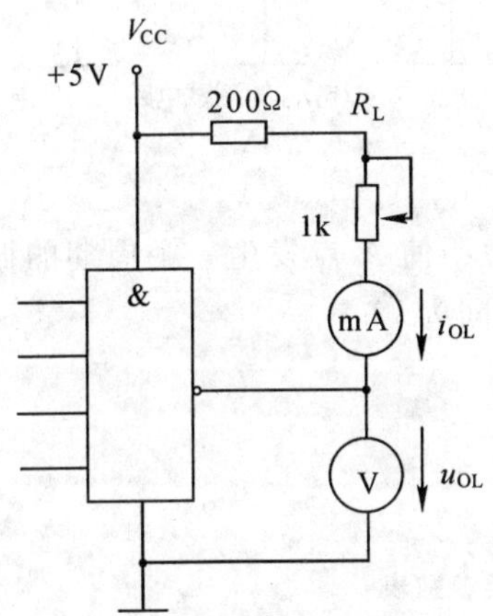

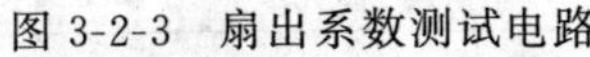
图 3-2-3 扇出系数测试电路

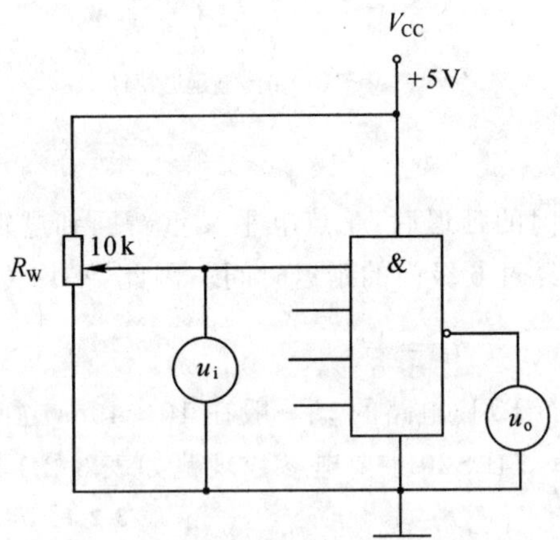

图 3-2-4 传输特性测试电路

(4)电压传输特性

门电路的输出电压 u_o 随输入电压 u_i 而变化的曲线 $u_o=f(u_i)$ 称为门电路的电压传输特性，通过它可读得门电路的一些重要参数，如输出高电平 U_{OH}、输出低电平 U_{OL}、关门电平 U_{OFF}、开门电平 U_{ON}、阈值电平 U_T 及抗干扰容限 U_{NL}、U_{NH}等值。测试电路如图 3-2-4 所示，采用逐点测试法，即调节 R_W，逐点测得 u_i 及 u_o，然后绘成曲线。

(5)平均传输延迟时间 t_{pd}

t_{pd}是衡量门电路开关速度的参数，它是指输出波形边沿的 $0.5U_m$ 至输入波形对应边沿 $0.5U_m$ 点的时间间隔，如图 3-2-5 所示。

图 3-2-5(a)中的 t_{pdL}为导通延迟时间，t_{pdH}为截止延迟时间，平均传输延迟时间为

$$t_{pd}=\frac{1}{2}(t_{pdL}+t_{pdH})$$

t_{pd}的测试电路如图 3-2-5(b)所示，由于 TTL 门电路的延迟时间较小，直接测量时对信号发生器和示波器的性能要求较高，故采用测量由奇数个与非门组成的环形振荡器的振荡周期 T 来求得。其工作原理是：假设电路在接通电源后某一瞬间，电路中的 A 点为逻辑“1”，经过三级门的延迟后，使 A 点由原来的逻辑“1”变为逻辑“0”；再经过三

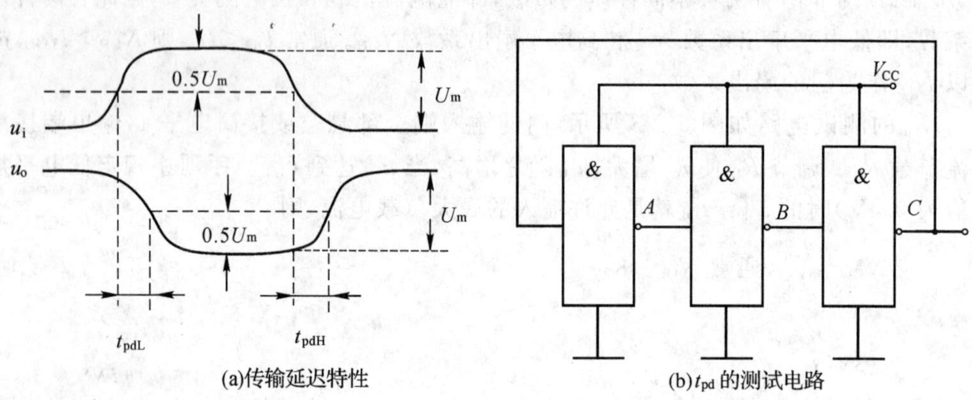

(a)传输延迟特性　　(b)t_{pd}的测试电路

图 3-2-5

级门的延迟后，A 点电平又重新回到逻辑“1”，这说明使 A 点发生一个周期的振荡，必须经过 6 级门的延迟时间。因此，平均传输延迟时间为

$$t_{pd}=\frac{T}{6}$$

TTL 电路的 t_{pd}一般在 10～40ns 之间。

74LS20 主要电参数规范如表 3-2-1 所示。

表 3-2-1　74LS20 的主要参数表

参数名称和符号			规范值	单位	测试条件
直流参数	导通电源电流	I_{CCL}	<14	mA	V_{CC}=5V，输入端悬空，输出端空载
	截止电源电流	I_{CCH}	<7	mA	V_{CC}=5V，输入端接地，输出端空载
	低电平输入电流	I_{IL}	≤1.4	mA	V_{CC}=5V，被测输入端接地，其他输入端悬空，输出端空载
	高电平输入电流	I_{IH}	<50	μA	V_{CC}=5V，被测输入端接 2.4V，其他输入端接地，输出端空载
			<1	mA	V_{CC}=5V，被测输入端接 5V，其他输入端接地，输出端空载
	输出高电平	U_{OH}	≥3.4	V	V_{CC}=5V，被测输入端接 0.8V，其他输入端悬空，I_{OH}=400μA。
	输出低电平	U_{OL}	<0.3	V	V_{CC}=5V，输入端接 2.0V，I_{OL}=12.8mA
	扇出系数	N_O	8～10		同 U_{OL}
交流参数	平均传输延迟时间	t_{pd}	≤20	ns	V_{CC}=5V，被测输入端输入信号：标准 TTL 电平，f=2MHz

三、所需仪器设备及器件清单

名 称	数 量	说 明
+5V 直流电源	1	
数字万用表	1	
逻辑电平开关	4	
逻辑电平显示器	2	
双踪示波器	1	
电位器	1k×1	
	10k×1	
电 阻	200×1	0.5W
74LS20	2	四输入双与非门

四、测试内容

1. 验证 TTL 集成与非门 74LS20 的逻辑功能

按图 3-2-6 接线，门的四个输入端接逻辑开关输出插口，以提供“0”和“1”电平信号。门的输出端接由 LED 发光二极管组成的逻辑电平显示器。按表 3-2-2 的真值表逐个测试集成块中两个与非门的逻辑功能。

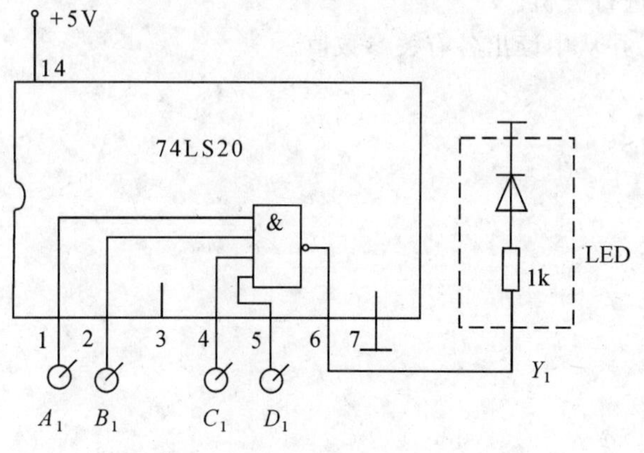

图 3-2-6 与非门逻辑功能测试电路

表 3-2-2

输 入				输 出	
A_n	B_n	C_n	D_n	Y_1	Y_2
1	1	1	1		
0	1	1	1		
1	0	1	1		
1	1	0	1		
1	1	1	0		

2. 74LS20 主要参数的测试

(1)分别按图 3-2-2、3-2-3、3-2-5(b)接线并进行测试,将测试结果记入表 3-2-3 中。

表 3-2-3

I_{CCL} (mA)	I_{CCH} (mA)	I_{IL} (mA)	I_{IH} (mA)	$N_O=\frac{I_{OL}}{I_{IL}}$	$t_{pd}=T/6$ (ns)

(2)按图 3-2-4 接线,调节电位器 R_W,使 u_i 从 0V 向高电平变化,逐点测量 u_i 和 u_o 的对应值,记入表 3-2-4 中。

表 3-2-4

u_i(V)	0	0.2	0.4	0.6	0.8	1.0	1.5	2.0	2.5	3.0	3.5	4.0	…
u_o(V)													

五、问　题

输入端悬空和接高电平有什么区别?

六、报告内容重点

1. 记录、整理实验结果,并对结果进行分析。
2. 画出实测的电压传输特性曲线,并从中读出各有关参数值。
3. 报告格式详见范例(附录一)。

项目 3-3　CMOS 集成逻辑门电路的测试

一、实训目的

1. 了解 CMOS 集成门电路的逻辑功能和主要参数的测试方法。

2. 熟悉 CMOS 集成门电络的使用规则。

二、原理简介

1. CMOS 集成电路的主要优点

(1)功耗低，其静态工作电流在 10^{-9}A 数量级，是目前所有数字集成电路中功耗最低的。

(2)高输入阻抗，通常大于 $10^{10}\Omega$，远高于 TTL 器件的输入阻抗。

(3)接近理想的传输特性，输出高电平可达电源电压的 99.9%以上，低电平可达电源电压的 0.1%以下，因此输出逻辑电平的摆幅很大，噪声容限很高。

(4)电源电压范围广，可在＋3V～＋18V 范围内正常运行。

(5)由于有很高的输入阻抗，要求的驱动电流很小，约 0.1μA。高电平输出电流在＋5V电源下约为 500μA，远小于 TTL 电路，如以此电流来驱动同类门电路，其扇出系数将非常大。在一般低频率时，无需考虑扇出系数，但在高频时，后级门的输入电容将成为主要负载，使其扇出能力下降，所以在较高频率工作时，CMOS 电路的扇出系数一般取 10～20。

2. CMOS 门电路的逻辑功能

尽管 CMOS 与 TTL 电路内部结构不同，但它们的逻辑功能完全一样。本次测试将验证与门 CC4081、或门 CC4071、与非门 CC4011、或非门 CC4001 的逻辑功能。

3. CMOS 与非门的主要参数

CMOS 与非门主要参数的定义及测试方法与 TTL 电路相仿，此处从略。

4. CMOS 电路的使用规则

由于 CMOS 电路有很高的输入阻抗，这给使用者带来一定的麻烦，即外来的干扰信号很容易在一些悬空的输入端上感应出很高的电压，以至损坏器件。CMOS 电路的使用规则如下：

(1) V_{DD}接电源正极，V_{SS}(GND)接电源负极（通常接地），不得接反。CC4000 系列的电源允许电压在＋3～＋18V 范围内选择，测试时一般要求使用＋5～＋15V。

(2) 所有输入端一律不准悬空。

闲置输入端的处理方法：① 按照逻辑要求，直接接 V_{DD}（与非门、与门）或 V_{SS}（或非门、或门）；② 在工作频率不高的电路中，允许输入端并联使用。

(3) 输出端不允许直接与 V_{DD}或 V_{SS}连接，否则将导致器件损坏。

(4) 在装接电路，改变电路连接或插、拔 CMOS 集成电路时，均应切断电源，严禁带电操作。

(5) 焊接、测试和储存时的注意事项：

1) 电路应存放在导电的容器内，有良好的静电屏蔽；

2) 焊接时必须保证烙铁接地良好，或先预热后断电进行；

3) 所有的测试仪器必须良好接地。

三、所需仪器设备及器件清单

名　称	数　量	说　明
＋5V 直流电源	1	
双踪示波器	1	
连续脉冲源	1	
逻辑电平开关	2	
逻辑电平显示器	1	
数字万用表	1	
CC4011	1	与非门
CC4001	1	或非门
CC4071	1	或门
CC4081	1	与门
电位器	100k×1	
电　阻	1k×1	

四、测试内容

1. CMOS 与非门 CC4011 参数测试（方法与 TTL 电路相同）

(1)测试 CC4011 一个门的 I_{CCL}、I_{CCH}、I_{IL}、I_{IH}。

(2)测试 CC4011 一个门的传输特性(一个输入端作信号输入,另一个输入端接逻辑高电平)

(3)将 CC4011 的三个门串接成振荡器,用示波器观测输入、输出波形,并计算出 t_{pd} 值。

2. 验证 CMOS 各门电路的逻辑功能,判断其好坏

验证与非门 CC4011、与门 CC4081、或门 CC4071 及或非门 CC4001 逻辑功能。

以 CC4011 为例:测试时,选好某一个 14P 插座,插入被测器件,其输入端 A、B 接逻辑电平开关的输出插口,输出端 Y 接至逻辑电平显示器输入插口,拨动逻辑电平开关,逐个测试各门的逻辑功能,并记入表 3-3-1 中。

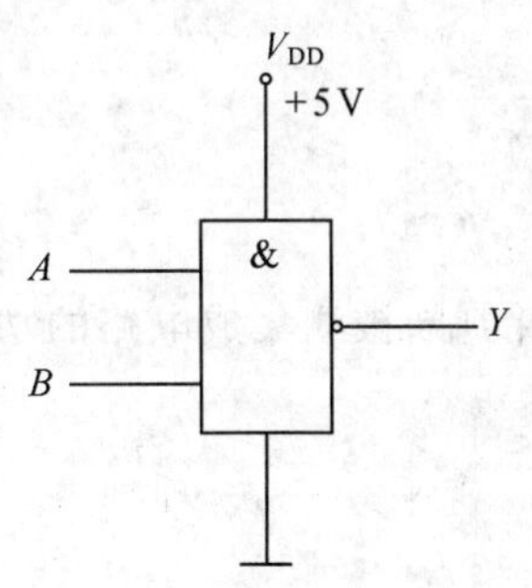

图 3-3-1　与非门逻辑功能测试

表 3-3-1

输　入		输　　出			
A	B	Y_1	Y_2	Y_3	Y_4
0	0				
0	1				
1	0				
1	1				

3. 观察与非门、与门、或非门对脉冲的控制作用

(1)选用与非门按图 3-3-2(a)、(b)接线,将一个输入端接连续脉冲源(频率为 20kHz),用示波器观察两种电路的输出波形,记录之。

(2)测定“与非门”和“或非门”对连续脉冲的控制作用。

五、问　题

1. 为什么 CMOS 门电路的扇出系数较大?
2. CMOS 或门、与非门等的多余输入端应如何处理?为什么?
3. 将异或门作非门使用,多余的输入端如何处理?

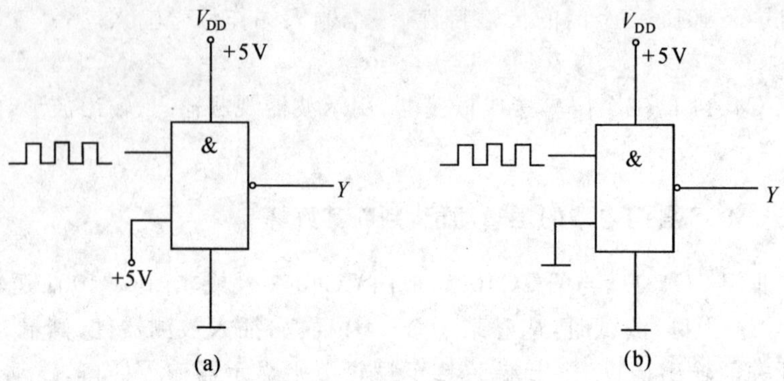

图 3-3-2　与非门对脉冲的控制作用

六、报告内容重点

1. 整理测试结果,用坐标纸画出传输特性曲线。

2. 根据测试结果,写出各门电路的逻辑表达式,并判断被测集成电路的功能好坏。

3. 回答问题。

4. 报告格式详见范例(附录一)。

项目 3-4　集成逻辑电路的连接和驱动

一、实训目的

1. 了解 TTL、CMOS 集成电路输入电路与输出电路的性质。

2. 掌握集成逻辑电路相互驱动时应遵守的规则和实际驱动方法。

二、原理简介

1. TTL 电路输入输出电路性质

当 TTL 门电路的输入端为高电平时，输入电流是反向二极管的漏电流，电流极小，且从外部流入输入端。

当输入端处于低电平时，电流由电源 V_{CC}经内部电路流出输入端，电流较大，当与上一级电路连接时，将影响上级电路的负载能力。低电平输出时，允许后级电路灌入电流，随着灌入电流的增加，输出低电平将升高。一般 74LS 系列 TTL 电路允许灌入 8mA 电流，即可吸收后级约 20 个 74LS 系列标准门的灌入电流；最大允许低电平输入电压为 0.8V。

2. CMOS 电路输入输出电路性质

一般 CC 系列门电路的输入阻抗可高达 $10^{10}\Omega$，输入电容在 5pF 以下，输入高电平通常要求在 3.5V 以上，输入低电平通常为 1.5V 以下。因 CMOS 电路的输出结构具有对称性，故对高低电平具有相同的输出能力。当输出端负载很轻时，输出高电平将十分接近电源电压；输出低电平时将十分接近地电位。

对于高速 CMOS 电路 54/74HC 系列中的一个子系列 54/74HCT，其输入电平与 TTL 电路完全相同，因此在相互取代时，不需考虑电平的匹配问题。

3. 集成逻辑电路的驱动

在实际的数字电路系统中总是将一定数量的集成逻辑电路按需要前后连接起来。这时，前级电路的输出将与后级电路的输入相连并驱动后级电路工作，这就存在着电平的配合和负载能力这两个需要妥善解决的问题。

可用下列几个表达式来说明连接时所要满足的条件：

U_{OH}（前级）≥U_{IH}（后级）

U_{OL}（前级）≤U_{IL}（后级）

I_{OH}（前级）≥$n \times I_{IH}$（后级）

I_{OL}（前级）≥$n \times I_{IL}$（后级）

注：n 为后级门电路的个数。

(1) TTL 与 TTL 的连接

TTL 集成逻辑电路的所有系列，由于电路结构形式相同，不存在电平配合问题，可直接连接。

(2) TTL 驱动 CMOS 电路

TTL 电路驱动 CMOS 电路时，由于 CMOS 电路的输入阻抗高，故不存在驱动电流的问题，但 TTL 电路在满载时，输出高电平通常低于 CMOS 电路对输入高电平的要求，因此为保证 TTL 输出高电平时，后级的 CMOS 电路能可靠工作，通常要外接一个上拉电阻 R，如图 3-4-1 所示。为使 TTL 门电路的输出高电平达到 3.5V 以上，R 的取值一般为 2～6.2kΩ，这时 TTL 门电路对后级 CMOS 门电路的数目实际上是没有什么限制的。

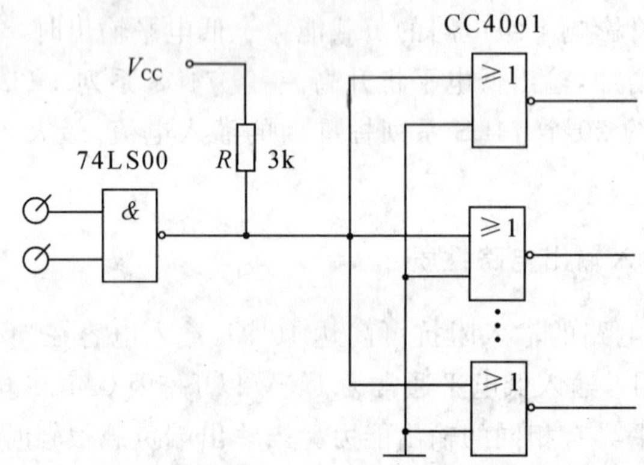

图 3-4-1 TTL 电路驱动 CMOS 电路

(3) CMOS 驱动 TTL 电路

CMOS 门电路的输出电平均能满足 TTL 对输入电平的要求，但除 74HC 系列外，其他 CMOS 电路驱动 TTL 门电路的能力都较低。

1)采用 CMOS 驱动器，如 CC4049、CC4050 是专为输出较大驱动能力而设计的 CMOS 电路。

2)几个同功能的 CMOS 电路并联使用，即将其输入端分别并联，输出端分别并联。

(4) CMOS 与 CMOS 的驱动

CMOS 电路之间的连接十分方便,不需另加外接元件。从理论上说,一个 CMOS 电路可带动的 CMOS 电路数量是不受限制的。但在实际使用时,应当考虑后级门输入电容对前级门的传输速度的影响:电容太大时,传输速度将下降。因此在高速场合要从负载等效电容来考虑,例如 CMOS 电路在 10MHz 以上频率工作时应限制负载门的个数在 20 个以下。

三、所需仪器设备及器件清单

名　称	数　量	说　明
+5V 直流电源	1	
逻辑电平开关	2	
逻辑电平显示器	8	
数字万用表	1	
74LS00	2	四 2 输入与非门
CC4001	1	四 2 输入或非门
74HC00	1	
电　阻	100×1	
	470×1	
	3k×1	
电位器	4.7k×1	
	10k×1	
	47k×1	

四、测试内容

1. 测试 TTL 电路 74LS00 及 CMOS 电路 CC4001 的输出特性

测试电路如图 3-4-3 所示,图中以与非门 74LS00 为例画出了高、低电平两种输出状态下输出特性的测量方法。改变电位器 R_W 的阻值,可获得输出特性曲线,R 为限流电阻。74LS00 的引脚排列见图 3-4-2(a)所示。

(1) 测试 74LS00 的输出特性

在测试装置的合适位置选取一个 14P 插座。插入 74LS00,R 取 100Ω,高电平输出时 R_W 取 47kΩ,低电平输出时 R_W 取 10kΩ。测试图 3-4-3(a)时应测量 R_W 最大到最小允许输出高电平(2.7V)之间的一系列点;低电平测试时应测量从 R_W 最大到输出电平升到最大允许输出低电平(0.4V)之间的一系列点。

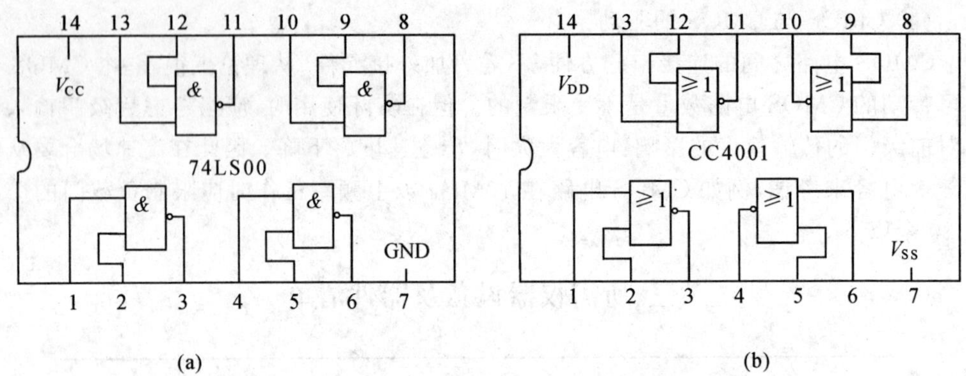

图 3-4-2 74LS00 与非门和 CC4001 或非门电路引脚排列

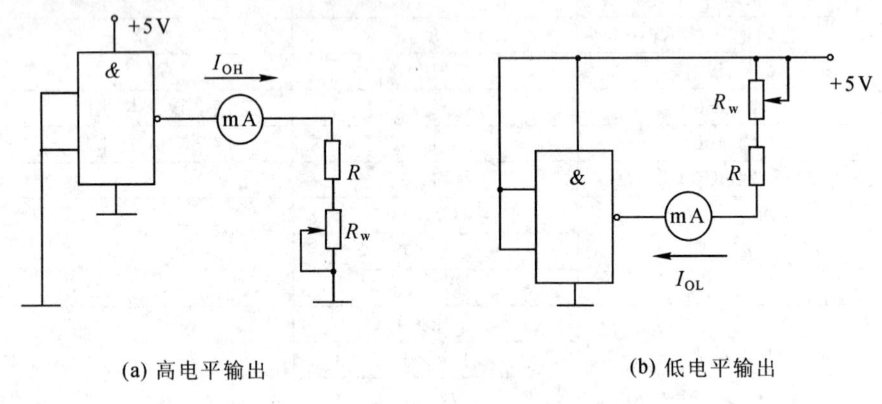

(a) 高电平输出　　(b) 低电平输出

图 3-4-3 与非门电路输出特性测试电路

（2）测试 CC4001 的输出特性

测试时 R 取 470Ω，R_W 取 4.7kΩ。

高电平测试时应测量从 R_W 最大到输出电平降到 4.6V 为止的一系列点（参考图 3-4-3(a)进行）；低电平测试时应测量从 R_W 最大到输出电平升到 0.4V 为止的一系列点（参考图 3-4-3(a)进行）。CC4001 的引脚排列见图 3-4-2(b)所示。

2. TTL 电路驱动 CMOS 电路

用 74LS00 的一个门来驱动 CC4001 的四个门，测试电路如图 3-4-1 所示，R 取 3kΩ。测量连接 3kΩ 与不连接 3kΩ 电阻时 74LS00 的输出高低电平及 CC4001 的逻辑功能。测试果列表整理。

3. CMOS 电路驱动 TTL 电路

CMOS 电路驱动 TTL 电路，电路如图 3-4-4 所示，被驱动的电路用 74LS00 的八个门并联，其余输入端接逻辑电平开关的输出插口，八个输出端分别接逻辑电平显示的输入插口。先用 CC4001 的一个门来驱动，观测 CC4001 的输出电平和 74LS00 的逻辑功能。

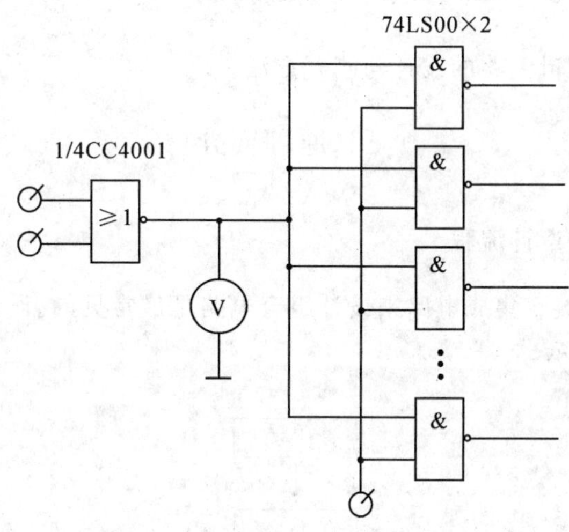

图 3-4-4　CMOS 驱动 TTL 电路

然后将 CC4001 的其余三个门，一个个并联到第一个门上（输入与输入，输出与输出分别并联），分别观察 CMOS 门的输出电平及 74LS00 的逻辑功能。最后用 1/4 74HC00 代替 1/4 CC4001，测试其输出电平及 74LS00 的逻辑功能。测试结果列表记录。

五、问　题

1. 自拟各测试表格。
2. 为何 TTL 门电路的驱动电流大而 CMOS 门电路的驱动电流小？
3. 总结门电路之间驱动的注意事项。

六、报告内容重点

1. 整理数据，作出输出特性曲线，并加以分析、总结。
2. 通过测试，你对不同集成门电路之间的驱动得出什么结论？
3. 回答问题。
4. 报告格式详见范例（附录一）。

项目 3-5　组合逻辑电路的设计与测试

一、实训目的

掌握简单组合逻辑电路的设计与测试方法。

二、原理简介

1. 组合逻辑电路设计流程

使用中、小规模数字集成电路来设计组合电路是最常见的。设计组合逻辑电路的一般步骤如图 3-5-1 所示。

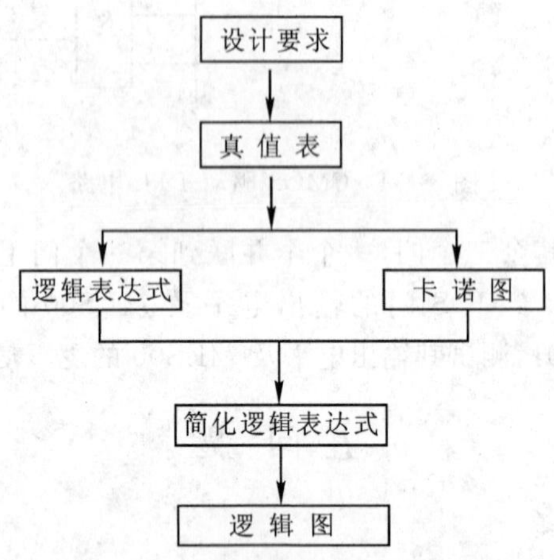

图 3-5-1　组合逻辑电路设计流程图

根据设计任务的要求建立输入、输出变量，并列出真值表。然后用逻辑代数或卡诺图化简法求出简化的逻辑表达式，并按逻辑门的实际选用类型修改逻辑表达式。根据简化后的逻辑表达式，画出逻辑图，用标准器件构成逻辑电路。

2. 组合逻辑电路设计举例

用“与非”门设计一个表决电路。当四个输入端中有三个或四个为“1”时，输出端才为“1”。

设计步骤:根据题意列出真值表,如表 3-5-1 所示,再填入卡诺图,如表 3-5-2。

表 3-5-1　表决电路真值表

D	0	0	0	0	0	0	0	0	1	1	1	1	1	1	1	1
A	0	0	0	0	1	1	1	1	0	0	0	0	1	1	1	1
B	0	0	1	1	0	0	1	1	0	0	1	1	0	0	1	1
C	0	1	0	1	0	1	0	1	0	1	0	1	0	1	0	1
Z	0	0	0	0	0	0	0	1	0	0	0	1	0	1	1	1

表 3-5-2　表决电路卡诺图

BC \ DA	00	01	11	10
00				
01			1	
11		1	1	1
10			1	

由卡诺图得出逻辑表达式,并转换成“与非”的形式:

$$Z = ABC + BCD + ACD + ABD$$
$$= \overline{\overline{ABC} \cdot \overline{BCD} \cdot \overline{ACD} \cdot \overline{ABC}}$$

根据逻辑表达式画出用“与非门”构成的逻辑电路,如图 3-5-2 所示。

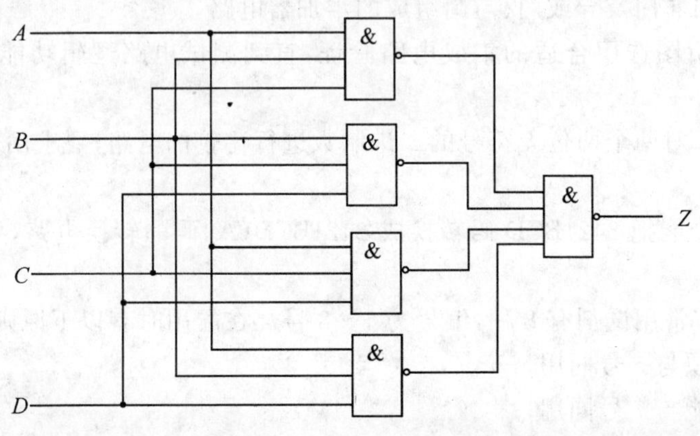

图 3-5-2　表决电路逻辑图

三、所需仪器设备及器件清单

名　称	数　量	说　明
+5V 直流电源	1	
逻辑电平开关	4	
逻辑电平显示器	1	
数字万用表	1	
CC4011	2	四 2 输入与非门，可用 74LS00 代替
CC4012	3	双 4 输入与非门，可用 74LS20 代替
CC4030	1	四异或门，可用 74LS86 代替
CC4081	1	四 2 输入与门，可用 74LS08 代替
CC4085	2	双 2-2 输入与或非门，可用 74LS54 代替
CC4001	1	四 2 输入或非门，可用 74LS02 代替

四、测试内容(1、2 中任选一题，3、4 为必做题)

1. 设计用与非门及异或门、与门组成的半加器电路。

按设计逻辑图选用合适的集成电路验证，直到测试电路逻辑功能符合设计要求为止。

2. 设计一个对两个两位无符号的二进制数进行比较的电路；要求用与门、与非门及或非门实现。

3. 设计一个能把 8421BCD 码转换成 2421BCD(A)码的转换电路，要求用 CC4011 实现。

4. 某试验室常用试剂有 8 种，编号为 1～8 号。在配用时有以下原则：

(1)2 号必须与 5 号同用；

(2)3 号不能与 7 号同用；

(3)3 号 4 号一起使用时必须配上 1 号。

请设计一逻辑电路，当配用试剂违反上述任一原则时给出指示信号。可用 CC4011

和 CC4012 实现。

五、问 题

1.“与或非”门中,当某一组与端不用时,应作如何处理?

2.集成门电路有哪些使用注意事项?

六、报告内容重点

1.列出电路的设计过程,画出设计的电路图。

2.对所设计的电路进行测试,记录测试结果。

3.谈谈设计组合电路的体会。

4.回答问题。

5.报告格式详见范例(附录一)。

项目 3-6　译码器及其应用

一、实训目的

1. 了解中规模集成译码器的逻辑功能和使用方法。

2. 熟悉数码管的使用。

二、原理简介

译码器是一种多输入、多输出的组合逻辑电路，在数字系统中有广泛的用途，不仅用于代码的转换、终端的数字显示，还可用于数据分配、存贮器寻址和逻辑函数的产生等。

1. 二进制译码器

二进制译码器用以表示输入变量的状态，如 2 线/4 线、3 线/8 线和 4 线/16 线译码器。若有 n 个输入变量，则有 2^n 个不同的组合状态，就有 2^n 个输出端供其使用，而每一个输出所代表的函数对应于这 n 个输入变量的一个最小项。

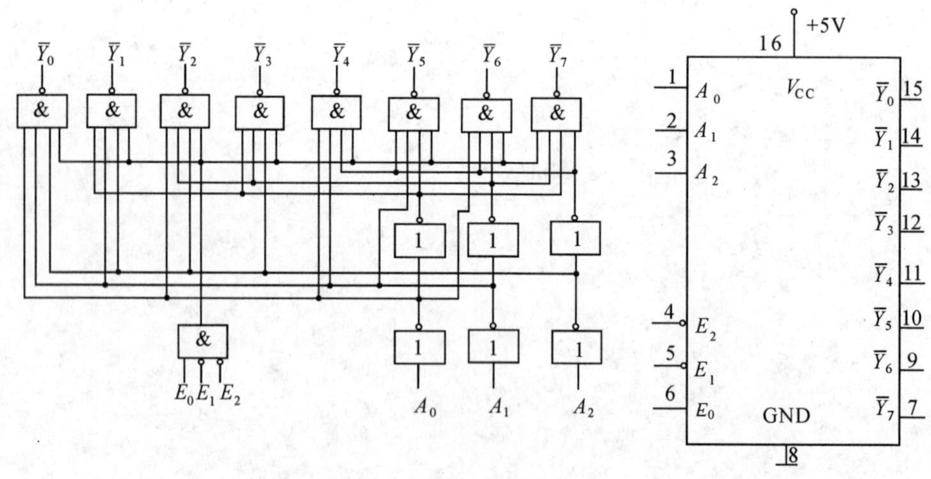

图 3-6-1　3 线/8 线译码器 74LS138 逻辑图及引脚排列

以 3 线/8 线译码器 74LS138 为例进行分析，图 3-6-1(a)、(b)分别为其逻辑图及引脚排列图，其中 A_2、A_1、A_0 为地址输入端，$\overline{Y}_0$～$\overline{Y}_7$ 为译码输出端，E_0、E_1、E_2 为使能端。

表 3-6-1 为 74LS138 的功能表。

当 $E_0=1$，$E_1+E_2=0$ 时，器件使能端电平有效，地址码所指定的输出端有信号(为 0 电平有效)输出，其他所有输出端均无信号(全为 1)输出。当 $E_0=0$，$E_1+E_2=\times$ 时，或 $E_0=\times$，$E_1+E_2=1$ 时，译码器被禁止，所有输出同时为 1。

表 3-6-1　74LS138 的逻辑功能表

输入					输出							
E_0	E_1+E_2	A_2	A_1	A_0	$\overline{Y}_0$	$\overline{Y}_1$	$\overline{Y}_2$	$\overline{Y}_3$	$\overline{Y}_4$	$\overline{Y}_5$	$\overline{Y}_6$	$\overline{Y}_7$
1	0	0	0	0	0	1	1	1	1	1	1	1
1	0	0	0	1	1	0	1	1	1	1	1	1
1	0	0	1	0	1	1	0	1	1	1	1	1
1	0	0	1	1	1	1	1	0	1	1	1	1
1	0	1	0	0	1	1	1	1	0	1	1	1
1	0	1	0	1	1	1	1	1	1	0	1	1
1	0	1	1	0	1	1	1	1	1	1	0	1
1	0	1	1	1	1	1	1	1	1	1	1	0
0	×	×	×	×	1	1	1	1	1	1	1	1
×	1	×	×	×	1	1	1	1	1	1	1	1

二进制译码器实际上也是负脉冲输出的脉冲分配器。若利用使能端中的一个输入端输入数据信息，器件就成为一个数据分配器(又称多路分配器)，如图 3-6-2 所示。若在 E_0 输入端输入数据信息，$E_1=E_2=0$，地址码所对应的输出是 E_0 数据信息的反码；若从 E_1 端输入数据信息，令 $E_0=1$、$E_2=0$，地址码所对应的输出就是 E_1 端数据信息的原码。若数据信息是时钟脉冲，则数据分配器便成为时钟脉冲分配器。

二进制译码器还能方便地实现逻辑函数，如图 3-6-3 所示，实现的逻辑函数是：$Z=\overline{A}\,\overline{B}\,\overline{C}+\overline{A}B\overline{C}+\overline{A}\,\overline{B}C+ABC$

利用使能端能方便地将两个 3 线/8 线译码器组合成一个 4 线/16 线译码器，如图 3-6-4 所示。

2. 数码显示译码器

(1)半导体数码管(LED)

LED 数码管是目前最常用的数字显示器，图 3-6-5(a)、(b)为共阴管和共阳管的电路示意图，图 3-6-5(c)为两种不同出线形式的引出脚功能图。

一个 LED 数码管可用来显示一位十进制数和一个小数点。小型数码管(0.5 寸和 0.36 寸)每段发光二极管的正向压降随显示光(通常为红、绿、黄、橙色)的颜色不同略

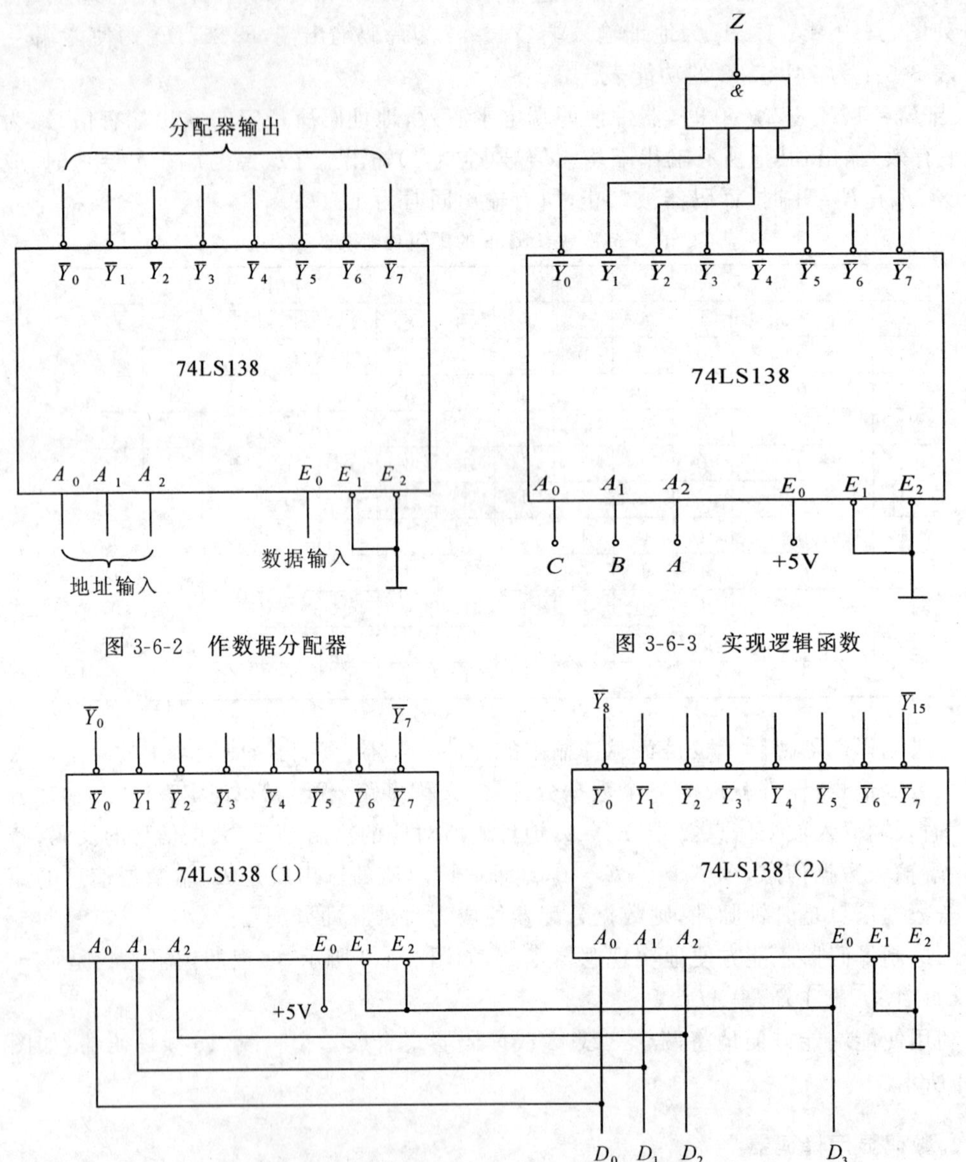

图 3-6-2 作数据分配器

图 3-6-3 实现逻辑函数

图 3-6-4 用两片 74LS138 组成 4 线/16 线译码器

有差别，通常约为 2～2.5V，每个发光二极管的点亮电流在 5～10mA。LED 数码管要显示 BCD 码所表示的十进制数字就需要有一个专门的译码器，该译码器不但要完成译码功能，还要有一定的驱动能力。

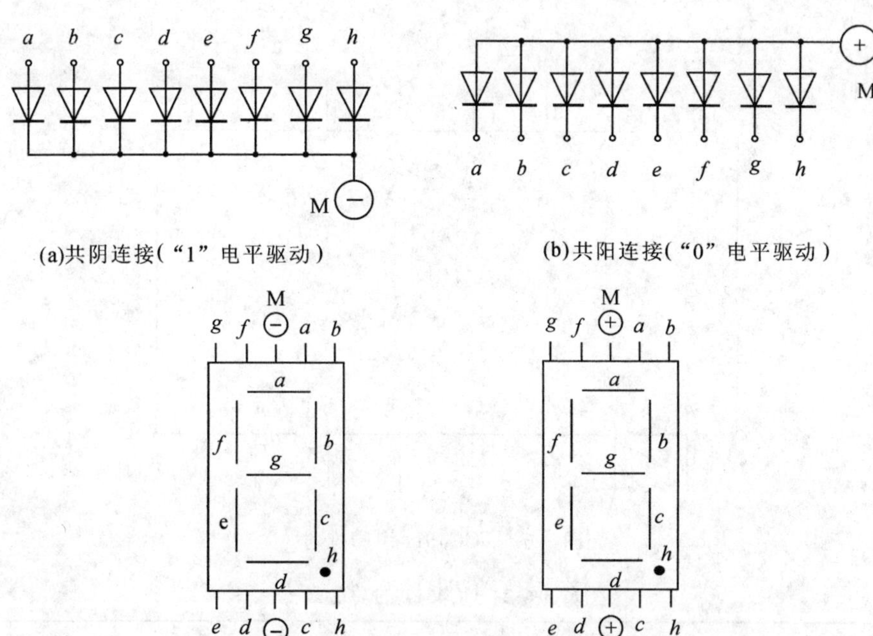

(c)符号及引脚功能

图 3-6-5 LED 数码管

(2)BCD 码七段译码驱动器

此类译码器型号有 74LS47(共阳)、74LS48(共阴)、CC4511(共阴)等。下面以 CC4511 BCD 码锁存/七段译码/驱动器为例,说明该类译码驱动器的逻辑功能。

图 3-6-6 为 CC4511 引脚排列图,其中:

A、B、C、D 为 BCD 码输入端;

a、b、c、d、e、f、g 为译码输出端,输出“1”有效,用来驱动共阴极 LED 数码管;

$\overline{LT}$为试灯输入端,$\overline{LT}$=“0”时,译码输出全为“1”,对应的数码管各段均亮;

$\overline{BI}$为消隐输入端,$\overline{BI}$=“0”时,译码输出全为“0”,即对应的数码管各段均熄灭;

LE 为锁定端,LE=“1”时译码器处于锁定(保持)状态,译码输出保持在 $LE=0$ 时的数值;$LE=0$ 时为正常译码状态。

表 3-6-2 为 CC4511 功能表。CC4511 内接有上拉电阻,故只需在输出端与数码管笔段之间串入限流电阻即可工作。译码器还有拒伪码功能:当输入码超过 1001 时,输出全为“0”,数码管熄灭。

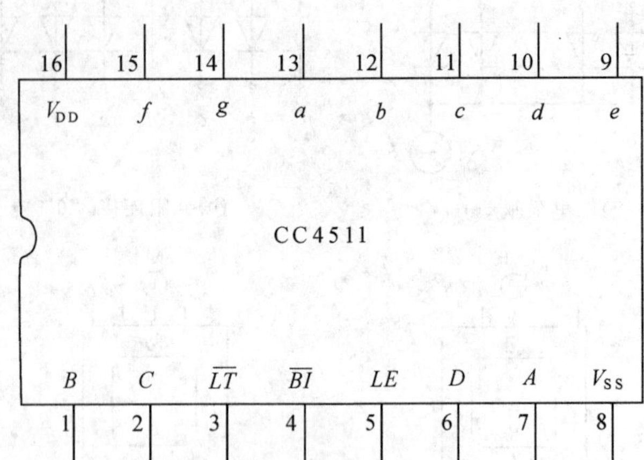

图 3-6-6 CC4511 引脚排列

表 3-6-2 CC4511 的功能表

输入							输出							
LE	$\overline{BI}$	$\overline{LT}$	D	C	B	A	a	b	c	d	e	f	g	显示字形
×	×	0	×	×	×	×	1	1	1	1	1	1	1	8
×	0	1	×	×	×	×	0	0	0	0	0	0	0	消隐
0	1	1	0	0	0	0	1	1	1	1	1	1	0	0
0	1	1	0	0	0	1	0	1	1	0	0	0	0	1
0	1	1	0	0	1	0	1	1	0	1	1	0	1	2
0	1	1	0	0	1	1	1	1	1	1	0	0	1	3
0	1	1	0	1	0	0	0	1	1	0	0	1	1	4
0	1	1	0	1	0	1	1	0	1	1	0	1	1	5
0	1	1	0	1	1	0	0	0	1	1	1	1	1	6
0	1	1	0	1	1	1	1	1	1	0	0	0	0	7
0	1	1	1	0	0	0	1	1	1	1	1	1	1	8
0	1	1	1	0	0	1	1	1	1	0	0	1	1	9
0	1	1	1	0	1	0	0	0	0	0	0	0	0	消隐
0	1	1	1	0	1	1	0	0	0	0	0	0	0	消隐
0	1	1	1	1	0	0	0	0	0	0	0	0	0	消隐
0	1	1	1	1	0	1	0	0	0	0	0	0	0	消隐
0	1	1	1	1	1	0	0	0	0	0	0	0	0	消隐
0	1	1	1	1	1	1	0	0	0	0	0	0	0	消隐
1	1	1	×	×	×	×	锁存							锁存

完成译码器 CC4511 和数码管 BS202 之间的连接，测试时，只要接通＋5V 电源和将十进制数的 BCD 码接至译码器的相应输入端 A、B、C、D 即可显示 0～9 的数字。四位数码管可接受四组 BCD 码输入。CC4511 与 LED 数码管的连接如图 3-6-7 所示。

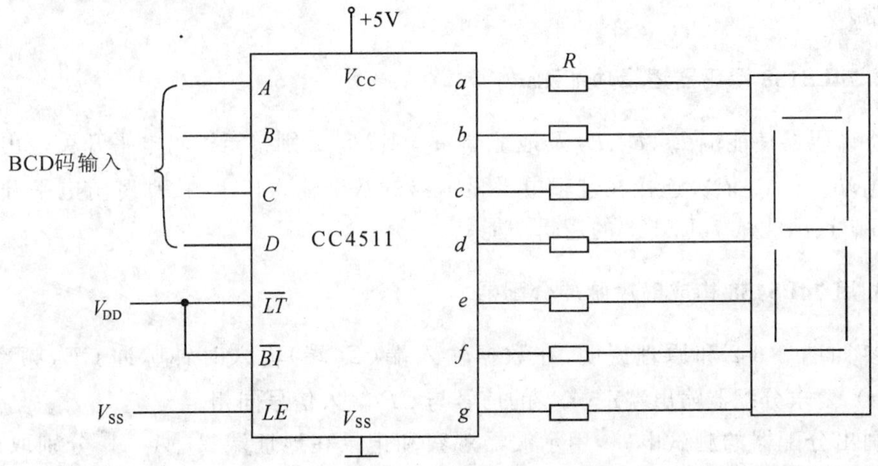

图 3-6-7　CC4511 驱动一位 LED 数码管

三、所需仪器设备及器件清单

名　称	数　量	说　明
＋5V 直流电源	1	
双踪示波器	1	
连续脉冲源	1	
逻辑电平开关	6	
逻辑电平显示器	8	
拨码开关组	1	
共阴 LED 显示器	1	
74LS138	2	3 线/8 线译码器
CC4511	1	BCD 码锁存/七段译码/驱动器

四、实训内容

1. 数据拨码开关的使用

将拨码开关的输出 A、B、C、D 分别接至显示译码/驱动器 CC4511 的对应输入口，

LE、$\overline{BI}$、$\overline{LT}$接至三个逻辑开关的输出插口，接上+5V显示器的电源，然后按功能表3-6-2输入的要求揿动数码的增减键（“+”与“−”键）和操作与LE、$\overline{BI}$、$\overline{LT}$对应的三个逻辑开关，观测拨码盘上的数与LED数码管显示的对应数字是否一致，以及译码显示是否正常。

2. 74LS138译码器逻辑功能测试

将译码器使能端E_0、E_1、E_2及地址端A_2、A_1、A_0分别接至逻辑电平开关输出口，八个输出端$\overline{Y}_7 \cdots \overline{Y}_0$依次连接在逻辑电平显示器的八个输入口上，拨动逻辑电平开关，按表3-6-1逐项测试74LS138的逻辑功能。

3. 用74LS138构成时序脉冲分配器

参照图3-6-2和原理说明，在数据输入端（E_0端）输入时钟脉冲CP（频率约为10kHz），要求分配器输出端$\overline{Y}_0 \cdots \overline{Y}_7$的信号与$CP$输入信号同相。

画出分配器的测试电路，用示波器观察和记录在地址端A_2、A_1、A_0分别取000～111八种不同状态时$\overline{Y}_0 \cdots \overline{Y}_7$端的输出波形，注意输出波形与$CP$输入波形之间的相位关系。

4. 74LS138的扩展

用两片74LS138组合成一个4线/16线译码器，并进行测试

五、问　题

1. 何为译码？何为编码？
2. 总结74LS138的应用；使用时应注意哪些事项？

六、报告内容重点

1. 画出测试线路，把观察到的波形画在坐标纸上，并标上对应的地址码。
2. 对测试结果进行分析、讨论。
3. 回答问题。
4. 报告格式详见范例（附录一）。

项目 3-7　数据选择器及其应用

一、实训目的

1. 了解数据选择器的测试和应用。
2. 学习用数据选择器构成逻辑函数发生器的方法。
3. 进一步掌握用中规模数字集成电路组成组合逻辑电路的方法。

二、原理简介

数据选择器又叫“多路开关”。数据选择器在地址码(或叫选择控制)电位的控制下，从几个输入数据中选择一个并将其送到一个公共的输出端。数据选择器的功能类似一个多掷开关，如图 3-7-1 所示，图中有四路数据 $D_0 \sim D_3$，通过选择控制信号 A_1、A_0(地址码)从四路数据中选中某一路数据送至输出端 Q。

数据选择器为目前逻辑设计中应用十分广泛的逻辑部件，它有 2 选 1、4 选 1、8 选 1、16 选 1 等类别。

1. 八选一数据选择器 74LS151

74LS151 为互补输出的 8 选 1 数据选择器，引脚排列如图 3-7-2 所示，功能如表 3-7-1 所示。

选择控制端(地址端)为 $A_2 \sim A_0$，按二进制译码，从 8 个输入数据 $D_0 \sim D_7$ 中，选择

数据输入
D0
D1
D2
D3
Q
输出
A0
A1
地址码

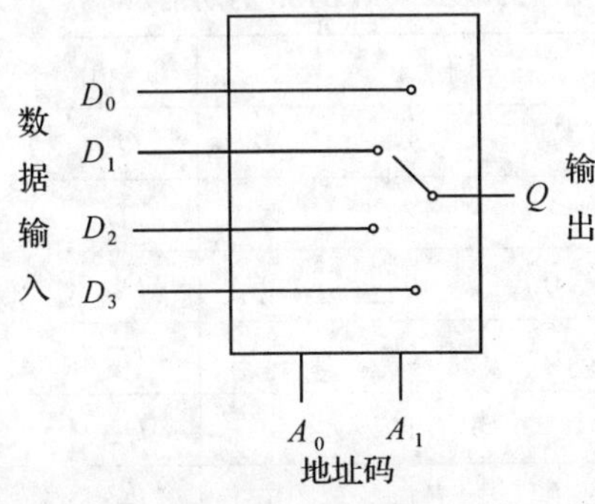

图 3-7-1　4 选 1 数据选择器示意图

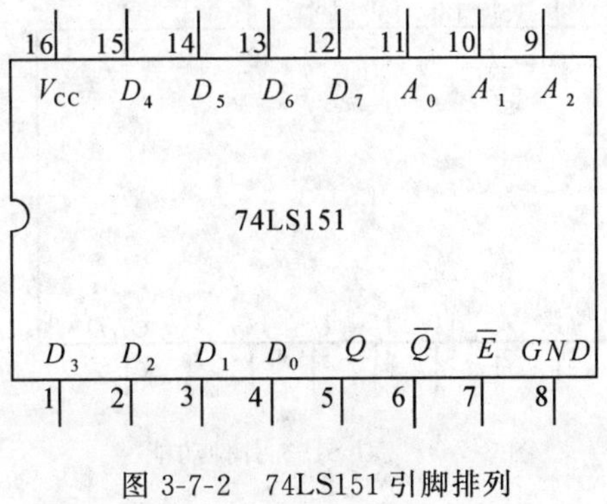

16 15 14 13 12 11 10 9
VCC D4 D5 D6 D7 A0 A1 A2
74LS151
D3 D2 D1 D0 Q Q̄ Ē GND
1 2 3 4 5 6 7 8

图 3-7-2　74LS151 引脚排列

一个需要的数据送到输出端 Q;$\overline{E}$为使能端,低电平有效。

3-7-1 74LS151 的功能表

输入				输出	
$\overline{E}$	A_2	A_1	A_0	Q	$\overline{Q}$
1	×	×	×	0	1
0	0	0	0	D_0	$\overline{D_0}$
0	0	0	1	D_1	$\overline{D_1}$
0	0	1	0	D_2	$\overline{D_2}$
0	0	1	1	D_3	$\overline{D_3}$
0	1	0	0	D_4	$\overline{D_4}$
0	1	0	1	D_5	$\overline{D_5}$
0	1	1	0	D_6	$\overline{D_6}$
0	1	1	1	D_7	$\overline{D_7}$

(1) 使能端$\overline{E}=1$时,不论 $A_2 \sim A_0$ 状态如何,均无输出($Q=0,\overline{Q}=1$),多路开关被禁止。

(2) 使能端$\overline{E}=0$时,多路开关正常工作,根据地址码 A_2、A_1、A_0 的状态选择 $D_0 \sim D_7$ 中某一个通道的数据输送到输出端 Q。

如:$A_2A_1A_0=000$,则选择数据 D_0 到输出端,即 $Q=D_0$。

如:$A_2A_1A_0=001$,则选择数据 D_1 到输出端,即 $Q=D_1$。

其余类推。

2. 双四选一数据选择器 74LS153

所谓双 4 选 1 数据选择器,就是在一块集成芯片上有两个 4 选 1 数据选择器,引脚排列如图 3-7-3 所示,功能如表 3-7-2 所示。

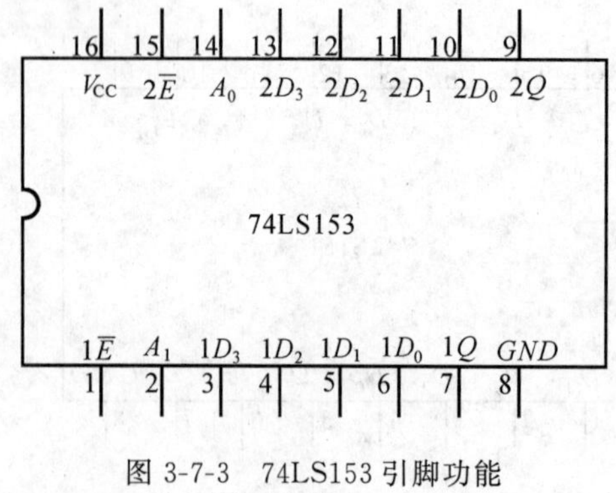

图 3-7-3 74LS153 引脚功能

表 3-7-2 74LS153 的功能表

输入			输出
$\overline{E}$	A_1	A_0	Q
1	×	×	0
0	0	0	D_0
0	0	1	D_1
0	1	0	D_2
0	1	1	D_3

$1\overline{E}$、$2\overline{E}$为两个独立的使能端；A_1、A_0 为公用的地址输入端；$1D_0$～$1D_3$ 和 $2D_0$～$2D_3$ 分别为两个 4 选 1 数据选择器的数据输入端；$1Q$、$2Q$ 为两个输出端。

(1)当使能端$1\overline{E}(2\overline{E})=1$ 时，多路开关被禁止，无输出，$Q=0$。

(2)当使能端$1\overline{E}(2\overline{E})=0$ 时，多路开关正常工作，根据地址码 A_1、A_0 的状态，将相应的数据 D_0～D_3 送到输出端 Q。

如：$A_1A_0=00$，则选择 D_0 数据到输出端，即 $Q=D_0$。

如：$A_1A_0=01$，则选择 D_1 数据到输出端，即 $Q=D_1$。

其余类推。

3. 数据选择器的应用——实现逻辑函数

例 1　用 8 选 1 数据选择器 74LS151 实现函数

$$F=A\overline{B}+\overline{A}C+B\overline{C}$$

解　采用 8 选 1 数据选择器 74LS151 可实现任意三输入变量的组合逻辑函数。

作出函数 F 的真值表，如表 3-7-3 所示，将函数 F 真值表与 8 选 1 数据选择器的功能表相比较，可知：(1)将输入变量 C、B、A 作为 8 选 1 数据选择器的地址码 A_2、A_1、A_0。(2)使 8 选 1 数据选择器的各数据输入 D_0～D_7 分别与函数 F 的输出值一一对应。

将函数 F 写成最小项表达式：

$$F=\overline{C}\,\overline{B}A+\overline{C}B\overline{A}+\overline{C}BA+C\overline{B}\,\overline{A}+C\overline{B}A+CB\overline{A}$$

由于 74LS151 的 $A_2A_1A_0=CBA$，并使

$$D_0=D_7=0$$

$$D_1=D_2=D_3=D_4=D_5=D_6=1$$

所以 8 选 1 数据选择器的输出 Q 便实现了函数 $F=A\overline{B}+\overline{A}C+B\overline{C}$。

接线图如图 3-7-4 所示。

表 3-7-3　例 1 的真值表

输　入			输　出
C	B	A	F
0	0	0	0
0	0	1	1
0	1	0	1
0	1	1	1
1	0	0	1
1	0	1	1
1	1	0	1
1	1	1	0

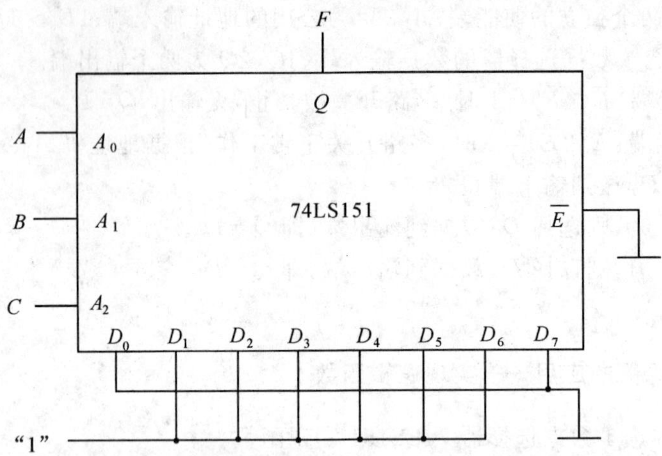

图 3-7-4　用 8 选 1 数据选择器实现 $F=A\overline{B}+\overline{A}C+B\overline{C}$

显然,采用具有 n 个地址端的数据选择器实现 n 变量的逻辑函数时,应将逻辑函数的输入变量加到数据选择器的地址端(A),选择器的数据输入端(D)按次序以函数 F 表达式来赋值。

例 2　用 4 选 1 数据选择器 74LS153 实现函数

$$F=\overline{A}BC+A\overline{B}C+AB\overline{C}+ABC$$

解法 1　函数 F 的真值表如表 3-7-4 所示。

函数 F 有三个输入变量 A、B、C,而数据选择器有两个地址端 A_1、A_0,少于函数输入变量个数,在设计时可任选 A 接 A_1,B 接 A_0。将函数真值表改画成表 3-7-5 形式,可见,当输入变量 A、B、C 中 A、B 接选择器的地址端 A_1、A_0,由表 3-7-5 不难看出:

$$D_0=0,\ D_1=D_2=C,\ D_3=1$$

则 4 选 1 数据选择器的输出,便实现了函数 $F=\overline{A}BC+A\overline{B}C+AB\overline{C}+ABC$ 的逻辑功能,接线图如图 3-7-5 所示。

表 3-7-4　例 2 的真值表 1

输入			输出
A	B	C	F
0	0	0	0
0	0	1	0
0	1	0	0
0	1	1	1
1	0	0	0
1	0	1	1
1	1	0	1
1	1	1	1

表 3-7-5　例 2 的真值表 2

输入			输出	中选数据端
A	B	C	F	
0	0	0 1	0 0	$D_0=0$
0	1	0 1	0 1	$D_1=C$
1	0	0 1	0 1	$D_2=C$
1	1	0 1	1 1	$D_3=1$

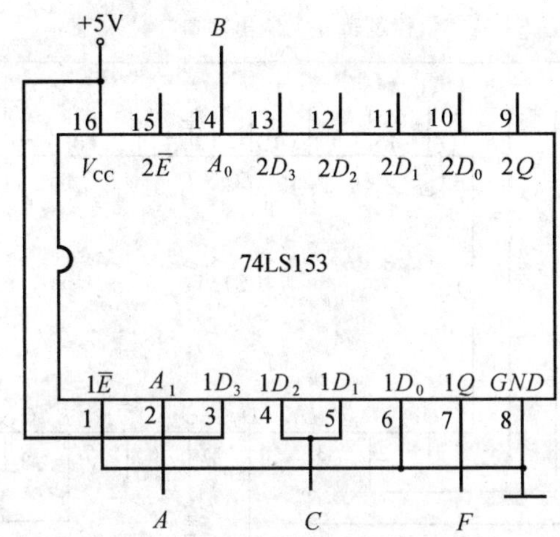

图 3-7-5 用 4 选 1 数据选择器实现
$F=\overline{A}BC+A\overline{B}C+AB\overline{C}+ABC$

解法 2 因为 $F=\overline{A}BC+A\overline{B}C+AB\overline{C}+ABC$

$$=\overline{A}B\cdot C+A\overline{B}\cdot C+AB\cdot 1$$

而 4 选 1 数据选择器的输出 $Q=\overline{A}_1\overline{A}_0D_0+\overline{A}_1A_0D_1+A_1\overline{A}_0D_2+A_1A_0D_3$

当 $A_1=A, A_0=B$ 时，$Q=\overline{A}\,\overline{B}\cdot D_0+\overline{A}B\cdot D_1+A\overline{B}\cdot D_2+AB\cdot D_3$

比较 F 和 Q 的表达式可知：$D_0=0, D_1=C, D_2=C, D_3=1$。

当函数输入变量数大于数据选择器地址端(A)个数时，可随着选用函数输入变量作地址的方案不同，而使其设计结果不同。

三、所需仪器设备及器件清单

名 称	数 量	说 明
+5V 直流电源	1	
逻辑电平开关	12	
逻辑电平显示器	1	
74LS151	1	8 选 1 数据选择器，可用 CC4512 代替
74LS153	1	双 4 选 1 数据选择器，可用 CC4539 代替

四、测试内容

1. 测试数据选择器 74LS151 的逻辑功能

按图 3-7-6 接线，地址端 $A_2\sim A_0$、数据端 $D_0\sim D_7$、使能端 $\overline{E}$ 接逻辑电平开关，输出端 Q 接逻辑电平显示器，按 74LS151 功能表逐项进行测试，记录测试结果。

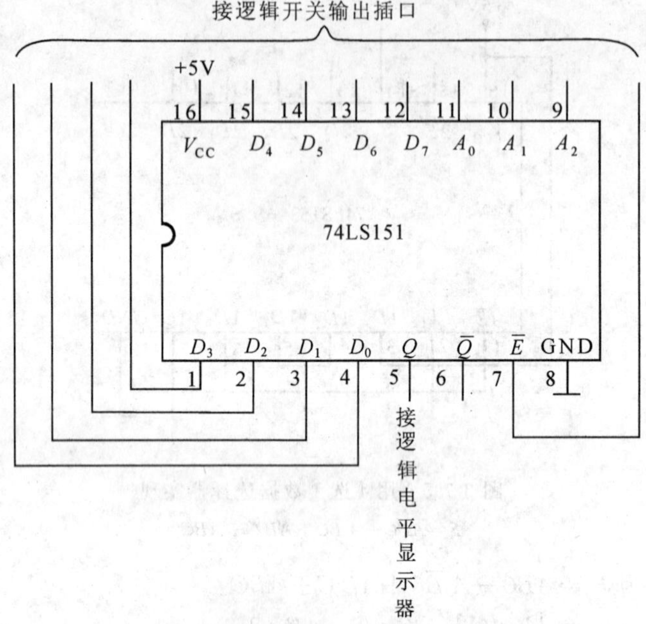

图 3-7-6 74LS151 逻辑功能测试

2. 用 8 选 1 数据选择器 74LS151 设计三输入多数表决电路

写出设计过程；画出接线图；验证逻辑功能。

3. 74LS153 的应用

用双 4 选 1 数据选择器 74LS153 实现逻辑函数 $F=\overline{A}\ \overline{B}C+\overline{A}B\ \overline{C}+A\ \overline{B}\ \overline{C}+ABC$。写出设计过程；画出接线图；验证逻辑功能。

五、问　题

1. 写出 74LS151 和 74LS153 的输出表达式。

2. 总结 74LS151 的应用。

六、报告内容重点

1. 用数据选择器对测试内容进行设计，写出设计全过程，画出接线图；总结设计和测试的收获、体会。

2. 回答问题。

3. 报告格式详见范例(附录一)。

项目 3-8　报警电路(优先编码器的应用)

一、实训目的

1. 熟悉优先编码器的逻辑功能;
2. 进一步掌握中规模数字集成电路的应用。

二、原理简介

利用优先编码器 CD4532 和七段译码驱动器 CD4511 实现的报警指示电路如图 3-8-1所示,图中 SW-DIP8 可用 8 条导线代替,$R_2 \sim R_9$ 均为 10kΩ 电阻,$R_{10} \sim R_{16}$ 为 510Ω 电阻。工作原理请自行分析。

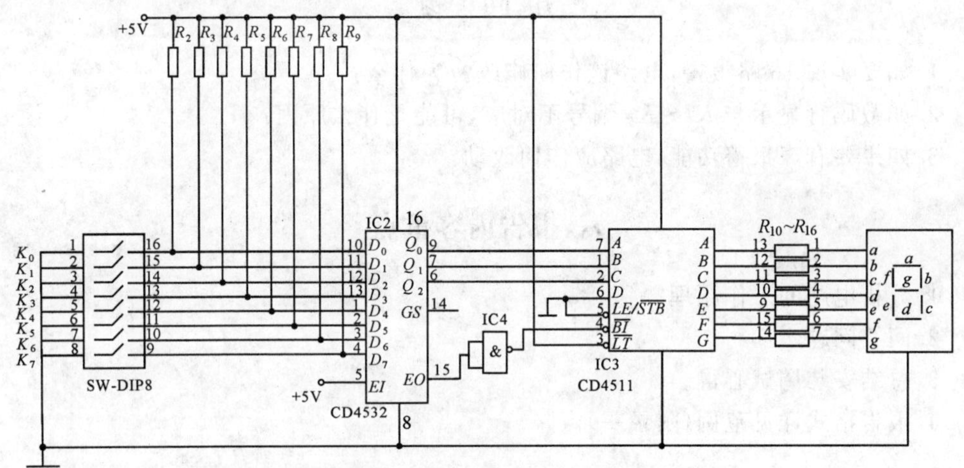

图 3-8-1　报警电路电原理图

三、所需仪器设备及器件清单

名　称	数　量	说　明
+5V 直流电源	1	
数字万用表	1	
CD4532	1	优先编码器
CD4511	1	七段译码驱动器
CD4011	1	四2输入与非门
电　阻	10k×8,510Ω×7	
数码管	1	共阴 LED

四、测试内容

1. 按图接线。
2. 操作 $K_0 \sim K_7$,观察数码管显示情况。

五、问　题

1. 如要实现16路报警,电路该作何修改?为什么?
2. 如数码管显示与 $K_0 \sim K_7$ 编号不对应,可能是什么原因?
3. 如果要有声报警功能,电路应作何改动?

六、报告内容重点

1. 分析电路的工作原理。
2. 回答问题。
3. 总结安装调试心得。
4. 报告格式详见范例(附录一)。

项目 3-9 触发器功能测试及应用研究

一、实训目的

1. 熟悉基本 RS、JK、D 和 T 触发器的逻辑功能。

2. 了解常用集成触发器的逻辑功能及使用方法。

3. 熟悉触发器之间相互转换的方法。

二、原理简介

双稳态触发器具有两个稳定状态“1”和“0”，在一定的外界信号作用下，可以从一个稳定状态翻转到另一个稳定状态，它是一个具有记忆功能的二进制信息存贮器件，是构成各种时序逻辑电路的最基本逻辑单元。

1. 基本 RS 触发器

图 3-9-1 为由两个与非门交叉耦合构成的基本 RS 触发器，由低电平直接触发，具有置“0”、置“1”和“保持”三种功能。通常称$\overline{S}$为置“1”端，因为$\overline{S}=0(\overline{R}=1)$时触发器被置“1”；$\overline{R}$为置“0”端，因为$\overline{R}=0(\overline{S}=1)$时触发器被置“0”，当$\overline{S}=\overline{R}=1$时状态保持；$\overline{S}=\overline{R}=0$时，$Q$和$\overline{Q}$均为 1，但当$\overline{R}$和$\overline{S}$的“0”电平同时消失时，触发器状态不定。表 3-9-1 为基本 RS 触发器的功能表。

基本 RS 触发器也可以用两个“或非门”组成，此时为高电平触发有效。

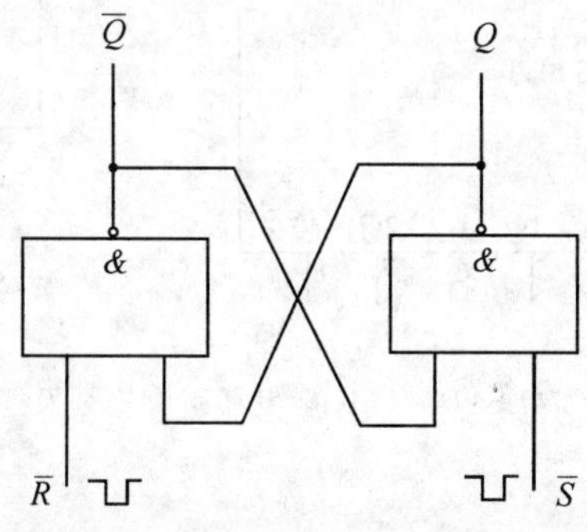

图 3-9-1 基本 RS 触发器

表 3-9-1　基本 RS-FF 的功能表

输　入		输　出	
$\overline{S}$	$\overline{R}$	Q^{n+1}	$\overline{Q^{n+1}}$
0	1	1	0
1	0	0	1
1	1	Q^n	$\overline{Q^n}$
0	0	ϕ	ϕ

2. JK 触发器

JK 触发器是常用双稳态触发器中功能完善、使用灵活和通用性较强的一种触发器。74LS112 双 JK 触发器是下降沿触发的边沿触发器。引脚功能及逻辑符号如图 3-9-2 所示，功能表见表 3-9-2 所示。

JK 触发器的状态方程为

$$Q^{n+1}=J\,\overline{Q^n}+\overline{K}Q^n$$

J 和 K 是触发输入端，是触发器状态更新的依据，若 J、K 有两个或两个以上输入端时，组成“与”的关系。Q 和$\overline{Q}$为两个互补输出端。通常把 $Q=0$、$\overline{Q}=1$ 的状态定为触发器“0”状态；而把 $Q=1$，$\overline{Q}=0$ 定为“1”状态。

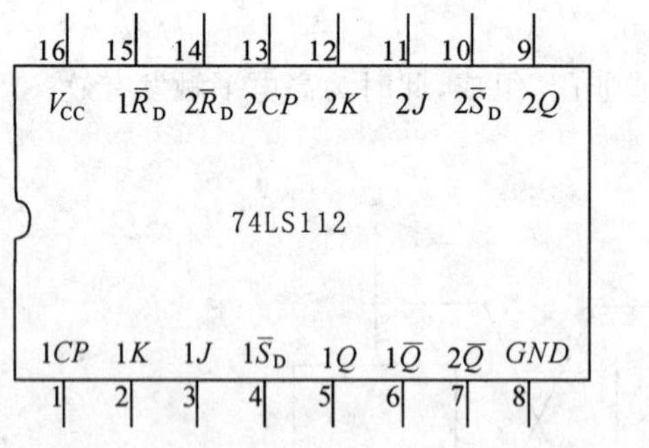

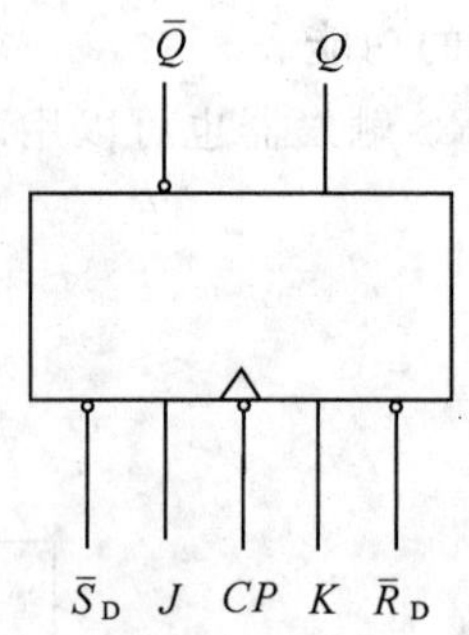

图 3-9-2　74LS112 双 JK 触发器引脚排列及逻辑符号

表 3-9-2 74LS112 的功能表

输入					输出	
$\overline{S}_D$	$\overline{R}_D$	CP	J	K	Q^{n+1}	$\overline{Q^{n+1}}$
0	1	×	×	×	1	0
1	0	×	×	×	0	1
0	0	×	×	×	ϕ	ϕ
1	1	↓	0	0	Q^n	$\overline{Q}^n$
1	1	↓	1	0	1	0
1	1	↓	0	1	0	1
1	1	↓	1	1	$\overline{Q}^n$	Q^n
1	1	1	×	×	Q^n	$\overline{Q}^n$

JK 触发器常被用于缓冲存储器、移位寄存器和计数器。

3. D 触发器

D 触发器的状态方程为 $Q^{n+1}=D^n$，触发器的状态只取决于时钟到来前 D 端的状态。D 触发器的应用很广，可用作数字信号的寄存、分频和波形发生等。有很多种型号可供各种用途的需要选用。如双 D 触发器 74LS74、四 D 触发器 74LS175、六 D 触发器 74LS174 等。

图 3-9-3 为双 D 触发器 74LS74 的引脚排列及逻辑符号，功能如表 3-9-3 所示。

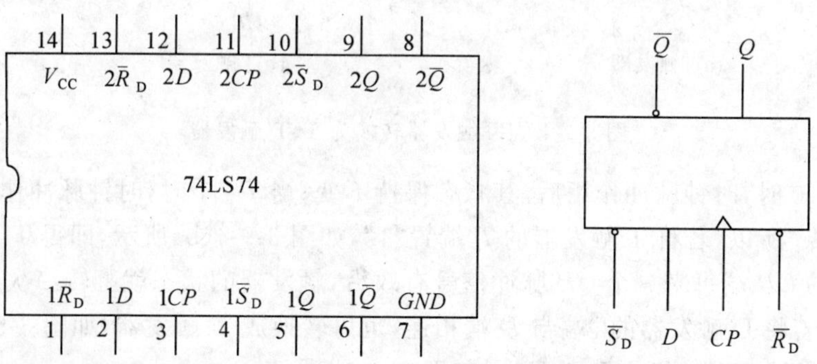

图 3-9-3 74LS74 引脚排列及逻辑符号

3-9-3 74LS74的功能表

输入				输出	
$\overline{S}_D$	$\overline{R}_D$	CP	D	Q^{n+1}	$\overline{Q^{n+1}}$
0	1	×	×	1	0
1	0	×	×	0	1
0	0	×	×	ϕ	ϕ
1	1	↑	1	1	0
1	1	↑	0	0	1
1	1	0	×	Q^n	$\overline{Q}^n$

4. 触发器之间的相互转换

在集成触发器的产品中，每一种触发器都有自己固定的逻辑功能。但可以利用转换的方法获得具有其他功能的触发器。例如，将JK触发器的J、K两端连在一起，并记它为T端，就得到所需的T触发器，如图3-9-4(a)所示，其状态方程为：$Q^{n+1}=T\overline{Q}^n+\overline{T}Q^n$。

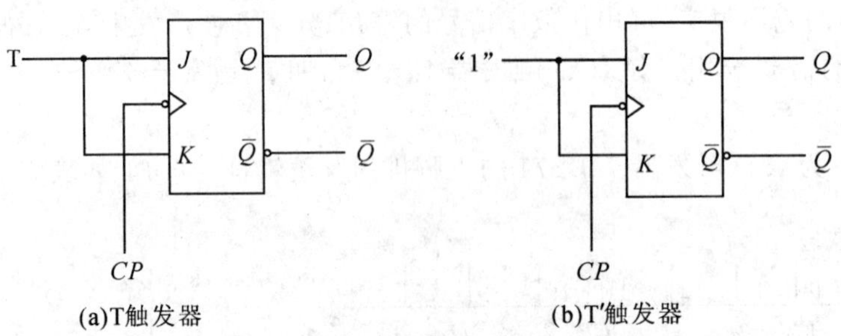

(a)T触发器 (b)T′触发器

图3-9-4 JK触发器转换为T、T′触发器

当$T=0$时，时钟脉冲作用后，其状态保持不变；当$T=1$时，时钟脉冲作用后，触发器状态翻转。所以，若将T触发器的T端置"1"，如图3-9-4(b)所示，即得T′触发器。在T′触发器的CP端每来一个CP脉冲信号有效沿，触发器的状态就翻转一次。

同样，若将D触发器的$\overline{Q}$端与D端相连，也可转换成T′触发器，如图3-9-5所示。

JK触发器也可转换为D触发器，如图3-9-6所示。

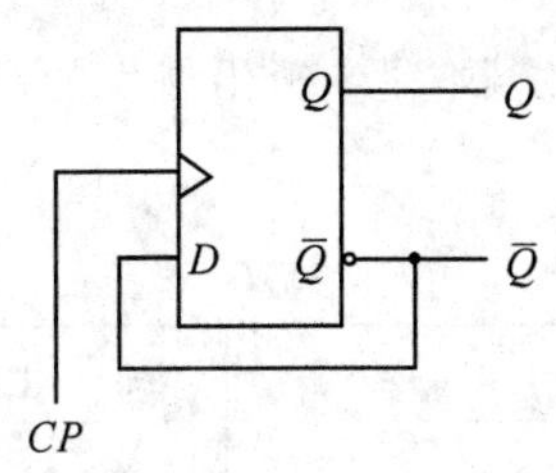

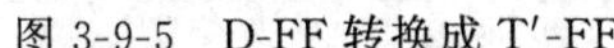

图 3-9-5　D-FF 转换成 T′-FF

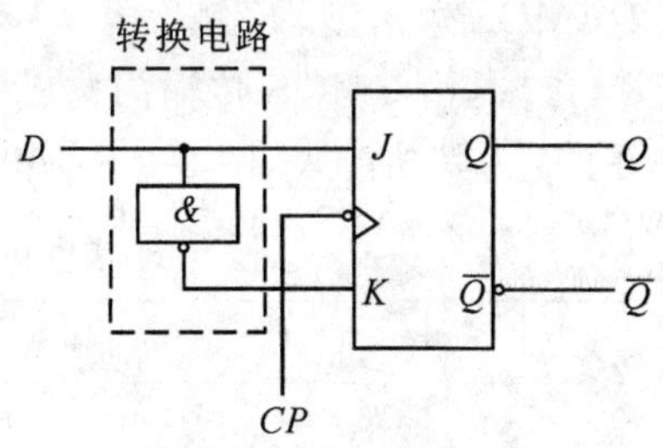

图 3-9-6　JK-FF 转换成 D-FF

5. CMOS 触发器

(1)CMOS 边沿型 D 触发器

CC4013 是由 CMOS 传输门构成的边沿型 D 触发器,它是上升沿触发的双 D 触发器,表 3-9-4 为其功能表,图 3-8-7 为其引脚排列。

表 3-9-4　CC4013 的功能表

输　入				输　出
S	R	CP	D	Q^{n+1}
1	0	×	×	1
0	1	×	×	0
1	1	×	×	ϕ
0	0	↑	1	1
0	0	↑	0	0
0	0	↓	×	Q^n

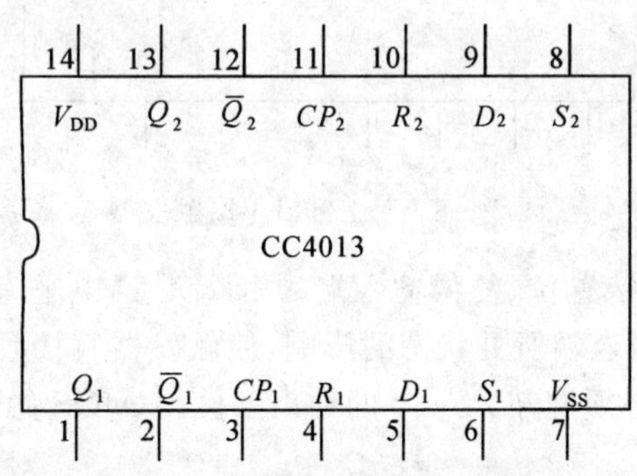

图 3-9-7　双上升沿 D 触发器

(2)CMOS 边沿型 JK 触发器

CC4027 是由 CMOS 传输门构成的边沿型 JK 触发器，是上升沿触发的双 JK 触发器，表 3-9-5 为其功能表，图 3-9-8 为其引脚排列。

表 3-9-5 CC4027 真值表

输入					输出
S	R	CP	J	K	Q^{n+1}
1	0	×	×	×	1
0	1	×	×	×	0
1	1	×	×	×	ϕ
0	0	↑	0	0	Q^n
0	0	↑	1	0	1
0	0	↑	0	1	0
0	0	↑	1	1	$\overline{Q}^n$
0	0	↓	×	×	Q^n

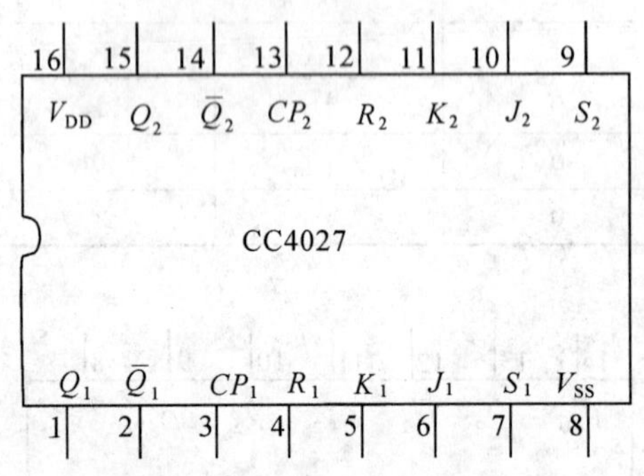

图 3-9-8 双上升沿 J-K 触发器

CMOS 触发器的直接置位、复位输入端 S 和 R 是高电平有效，当 $S=1$(或 $R=1$)时，触发器将不受其他输入端所处状态的影响，使触发器直接置 1(或置 0)。但直接置位、复位输入端 S 和 R 必须遵守 $RS=0$ 的约束条件。CMOS 触发器在按逻辑功能工作时，S 和 R 必须均为 0。

三、所需仪器设备及器件清单

名 称	数 量	说 明
+5V 直流电源	1	
双踪示波器	1	
连续脉冲源	1	
单次脉冲源	1	
逻辑电平开关	4	
逻辑电平显示器	2	
74LS112	1	带预置清除负触发双 JK 触发器,可用 CC4027 代替
74LS00	1	2 输入四与非门,可用 CC4011 代替
74LS74	1	D 触发器,可用 CC4013 代替

四、测试内容

1. 测试基本 RS 触发器的逻辑功能

参见图 3-9-1,用两个与非门组成基本 RS 触发器,输入端$\overline{R}$、$\overline{S}$接逻辑电平开关的输出插口,输出端 Q、$\overline{Q}$接逻辑电平显示输入插口,按表 3-9-6 要求测试,记录测试结果。

表 3-9-6 基本 RS-FF 功能测试表

$\overline{R}$	$\overline{S}$	Q	$\overline{Q}$
1	1→0		
	0→1		
1→0	1		
0→1			
0	0		

2. 测试双 JK 触发器 74LS112 的逻辑功能

(1) 测试$\overline{R}_D$、$\overline{S}_D$ 的复位、置位功能

任取一只 JK 触发器,$\overline{R}_D$、$\overline{S}_D$、J、K 端接逻辑电平开关输出插口,CP 端接单次脉冲源,Q、$\overline{Q}$端接至逻辑电平显示输入插口。要求改变$\overline{R}_D$、$\overline{S}_D$(J、K、CP 处于任意状态),并在$\overline{R}_D=0$($\overline{S}_D=1$)或$\overline{S}_D=0$($\overline{R}_D=1$)作用期间任意改变 J、K 及 CP 的状态,观察 Q、$\overline{Q}$状态。自拟表格并记录之。

(2) 测试 JK 触发器的逻辑功能

按表 3-9-7 的要求，使$\overline{R}_D=\overline{S}_D=1$，改变 J、K、CP 端状态，观察 Q、$\overline{Q}$状态变化，观察触发器状态更新是否发生在 CP 脉冲的下降沿(即 CP 由 1→0)，记录之。

(3) 将 JK 触发器的 J、K 端连在一起，构成 T 触发器，并使 $T=1$。

在 CP 端输入 1Hz 连续脉冲，观察 Q 端的变化情况。

在 CP 端输入 1kHz 连续脉冲，用双踪示波器观察 CP、Q、$\overline{Q}$端波形，注意相位关系，描绘之。

表 3-9-7

J	K	CP	Q^{n+1}	
			$Q^n=0$	$Q^n=1$
0	0	0→1		
		1→0		
0	1	0→1		
		1→0		
1	0	0→1		
		1→0		
1	1	0→1		
		1→0		

3. 测试双 D 触发器 74LS74 的逻辑功能

(1) 测试$\overline{R}_D$、$\overline{S}_D$ 的复位、置位功能

测试方法同测试内容 2.(1)，自拟表格记录。

(2) 测试 D 触发器的逻辑功能

按表 3-9-8 要求进行测试($\overline{R}_D=\overline{S}_D=1$)，并观察触发器状态更新是否发生在 CP 脉冲的上升沿(即由 0→1)，记录之。

表 3-9-8

D	CP	Q^{n+1}	
		$Q^n=0$	$Q^n=1$
0	0→1		
	1→0		
1	0→1		
	1→0		

(3) 将 D 触发器的$\overline{Q}$端与 D 端相连接，构成 T′ 触发器。

测试方法同测试内容 2.(3)，记录之。

4. 双相时钟脉冲电路

用 JK 触发器及与非门构成的双相时钟脉冲电路如图 3-9-9 所示，此电路可将时钟脉冲 CP 转换成两相时钟脉冲 CP_A 及 CP_B，CP_A 和 CP_B 的频率相同、相位不同。

分析电路工作原理，并按图 3-9-9 接线，用双踪示波器同时观察 CP、CP_A，CP、CP_B，CP_A、CP_B 波形，并描绘之。

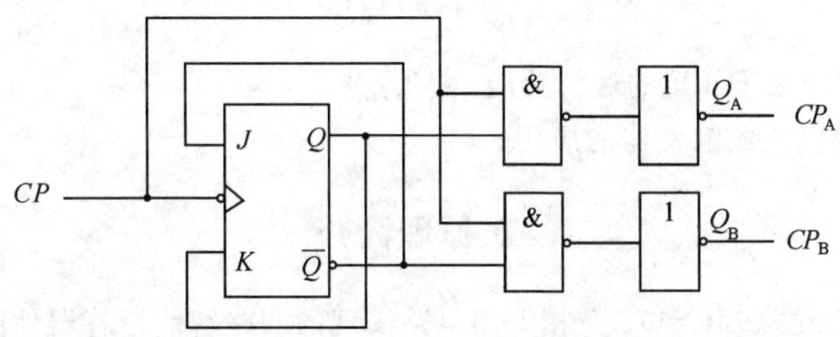

图 3-9-9　双相时钟脉冲电路

5. 乒乓球练习电路

电路功能要求：模拟两名运动员在练球时，乒乓球的往返运动。

提示：采用双 D 触发器 74LS74 设计电路，两个 CP 端触发脉冲分别由两名运动员操作，两触发器的输出状态用逻辑电平显示器显示。

五、问　题

利用普通机械开关组成的数据开关所产生的信号是否可作为触发器的时钟脉冲信号？为什么？是否可以用作触发器的其他输入端的信号？又是为什么？

六、报告内容重点

1. 列表整理各类触发器的逻辑功能。
2. 总结观察到的波形，说明触发器的触发方式。
3. 体会触发器的应用。
4. 回答问题。
5. 报告格式详见范例(附录一)。

项目 3-10　智能抢答器之一(D 触发器的应用)

一、实训目的

1. 熟悉边沿触发 D-FF 的逻辑功能;

2. 熟悉中规模集成触发器的应用。

二、原理简介

利用四 D 触发器 74LS175 及相关门电路实现的四路智能抢答器如图 3-10-1 所示,图中发光二极管 L_1、L_2、L_3、L_4 可用电平指示器代替。当发光二极管的工作压降较低时,可考虑在共用阴极与地之间串联一合适的限流电阻(如 330Ω),根据抢答器功能要求,四个发光二极管在同一时刻只有一个会发光,所以只需一个公用限流电阻就可保证各发光二极管的工作安全性。

工作原理请自行分析。

三、所需仪器设备及器件清单

名　称	数　量	说　明
+5V 直流电源	1	
数字万用表	1	
74LS175	1	四 D-FF
74LS20	1	双 4 输入与非门
74LS00	1	也可用 74LS20 代替
电　阻	5.1k×4,330Ω×1	
发光二极管	4	
开　关	4	也可用导线代替

四、测试内容

1. 按图接线。

2. 选择不同的 CP 频率,观察抢答器工作情况。

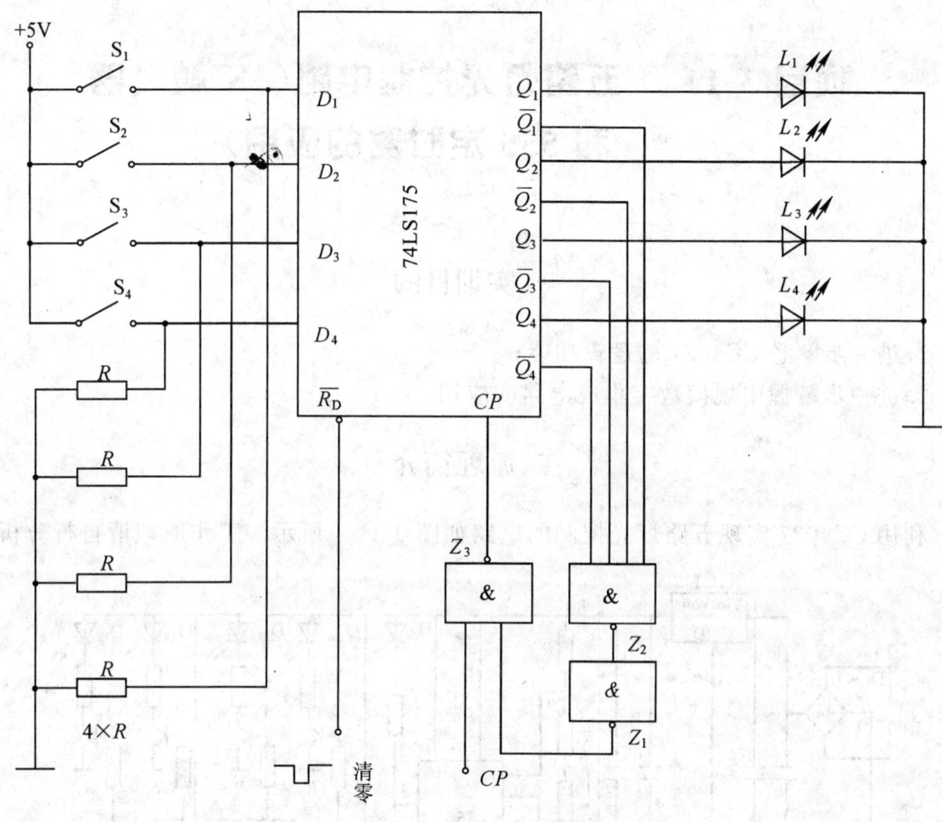

图 3-10-1 智能抢答器电原理图

五、问 题

1. 如要实现声音提示,电路应作何改变?

2. CP 频率不同时(如 1Hz 时或 1kHz 时),抢答器的工作有何不同?并分析原因。

六、报告内容重点

1. 分析电路的工作原理。

2. 回答问题。

3. 报告格式详见范例(附录一)。

项目 3-11　五路灯光控制电路(JK 触发器和 555 定时器的应用)

一、实训目的

1. 进一步熟悉 CC4027 的逻辑功能;
2. 进一步掌握中规模数字集成电路的应用。

二、原理简介

利用 CC4027 实现五路灯光控制的电路如图 3-11-1 所示。工作原理请自行分析。

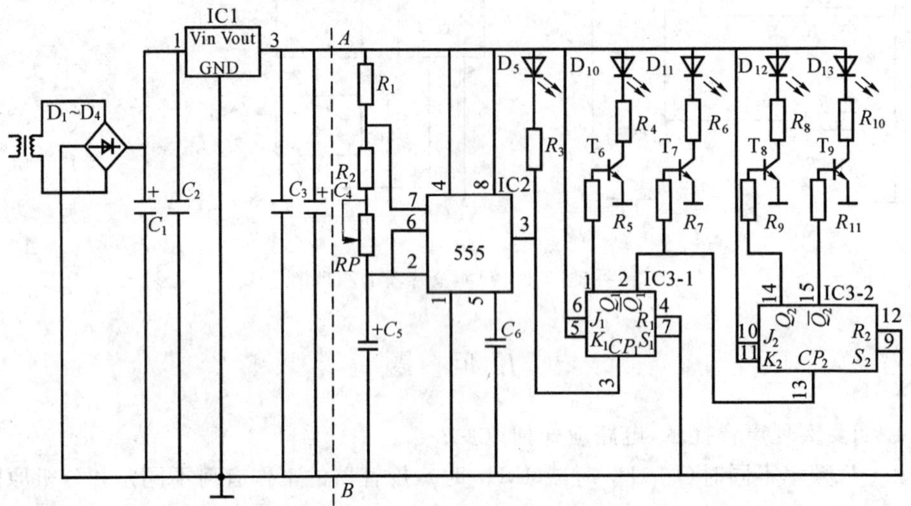

图 3-11-1　五路灯光控制电路

在图 3-11-1 中,$R_1=10\text{k}\Omega$,$R_2=5.1\text{k}\Omega$,$R_5=R_7=R_9=R_{11}=20\text{k}\Omega$,$R_3=R_4=R_6=R_8=R_{10}=1\text{k}\Omega$,$RP=200\text{k}\Omega$,$C_1=220\mu\text{F}/16\text{V}$,$C_2=0.47\mu\text{F}$,$C_3=0.33\mu\text{F}$,$C_4=100\mu\text{F}/16\text{V}$,$C_5=3.3\mu\text{F}/16\text{V}$,$C_6=0.01\mu\text{F}$,$D_1\sim D_4$:1N4001,$D_5$、$D_{10}\sim D_{13}$:发光二极管,$T_6\sim T_9$:9013,IC1:7806,IC2:555,IC3:CC4027。注:直流电源部分(图中 AB 虚线以左部分)也可利用现成的直流稳压电原。

三、所需仪器设备及器件清单

名　称	数　量	说　明
双踪示波器	1	
连续脉冲源	1	
NE555	1	
CC4027	1	
7806	1	
电　阻	10k×1,5.1k×1,20k×4,1k×5	
电位器	200k×1	
电　容	220μ×1,0.47μ×1,0.33μ×1, 100μ×1,3.3μ×1,0.01μ×1	耐压大于 25V
二极管	1N4001×4	
发光二极管	5	红 2,绿 3
三极管	4	9013

四、测试内容

1. 按图 3-11-1 所示电路接线。

2. 接通电源后,D_5、D_{10}、D_{11}、D_{12}、D_{13}应有规律地闪烁。用示波器观察 555 定时器输出端 3、CC4027 的 2 端、1 端、14 端和 15 端的波形,并记录。

五、问　题

1. 试分析五路灯光控制器的电原理。

2. 如果发光二极管 D_{10}不闪烁,请你拟出查故障的方案,并说明原理。

六、报告内容重点

1. 总结安装测试心得。

2. 解答问题。

3. 报告格式详见范例(附录一)。

项目 3-12　计数器及其应用

一、实训目的

1. 学习用集成触发器构成计数器的方法。

2. 了解中规模集成计数器的使用及功能测试方法。

3. 运用集成计数器构成 $1/N$ 分频器（N 进制计数器）。

二、原理简介

计数器是一个用以实现计数功能的时序部件，它不仅可用来累计脉冲数，还常用作数字系统的定时、分频等。

计数器种类很多，按构成计数器中的各触发器是否使用同一个时钟脉冲源来分，有同步计数器和异步计数器。根据计数制的不同，分为二进制计数器、十进制计数器和任意进制计数器。根据计数的增减趋势，又分为加法、减法和可逆计数器。还有可预置数和可编程序计数器等等。目前，无论是 TTL 还是 CMOS 集成电路，都有品种较齐全的中规模集成计数器。使用者只要借助于器件手册提供的功能表和工作波形图以及管脚排列，就能正确地运用这些器件。

1. 用 D 触发器构成异步二进制加/减计数器

图 3-12-1 是用四只 D 触发器构成的四位二进制异步加法计数器，它的连接特点是将每只 D 触发器接成 T′触发器，而低位触发器的 $\overline{Q}$ 端输出信号作为高位的 CP 信号。

若将图 3-12-1 稍加改动，即将低位触发器的 Q 端与高位的 CP 端相连接，即构成了一个 4 位二进制减法计数器。

2. 中规模十进制计数器

CC40192 是同步十进制可逆计数器，具有双时钟输入，并具有清零和置数等功能，其引脚排列及逻辑符号如图 3-12-2 所示。

图 3-12-2 中：$\overline{LD}$—置数控制端；CP_U—加计数脉冲输入端；CP_D—减计数脉冲输入端；$\overline{CO}$—进位输出端；$\overline{BO}$—借位输出端；D_0、D_1、D_2、D_3—预置数据输入端；Q_0、Q_1、Q_2、Q_3—计数输出端；R—清零端。

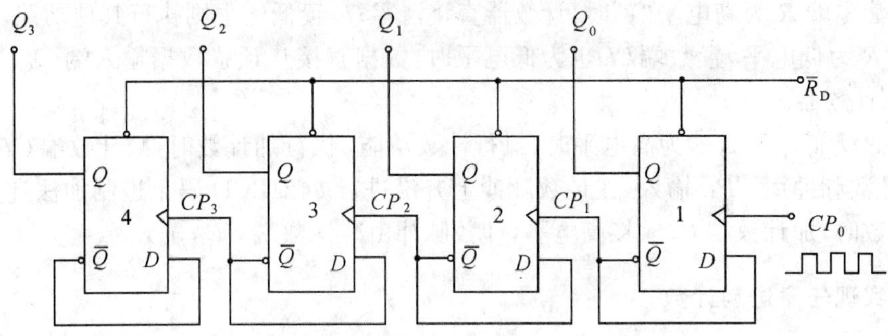

图 3-12-1 四位二进制异步加法计数器

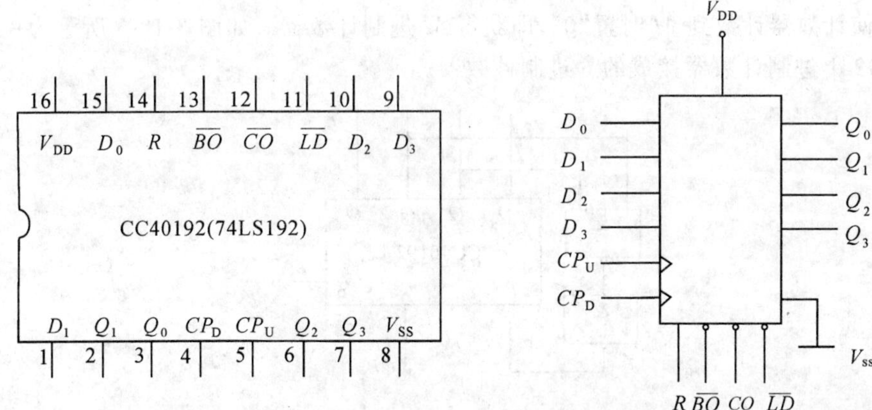

图 3-12-2 CC40192 引脚排列及逻辑符号

CC40192(同 74LS192,两者可互换使用)的功能如表 3-12-1,说明如下:

表 3-12-1 CC40192 的功能表

输入								输出			
R	$\overline{LD}$	CP_U	CP_D	D_3	D_2	D_1	D_0	Q_3	Q_2	Q_1	Q_0
1	×	×	×	×	×	×	×	0	0	0	0
0	0	×	×	d	c	b	a	d	c	b	a
0	1	↑	1	×	×	×	×	加计数			
0	1	1	↑	×	×	×	×	减计数			

当清零端 R 为高电平"1"时，计数器直接清零；R 置低电平则执行其他功能。

当 R 为低电平，置数端$\overline{LD}$也为低电平时，数据直接从预置数据输入端 D_0、D_1、D_2、D_3 置入计数器。

当 R 为低电平，$\overline{LD}$为高电平时，执行计数功能。执行加计数时，减计数端 CP_D 接高电平，计数脉冲由 CP_U 输入，在计数脉冲上升沿进行 8421BCD 码十进制加法计数。执行减计数时，加计数端 CP_U 接高电平，计数脉冲由减计数端 CP_D 输入。

3. 实现任意进制计数

(1) 用反馈归零法获得任意进制计数器

假定已有 N 进制计数器，而需要得到一个 M 进制计数器时，只要 $M<N$，用反馈归零法使计数器计数到 M 时置"0"，即获得 M 进制计数器。如图 3-12-3 所示为一个由 CC40192 十进制计数器接成的 6 进制计数器。

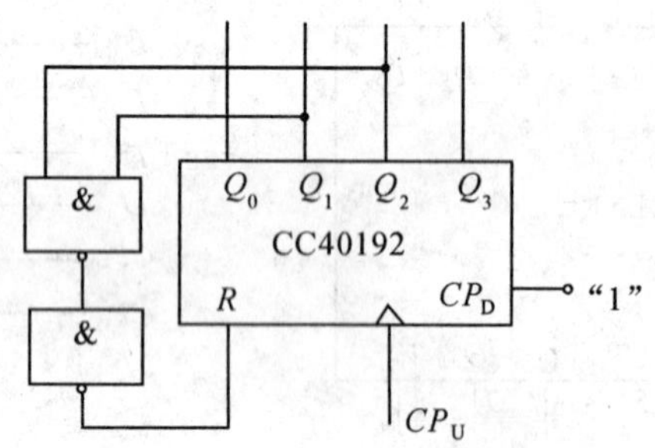

图 3-12-3 六进制计数器

(2) 利用反馈置数法获得 M 进制计数器

图 3-12-4 为用三个 CC40192 组成的 842 进制计数器。

外加的由与非门构成的 RS 触发器可以克服器件工作速度的不同而造成的可靠性问题，保证在反馈置数信号作用下计数器可靠置数。

图 3-12-5 是一个特殊 12 进制的计数器电路方案。在数字钟里，对时位的计数序列是 1、2、…11、12、1、…是 12 进制的，且无 0 这个数。当计数到 13 时，通过与非门产生一个复位信号，使 CC40192(2)〔时十位〕直接置成 0000，而 CC40192(1)，即时的个位直接置成 0001，从而实现了 1～12 计数。

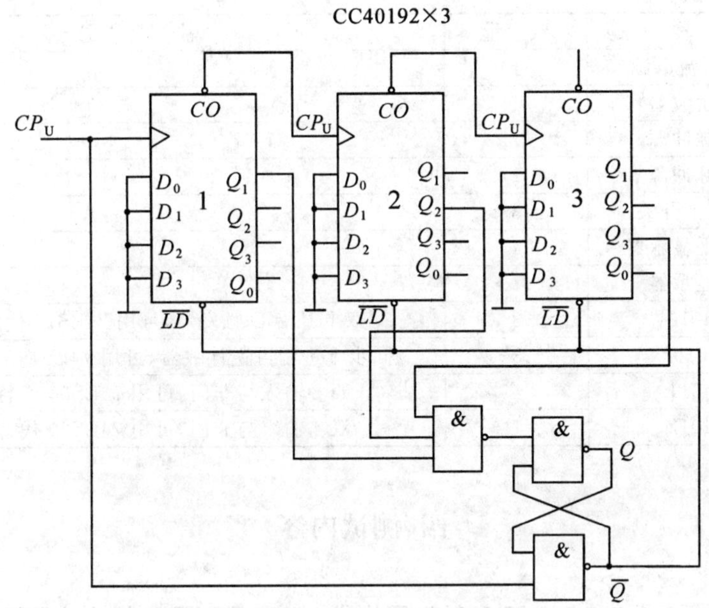

图 3-12-4 842 进制计数器

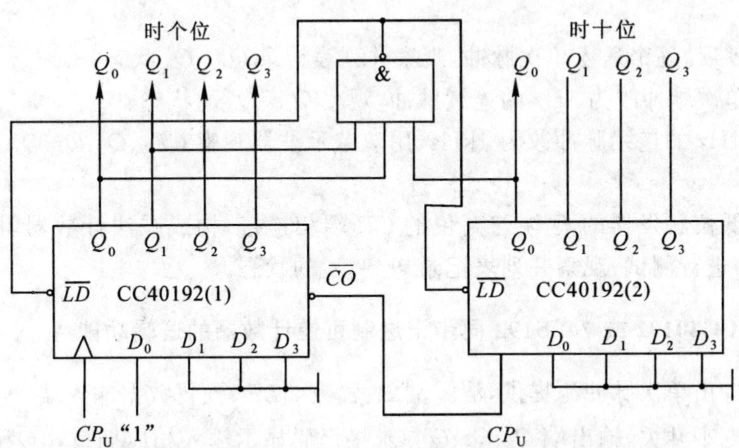

图 3-12-5 特殊 12 进制计数器

三、所需仪器设备及器件清单

名　称	数　量	说　明
+5V 直流电源	1	
双踪示波器	1	
连续脉冲源	1	
单次脉冲源	1	
逻辑电平开关	8	
逻辑电平显示器	4	
译码显示器	1	
CC4013	2	双上升沿 D 触发器，可用 74LS74 代替
CC40192	3	同步十进制可逆计数器，可用 74LS192 代替
CC4011	1	四 2 输入与非门，可用 74LS00 代替
CC4012	1	双 4 输入与非门，可用 74LS20 代替

四、测试内容

1. 用 CC4013 或 74LS74 双 D 触发器构成 3 位二进制异步加法计数器

(1) 参考图 3-12-1 接线，$\overline{R}_D$ 接至逻辑电平开关输出插口，将低位时钟脉冲输入 CP_0 端接单次脉冲源，输出端 Q_3、Q_2、Q_1、Q_0 接逻辑电平显示输入插口，各$\overline{S}_D$ 接高电平"1"。

(2) 清零后，逐个送入单次脉冲，观察并列表记录 $Q_3 \sim Q_0$ 状态。

(3) 将单次脉冲改为 1Hz 的连续脉冲，观察 $Q_3 \sim Q_0$ 的状态。

(4) 将 1Hz 的连续脉冲改为 1kHz，用双踪示波器观察 CP_0、Q_3、Q_2、Q_1、Q_0 端波形，描绘之。

(5) 将低位触发器的 Q 端与高位的 CP 端相连接，构成减法计数器，按测试内容(2)、(3)、(4)进行测试，观察并列表记录 $Q_3 \sim Q_0$ 的状态。

2. 测试 CC40192 或 74LS192 同步十进制可逆计数器的逻辑功能

计数脉冲由单次脉冲源提供，清零端 R、置数端$\overline{LD}$、预置数据输入端 D_3、D_2、D_1、D_0 分别接逻辑电平开关，输出端 Q_3、Q_2、Q_1、Q_0 接译码显示输入相应插口，$\overline{CO}$和$\overline{BO}$接逻辑电平显示插口。按表 3-12-1 逐项测试并判断该集成块的功能是否正常。

(1) 清零

令 $R=1$,其他输入为任意状态,这时 $Q_3Q_2Q_1Q_0=0000$,译码数字显示为 0。清零功能完成后,置 $R=0$。

(2) 置数

$R=0$,CP_U、CP_D 任意,预置数据输入端输入任意一组二进制数,令$\overline{LD}=0$,观察计数译码显示输出,预置功能是否完成,此后置$\overline{LD}=1$。

(3) 加计数

$R=0$,$\overline{LD}=CP_D=1$,CP_U 接单次脉冲源。清零后送入 10 个单次脉冲,观察译码数字显示是否按 8421 码十进制状态转换进行;输出状态变化是否发生在 CP_U 的上升沿。

(4) 减计数

$R=0$,$\overline{LD}=CP_U=1$,CP_D 接单次脉冲源,参照(3)进行测试。

3. 六进制计数器

按图 3-12-3 电路进行测试,记录之。

4. 特殊十二进制计数器

按图 3-12-5 电路进行测试,记录之。

五、问 题

1. 在采用中规模集成计数器构成 N 进制计数器时,常采用哪两种方法?两者有何区别?

2. 如何运用集成计数器构成 $1/N$ 分频器?

3. 试设计一个 60 进制加法计数器。

六、报告内容重点

1. 画出测试线路图,记录、整理测试现象及测试所得的有关波形。

2. 回答问题。

3. 总结使用集成计数器的体会。

4. 报告格式详见范例(附录一)。

项目 3-13　移位寄存器及其应用

一、实训目的

1. 熟悉中规模集成 4 位双向移位寄存器的逻辑功能。

2. 了解移位寄存器的应用。

二、原理简介

1. 移位寄存器的移位功能

移位功能指的是寄存器中所存的代码能够在移位脉冲的作用下依次左移或右移。双向移位寄存器只需要改变左、右移的控制信号便可实现双向移位要求。根据移位寄存器存取信息的方式不同，可分为串入串出、串入并出、并入串出、并入并出四种形式。

CC40194 或 74LS194 为 4 位双向通用移位寄存器，两者功能相同，可互换使用，其逻辑符号及引脚排列如图 3-13-1 所示，其中 D_0、D_1、D_2、D_3 为并行输入端；Q_0、Q_1、Q_2、Q_3 为并行输出端；D_{SR}为右移串行输入端，D_{SL}为左移串行输入端；S_1、S_0 为操作模式控制端；$\overline{R}$为直接清零端；CP 为时钟脉冲输入端。

CC40194 有 5 种不同的操作模式，即并入并出寄存、右移（方向由 $Q_0 \rightarrow Q_3$）、左移（方向由 $Q_3 \rightarrow Q_0$）、保持及清零。

S_1、S_0 和$\overline{R}$端的控制作用如表 3-13-1 所示。

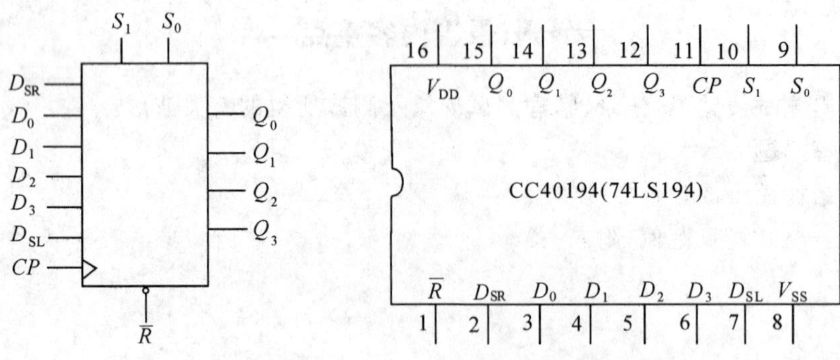

图 3-13-1　CC40194 的逻辑符号及引脚功能

表 3-13-1　CC40194 的功能表

功能	输入										输出			
	CP	$\overline{R}$	S_1	S_0	D_{SR}	D_{SL}	D_0	D_1	D_2	D_3	Q_0^{n+1}	Q_1^{n+1}	Q_2^{n+1}	Q_3^{n+1}
清除	×	0	×	×	×	×	×	×	×	×	0	0	0	0
并入并出	↑	1	1	1	×	×	a	b	c	d	a	b	c	d
右移	↑	1	0	1	D_{SR}	×	×	×	×	×	D_{SR}	Q_0^n	Q_1^n	Q_2^n
左移	↑	1	1	0	×	D_{SL}	×	×	×	×	Q_1^n	Q_2^n	Q_3^n	D_{SL}
保持	↑	1	0	0	×	×	×	×	×	×	Q_0^n	Q_1^n	Q_2^n	Q_3^n
保持	↓	1	×	×	×	×	×	×	×	×	Q_0^n	Q_1^n	Q_2^n	Q_3^n

2. 移位寄存器的应用

移位寄存器应用很广，可构成移位寄存器型计数器、顺序脉冲发生器、串行累加器；可用作数据转换，即把串行数据转换为并行数据，或把并行数据转换为串行数据等。

(1) 环形计数器

把移位寄存器的输出反馈到它的串行输入端，就可以进行循环移位，如图 3-13-2 所示，把输出端 Q_3 和右移串行输入端 D_{SR} 相连接，设初始状态 $Q_0Q_1Q_2Q_3=1000$，则在时钟脉冲作用下 $Q_0Q_1Q_2Q_3$ 将依次变为 0100→0010→0001→1000→……，如表 3-13-2 所示，可见它是一个具有四个有效状态的计数器，这种类型的计数器通常称为环形计数器。图 3-13-2 所示电路可以由各个输出端输出在时间上有先后顺序的脉冲，因此也可作为顺序脉冲发生器。

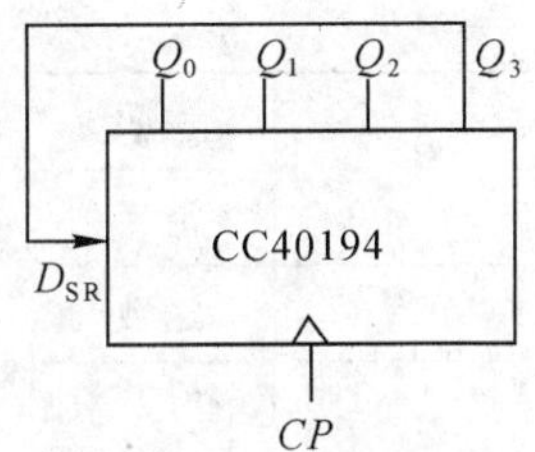

图 3-13-2　环形计数器

表 3-13-2

CP	Q_0	Q_1	Q_2	Q_3
0	1	0	0	0
1	0	1	0	0
2	0	0	1	0
3	0	0	0	1

如果将输出 Q_0 与左移串行输入端 D_{SL} 相连接，即可进行左移循环移位。

(2)实现数据串、并行转换

1) 串行/并行转换器

串行/并行转换是指串行输入的数码，经转换电路之后变换成并行输出。

图 3-13-3 是用两片 CC40194(74LS194)四位双向移位寄存器组成的七位串行/并行数据转换电路。

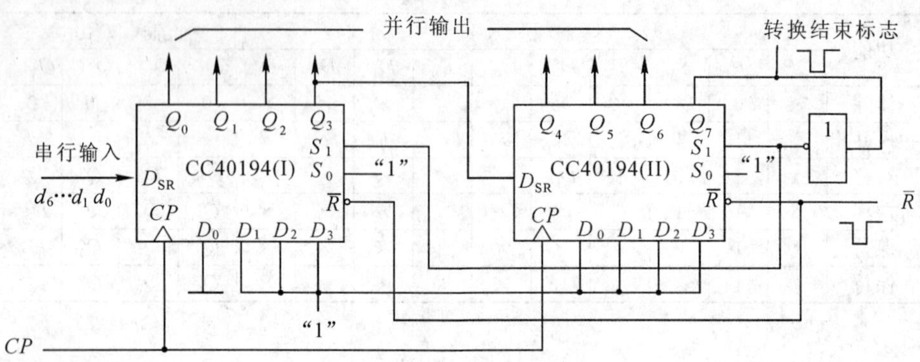

图 3-13-3 七位串行/并行转换器

电路中 S_0 端接高电平 1，S_1 受 Q_7 控制，两片寄存器连接成串行输入右移工作模式。Q_7 是转换结束标志。当 $Q_7=1$ 时，S_1 为 0，使之成为 $S_1S_0=01$ 的串入右移工作方式，当 $Q_7=0$ 时，$S_1=1$，有 $S_1S_0=11$，则串行送数结束，标志着串行输入的数据已转换成并行输出了。

串行/并行转换的具体过程如下：

转换前，$\overline{R}$端加低电平，使 1、2 两片寄存器的内容清 0，此时 $S_1S_0=11$，寄存器执行并行输入工作方式。当第一个 CP 脉冲到来后，寄存器的输出状态 $Q_0 \sim Q_7$ 为 01111111，与此同时 S_1S_0 变为 01，转换电路变为执行串入右移工作方式，串行输入数据由 1 片的 D_{SR}端加入。随着 CP 脉冲的依次加入，输出状态的变化可列成表 3-13-3 所示。

表 3-13-3

CP	Q_0	Q_1	Q_2	Q_3	Q_4	Q_5	Q_6	Q_7	说明
0	0	0	0	0	0	0	0	0	清零
1	0	1	1	1	1	1	1	1	送数
2	d_0	0	1	1	1	1	1	1	右移操作七次
3	d_1	d_0	0	1	1	1	1	1	
4	d_2	d_1	d_0	0	1	1	1	1	
5	d_3	d_2	d_1	d_0	0	1	1	1	
6	d_4	d_3	d_2	d_1	d_0	0	1	1	
7	d_5	d_4	d_3	d_2	d_1	d_0	0	1	
8	d_6	d_5	d_4	d_3	d_2	d_1	d_0	0	
9	0	1	1	1	1	1	1	1	送数

由表 3-13-3 可见，右移操作七次之后，Q_7 变为 0，S_1S_0 又变为 11，说明串行输入结束。这时，串行输入的数码已经转换成了并行输出了。

当再来一个 CP 脉冲时，电路又重新执行一次并行输入，为第二组串行数码转换做好了准备。

2）并行/串行转换器

并行/串行转换器是指并行输入的数码经转换电路之后，转换成串行输出。

图 3-13-4 是用两片 CC40194(74LS194)组成的七位并行/串行转换电路，它比图 3-13-3 多了两只与非门 G_1 和 G_2，电路工作方式同样为右移。

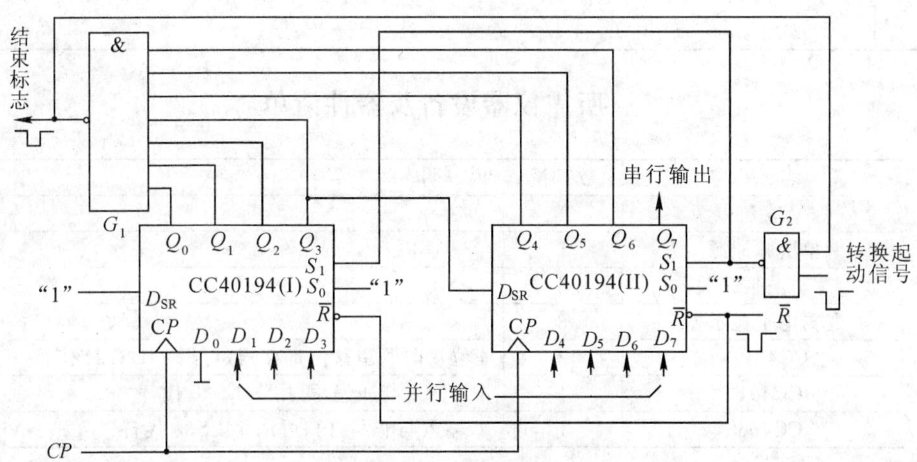

图 3-13-4　七位并行/串行转换器

寄存器清"0"后，加一个转换起动信号(负脉冲或低电平)。此时，由于方式控制 S_1S_0 为 11，转换电路执行并行输入操作。当第一个 CP 脉冲到来后，$Q_0Q_1Q_2Q_3Q_4Q_5Q_6Q_7$ 的状态为 $0D_1D_2D_3D_4D_5D_6D_7$，并行输入数码存入寄存器，从而使得 G_1 输出为 1，G_2 输出为 0，结果 S_1S_0 变为 01，转换电路随着 CP 脉冲的加入，开始执行右移串行输出，随着 CP 脉冲的依次加入，输出状态依次右移。待右移操作七次后，$Q_0 \sim Q_6$ 的状态都为高电平 1，与非门 G_1 输出为低电平，G_2 门输出为高电平，S_1S_0 又变为 11，表示并行/串行转换结束，且为第二次并行输入创造了条件。转换过程如表 3-13-4 所示。

中规模集成移位寄存器，其位数往往以 4 位居多，当需要的位数多于 4 位时，可把几片移位寄存器用级连的方法来扩展位数。

表 3-13-4

CP	Q_0	Q_1	Q_2	Q_3	Q_4	Q_5	Q_6	Q_7	串行输出						
0	0	0	0	0	0	0	0	0							
1	0	D_1	D_2	D_3	D_4	D_5	D_6	D_7							
2	1	0	D_1	D_2	D_3	D_4	D_5	D_6	D_7						
3	1	1	0	D_1	D_2	D_3	D_4	D_5	D_6	D_7					
4	1	1	1	0	D_1	D_2	D_3	D_4	D_5	D_6	D_7				
5	1	1	1	1	0	D_1	D_2	D_3	D_4	D_5	D_6	D_7			
6	1	1	1	1	1	0	D_1	D_2	D_3	D_4	D_5	D_6	D_7		
7	1	1	1	1	1	1	0	D_1	D_2	D_3	D_4	D_5	D_6	D_7	
8	1	1	1	1	1	1	1	0	D_1	D_2	D_3	D_4	D_5	D_6	D_7
9	0	D_1	D_2	D_3	D_4	D_5	D_6	D_7							

三、所需仪器设备及器件清单

名　称	数　量	说　明
+5V 直流电源	1	
单次脉冲源	1	
逻辑电平开关	8	
逻辑电平显示器	8	
CC40194	2	4 位双向通用移位寄存器,可用 74LS194 代替
CC4011	1	4 二输入与非门,可用 74LS00 代替
CC4068	1	八输入与非/与门,可用 74LS30 代替

四、测试内容

1. 测试 CC40194(或 74LS194)的逻辑功能

按图 3-13-5 接线,$\overline{R}$、S_1、S_0、D_{SL}、D_{SR}、D_0、D_1、D_2、D_3 分别接至逻辑电平开关的输出插口;Q_0、Q_1、Q_2、Q_3 接至逻辑电平显示输入插口。CP 端接单次脉冲源。按表 3-13-5 所规定的输入状态,逐项进行测试。

(1) 清零

令$\overline{R}=0$,其他输入均为任意状态,这时寄存器输出 Q_0、Q_1、Q_2、Q_3 应均为 0。清零后,置$\overline{R}=1$。

(2) 并入并出(预置)

令$\overline{R}=S_1=S_0=1$,送入任意 4 位二进制数,如 $D_0D_1D_2D_3=abcd$,加 CP 脉冲,观察 $CP=0$、CP 由 0→1、CP 由 1→0 三种情况下寄存器输出状态的变化,观察寄存器输出

状态变化是否发生在 CP 脉冲的上升沿。

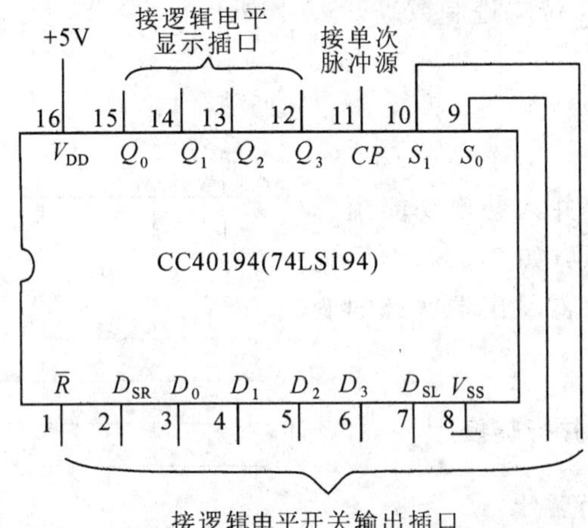

图 3-13-5　CC40194 逻辑功能测试

表 3-13-5

清除	模式		时钟	串行		输入	输出	功能总结
$\overline{R}$	S_1	S_0	CP	D_{SL}	D_{SR}	D_0 D_1 D_2 D_3	Q_0 Q_1 Q_2 Q_3	
0	×	×	×	×	×	× × × ×		
1	1	1	↑	×	×	a b c d		
1	0	1	↑	×	0	× × × ×		
1	0	1	↑	×	1	× × × ×		
1	0	1	↑	×	0	× × × ×		
1	0	1	↑	×	0	× × × ×		
1	1	0	↑	1	×	× × × ×		
1	1	0	↑	1	×	× × × ×		
1	1	0	↑	1	×	× × × ×		
1	1	0	↑	1	×	× × × ×		
1	0	0	↑	×	×	e f g h		

(3) 右移

清零后，令$\overline{R}=1$，$S_1=0$，$S_0=1$，由右移输入端 D_{SR} 送入二进制数码，如 0100，由 CP 端连续加 4 个脉冲，观察输出情况，记录之。

(4) 左移

先清零或预置，再令$\overline{R}=1$，$S_1=1$，$S_0=0$，由左移输入端 D_{SL} 送入二进制数码如 1111，连续加四个 CP 脉冲，观察输出端情况，记录之。

(5) 保持

寄存器预置任意 4 位二进制数码 $efgh$,令$\overline{R}=1$,$S_1=S_0=0$,加 CP 脉冲,观察寄存器输出状态,记录之。

2. 环形计数器

自拟测试线路,用并入并出功能预置寄存器为某二进制数码(如 0100),然后进行右移循环,观察寄存器输出端状态的变化,记入表 3-13-6 中。

表 3-13-6

CP	Q_0	Q_1	Q_2	Q_3
0	0	1	0	0
1				
2				
3				
4				

3. 实现数据的串、并行转换

(1)串行输入、并行输出

按图 3-13-3 接线,进行右移串入、并出功能测试,串入数码自定;改接线路用左移方式实现并行输出。自拟表格,记录之。

(2)并行输入、串行输出

按图 3-13-4 接线,进行并入、右移串出功能测试,并入数码自定。再改接线路用左移方式实现串行输出。自拟表格,记录之。

五、问　题

1. 在对 CC40194 进行预置后,若要使输出端改成另外的数码,是否一定要使寄存器清零?

2. 使寄存器清零,除采用$\overline{R}$输入低电平外,可否采用右移或左移的方法?可否使用预置的方法?若可行,如何进行操作?

3. 若进行循环左移,图 3-13-2 接线应如何改接?

六、报告内容重点

1. 分析表 3-13-4 的测试结果,总结移位寄存器 CC40194 的逻辑功能,并写入表格功能总结一栏中。

2. 根据测试内容 2 的结果,画出 4 位环形计数器的状态转换图及波形图。

3. 分析串/并、并/串转换器所得结果的正确性。

4. 回答问题。

5. 报告格式详见范例(附录一)。

项目 3-14　脉冲分配器及其应用

一、实训目的

1. 了解集成时序脉冲分配器的逻辑功能及其应用。

2. 学习步进电动机环形脉冲分配器的组成方法。

二、原理简介

1. 脉冲分配器

脉冲分配器的作用是产生多路顺序脉冲信号，它可以由计数器和译码器组成，也可以由环形计数器构成。图 3-14-1 中 CP 端上的系列脉冲经 N 位二进制计数器和相应的译码器，可以转变为 2^N 路顺序输出脉冲。

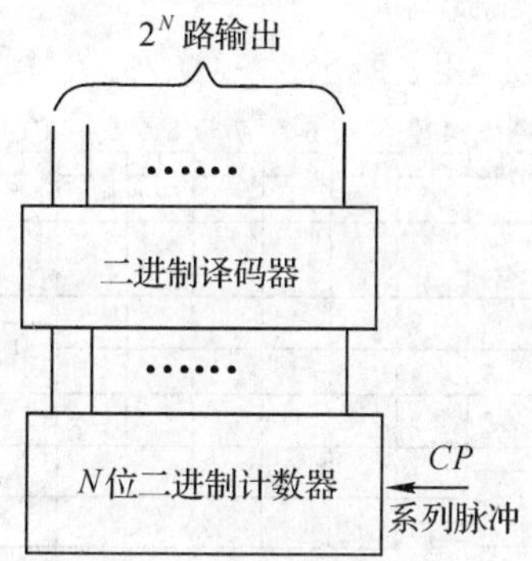

图 3-14-1　脉冲分配器的组成

2. 集成时序脉冲分配器 CC4017

CC4017 是按 BCD 计数/译码器组成的分配器，其引脚功能如图 3-14-2 所示，逻辑功能如表 3-14-1 所示。

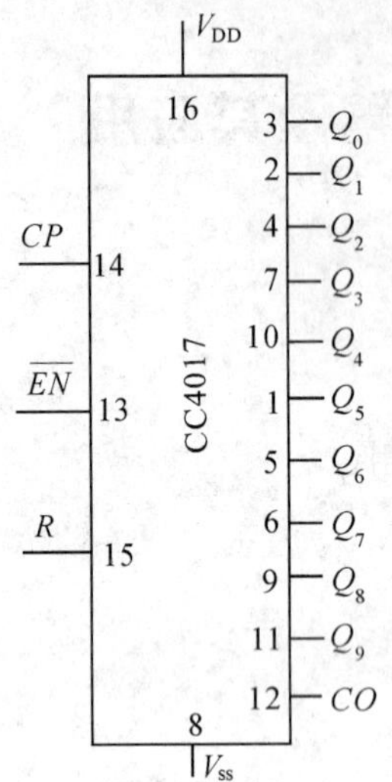

图 3-14-2　CC4017 的逻辑符号

表 3-14-1　CC4017 逻辑功能

输入			输出	
CP	$\overline{EN}$	R	$Q_0 \sim Q_9$	CO
×	×	1	0	脉冲输出在 $Q_0 \sim Q_4$ 时，$CO=1$；脉冲输出在 $Q_5 \sim Q_9$ 时，$CO=0$
↑	0	0	计数	
1	↓	0		
0	×	0	保持	
×	1	0		
↓	×	0		
×	↑	0		

表 3-14-1 中，CO 为进位脉冲输出端；CP 为时钟输入端；R 为清零端；$\overline{EN}$为禁止端(使能端)；$Q_0 \sim Q_9$ 为计数脉冲输出端。

CC4017 的工作波形如图 3-14-3 所示。

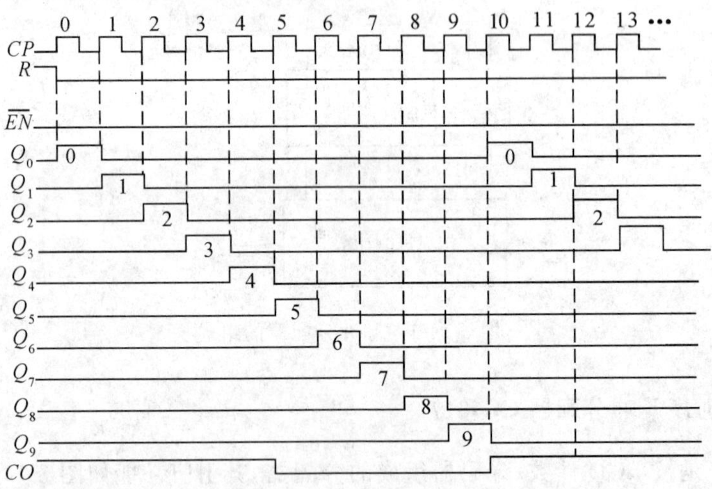

图 3-14-3　CC4017 的波形图

CC4017 应用十分广泛，可用于十进制计数、分频、$1/N$ 计数。如图 3-14-4 所示为由两片 CC4017 组成的 60 分频电路。

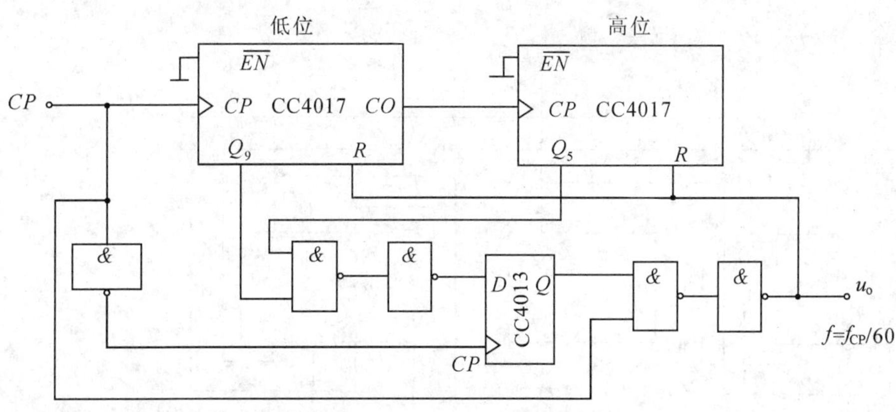

图 3-14-4 60 分频电路

3. 步进电动机的环形脉冲分配器

(1)基本要求

如图 3-14-5 所示为某一三相步进电动机的驱动电路示意图。

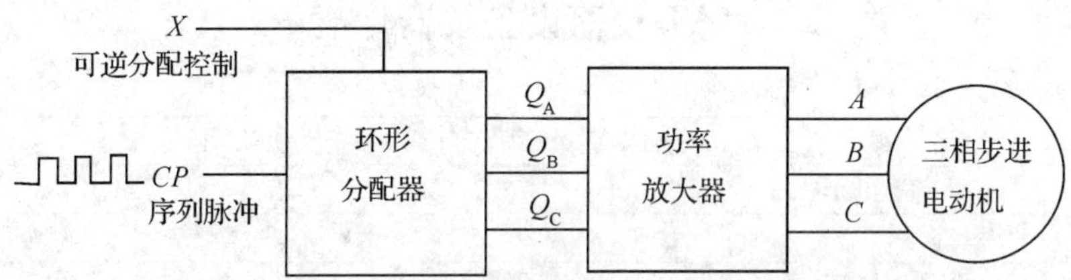

图 3-14-5 三相步进电动机的驱动电路示意图

A、B、C 分别表示步进电机的三相绕组。步进电机按三相六拍方式运行，即要求步进电机正转时，控制端 $X=1$，使电机三相绕组的通电顺序为

$A \to AB \to B \to BC \to C \to CA$

要求步进电机反转时，令控制端 $X=0$，三相绕组的通电顺序改为

$A \to AC \to C \to BC \to B \to AB$

*(2)电路举例

如图 3-14-6 所示为由三个 JK 触发器构成的实现控制端 $X=1$ 时的脉冲环形分配器，供参考。

当 $X=0$ 时的脉冲环形分配器可自行设计。结合 $X=0$ 时的分配器，组成步进电机正、反转控制所需的脉冲分配器。

其中，由于步进电机三相绕组任何时刻都不得出现 A、B、C 三相同时通电或同时断电的情况，所以脉冲分配器的三路输出不允许出现 111 和 000 两种状态，为此，图 3-

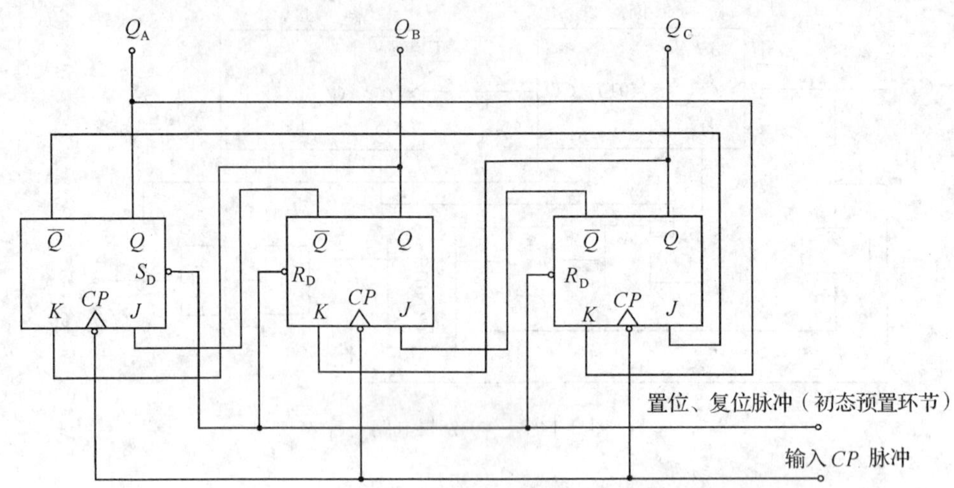

图 3-14-6　六拍通电方式($X=1$)的脉冲环行分配器逻辑图

14-6 所示电路增加了初态预置环节。

三、所需仪器设备及器件清单

名　称	数　量	说　明
+5V 直流电源	1	
双踪示波器	1	
单次脉冲源	1	正、负脉冲
连续脉冲源	1	1Hz、1kHz
逻辑电平开关	10	
逻辑电平显示器	12	
CC4011	2	四 2 输入与非门
CC4013	2	双 D 触发器
CC4017	2	十进制脉冲分配器
CC4027	2	双 JK 触发器(下降沿触发)
CC4085	2	双 2-2 输入与或非门(带禁止输入)

四、测试内容

1. CC4017 逻辑功能测试

(1) 参照图 3-14-2，把$\overline{EN}$、R 接逻辑电平开关的输出插口，CP 接单次脉冲源，Q_0～Q_9 十个输出端接至逻辑电平显示输入插口，按功能表要求操作各逻辑开关。清零后，连续送出 10 个脉冲信号，观察十个发光二极管的显示状态，并列表记录。

(2)CP 改接为 1Hz 连续脉冲，观察记录输出状态。

2. 按图 3-14-4 电路接线，自拟方案验证 60 分频电路的正确性。

*3. 参照图 3-14-6 的线路，设计一个用环形分配器构成的驱动三相步进电动机可逆运行的三相六拍环形脉冲分配器线路。要求：

(1)环形脉冲分配器用 CC4027 双 JK 触发器、CC4085 与或非门组成；

(2)由于电动机三相绕组在任何时刻都不应出现同时通电或同时断电情况，在设计中要做到这一点；

(3)电路安装好后，先用手控送入 CP 脉冲进行调试，然后加入连续脉冲进行动态调试；

(4)整理数据，分析测试中出现的问题。

五、问　题

利用 CC4017 如何实现五输出脉冲的循环？

六、报告内容重点

1. 整理各测试内容所得数据、波形等，说明结论。

2. 分析测试中出现的问题，如稳定性、可靠性等。

3. 回答问题。

4. 报告格式详见范例(附录一)。

项目 3-15　使用门电路产生多谐振荡

一、实训目的

1. 了解使用门电路构成脉冲信号产生电路的基本方法。
2. 了解影响输出脉冲波形参数的定时元件数值的计算方法。
3. 学习石英晶体的稳频原理和使用石英晶体构成振荡器的方法。

二、原理简介

利用与非门的倒相作用和电容器的充放电作用，可构成多谐振荡器。因此，由此而产生的脉冲波形参数直接取决于电路中阻容元件的数值。

1. 非对称型多谐振荡器

如图 3-15-1 所示，非门 G_3 用于输出波形的整形。

非对称型多谐振荡器的输出波形是不对称的，当用 TTL 与非门组成时，输出脉冲的周期 $T=2.2RC$。

调节 R 和 C 的值，可改变输出信号的振荡频率，通常用改变 C 实现输出频率的粗调，改变电位器 R 实现输出频率的细调。

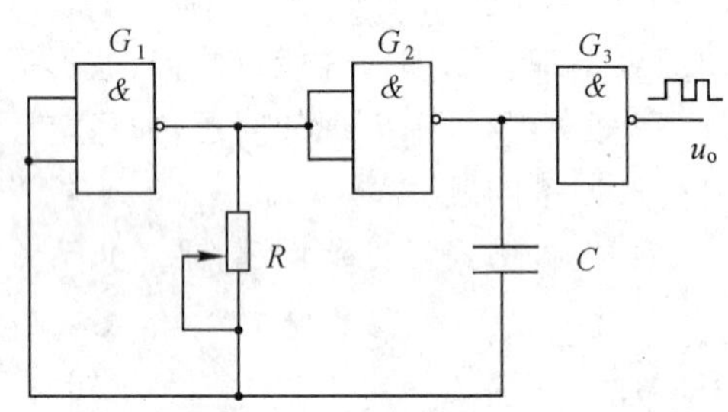

图 3-15-1　非对称型振荡器

由于电路的状态转换发生在与非门输入电平达到阈值电平 U_T 的时刻，又由于在 U_T 附近电容器的充放电速度已经缓慢，而且 U_T 本身也不够稳定，易受温度、电源电压变化等因素以及干扰的影响。因此，电路输出频率的稳定性较差。

2. 石英晶体多谐振荡器

当要求多谐振荡器的工作频率稳定性很高时，上述多谐振荡器的频率精度已不能满足要求，为此常用石英晶体作为信号频率的基准。用石英晶体和门电路构成的多谐振荡器常用来为微型计算机等提供时钟信号。

如图 3-15-2 所示为常用的晶体稳频多谐振荡器。图 3-15-2(a)、(b)为 TTL 器件组成的晶体振荡电路；(c)、(d)为CMOS器件组成的晶体振荡电路，一般用于电子表中，其中晶体的振荡频率 $f_0=32768\text{Hz}$。

在图 3-15-2(c)中，G_1 用于振荡，G_2 用于缓冲整形。R_F 是反馈电阻，通常为几十兆欧，可选 22MΩ。R 起稳定振荡作用，通常取十至几百千欧。C_1 是频率微调电容器，C_2 用于温度补偿。

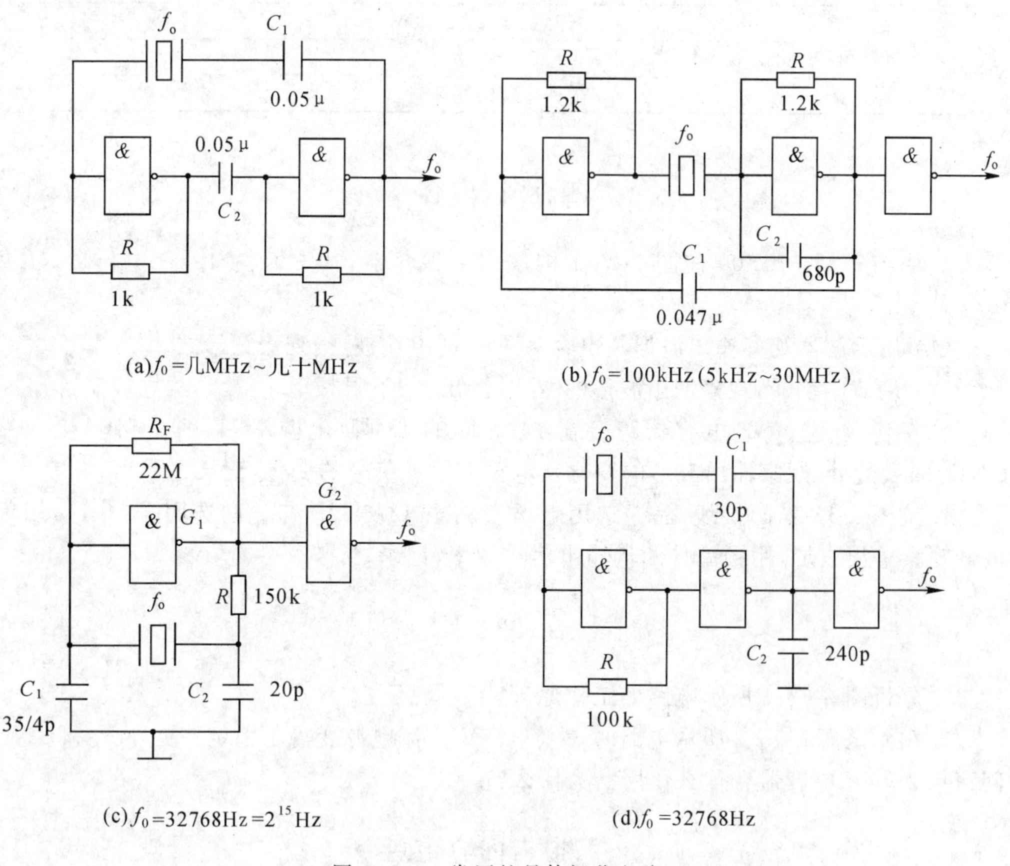

图 3-15-2　常用的晶体振荡电路

三、所用仪器设备及器件清单

名　称	数　量	说　明
+5V 直流电源	1	
双踪示波器	1	
数字频率计	1	也可用示波器代替

续表

名称	数量	说明
74LS00	1	
CC4011	1	
晶振	1	32768Hz
电位器	1k×1,10k×1	多圈电位器
电容	0.01μ×1,0.01μ×1,20p×1	
可调电容	35/4p×1	
电阻	22M×1,150k×1	

四、测试内容

1.用与非门 74LS00 按图 3-15-1 构成多谐振荡器,其中 R 为 10kΩ 电位器,C 为 0.01μF。

(1) 用示波器观察输出波形及电容 C 两端的电压波形,列表记录之。

(2) 调节电位器,观察输出波形的变化,测出上、下限频率。

(3) 用一只 100μF 电容器跨接在 74LS00 的 14 脚(电源端 V_{CC})与 7 脚(接地端 GND)的最近处,观察输出波形的变化及电源上纹波信号的变化,记录之。

2.按图 3-15-2(c)接线,晶振选用电子表晶振 32768Hz,与非门选用 CC4011,用示波器观察输出波形,用频率计测量输出信号频率,记录之。

五、问　题

1.分析图 3-15-1 所示电路的工作原理。

2.在测试图 3-15-1 所示电路时,为何+5V 直流电源变得不稳定?在 $+V_{CC}$ 和 GND 间跨接 100μF 电容器有什么作用?为什么?

六、报告内容重点

1.回答问题。

2.画出图 3-15-1 所示电路的具体测试连接图,整理测试数据,并与理论值进行比较。

3.画出测试中观测到的工作波形图,并对测试结果进行分析。

4.报告格式详见范例(附录一)。

项目 3-16 单稳态触发器与施密特触发器（脉冲延时与波形整形）

一、实训目的

1. 了解集成单稳态触发器的逻辑功能及其使用方法。
2. 了解集成施密特触发器的性能及其应用。

二、原理简介

1. 用与非门组成单稳态触发器

利用与非门作开关器件，依靠定时元件 RC 电路的充放电来控制与非门的启闭，可以实现单稳态触发器的逻辑功能。单稳态电路有微分型与积分型两大类，这两类触发器对触发脉冲的极性与宽度有不同的要求。

如图 3-16-1 所示为微分型单稳态触发器，由负脉冲触发，TTL 门电路。

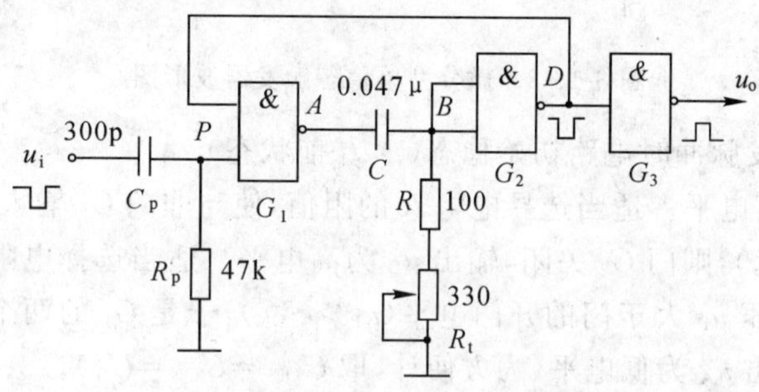

图 3-16-1　微分型单稳态触发器

该电路为负脉冲触发，其中 R_P、C_P 构成输入端微分隔直电路，R、C 构成微分型定时电路，定时元件 R、C 的取值不同，输出脉宽 t_w 也不同，$t_w \approx (0.7 \sim 1.3)RC$。与非门 G_3 起整形、倒相作用。

图 3-16-2 为图 3-16-1 所示微分型单稳态触发器各点波形图，结合波形图说明其工作原理如下。

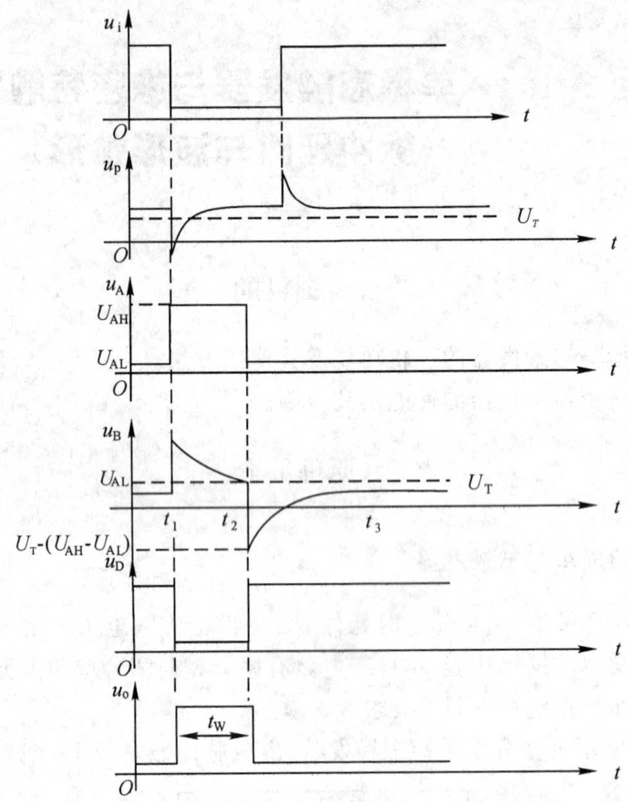

图 3-16-2　微分型单稳态触发器波形图

(1)无外界触发脉冲时电路初始稳态($t<t_1$ 前状态)

稳态时 u_i 为高电平。适当选择电阻 R 的阻值,使与非门 G_2 输入电压 u_B 小于门的关门电平($u_B<U_{OFF}$),则门 G_2 关闭,输出 u_D 为高电平。适当选择电阻 R_P 的阻值,使与非门 G_1 的输入电压 u_P 大于门的开门电平($u_P>U_{ON}$),于是 G_1 的两个输入端全为高电平,则 G_1 开启,输出 u_A 为低电平(为方便计,取 $U_{OFF}=U_{ON}=U_T$)。

(2)触发翻转(当 $t=t_1$ 时)

u_i 负跳变,u_p 也负跳变,门 G_1 的输出 u_A 正跳变为高电平,经电容 C 耦合,u_B 也升高,门 G_2 输出 u_D 负跳变为低电平,正反馈到 G_1 输入端,保证了 G_1 输出的高电平。

(3)暂稳状态(当 $t_1<t<t_2$ 时)

当 $t\geqslant t_1$ 以后,G_1 输出高电平,对电容 C 充电,u_B 随之按指数规律下降,但只要 $u_B>U_T$,G_2 输出的状态将维持不变,则 u_A、u_D 也维持不变。

(4)自动翻转(当 $t=t_2$ 时)

当 $t=t_2$ 时,u_B 下降至门电路的关门电平 U_T,G_2 输出 u_D 升为高电平,正反馈作用

使电路迅速翻转至 G_1 开启(u_A 为低电平)、G_2 关闭(u_D 为高电平)的初始稳态。

可见,暂稳态时间的长短,决定于电容 C 的充电时间常数 $\tau=RC$。

(5)恢复过程($t_2<t<t_3$)

电路自动翻转到 G_1 开启、G_2 关闭后,u_B 不是立即回到初始稳态值,这是因为电容 C 要有一个放电过程,即 u_B 从 $U_{T^-}(U_{AH}-U_{AL})$ 恢复到 U_{AL} 需要有时间。

当 $t>t_3$ 以后,如 u_i 再出现负跳变,则电路将重复上述过程。

如果输入脉冲宽度较小时,则输入端可省去 R_PC_P 微分电路了。

积分型单稳态触发器如图 3-16-3 所示。

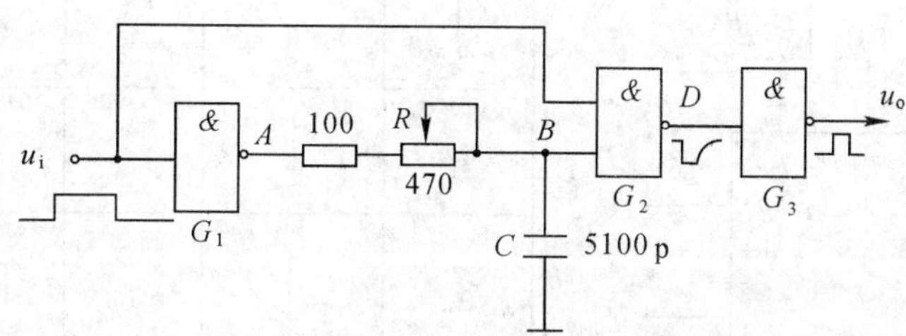

图 3-16-3　积分型单稳态触发器

电路采用正脉冲触发,其工作过程及工作波形读者可自行分析,这里不再赘述。

单稳态触发器的共同特点是:触发脉冲未加入前,电路处于稳态;触发脉冲加入后,电路立刻进入暂稳态;暂稳态的时间,即输出脉冲的宽度 t_w 与 RC 数值的大小有关,而与触发脉冲无关。

2. 集成双单稳态触发器 CC4098

(1)图 3-16-4 为 CC4098 的逻辑符号及功能表。

该器件能提供稳定的单脉冲,脉宽由外部电阻 R_X 和外部电容 C_X 决定,调整 R_X 和 C_X 可使 Q 端和 $\overline{Q}$ 端输出脉冲宽度有一个较宽的范围。本器件既可采用上升沿触发(+TR),也可采用下降沿触发(-TR),为使用带来很大的方便。当采用上升沿触发时,-TR 必须连到 V_{DD} 端。同样,在使用下降沿触发时,+TR 端必须连到 V_{SS} 端。

该单稳态触发器的时间周期约为 $T_X=R_XC_X$。

所有的输出级都有缓冲级,以提供较大的驱动电流。

(2)应用举列

1) 实现脉冲延迟,如图 3-16-5 所示。

2) 实现多谐振荡器,如图 3-16-6 所示。

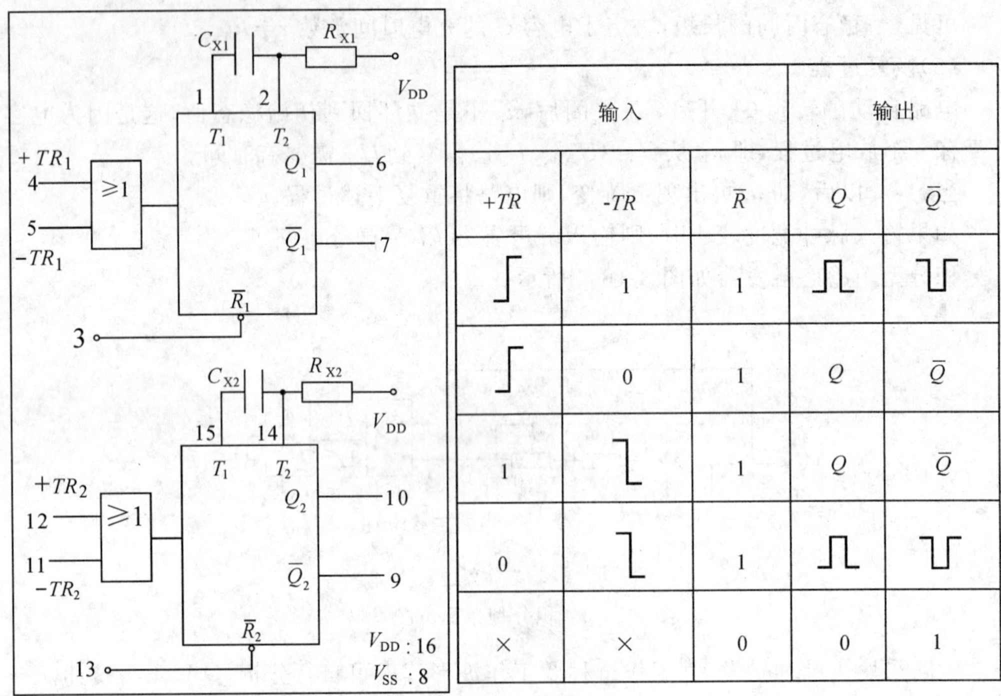

输入			输出	
$+TR$	$-TR$	$\overline{R}$	Q	$\overline{Q}$
↑	1	1	⊓	⊔
↑	0	1	Q	$\overline{Q}$
1	↓	1	Q	$\overline{Q}$
0	↓	1	⊓	⊔
×	×	0	0	1

图 3-16-4 CC4098 的逻辑符号及功能表

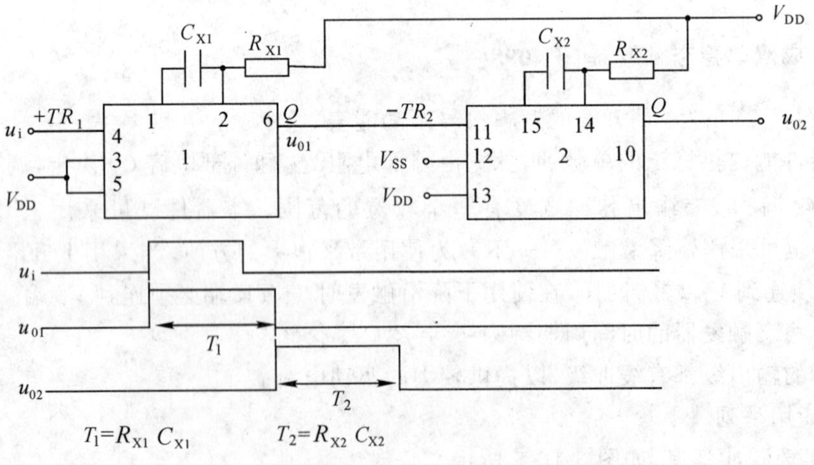

图 3-16-5 利用 CC4098 实现脉冲延迟

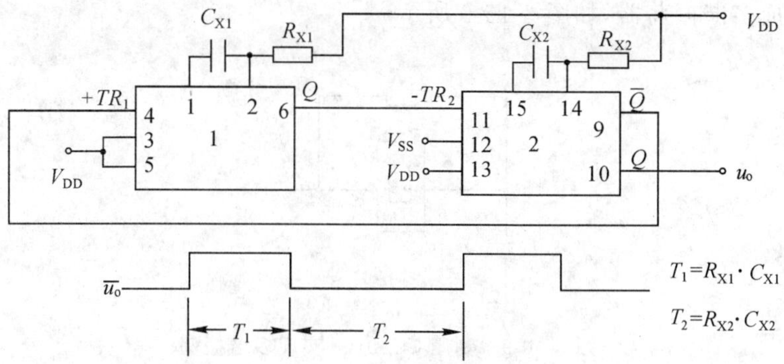

图 3-16-6　利用 CC4098 实现多谐振荡

3. 集成六施密特触发器 CC40106

如图 3-16-7 所示为其逻辑符号及引脚功能，它可用于波形的整形，也可作反相器或构成单稳态触发器和多谐振荡器。

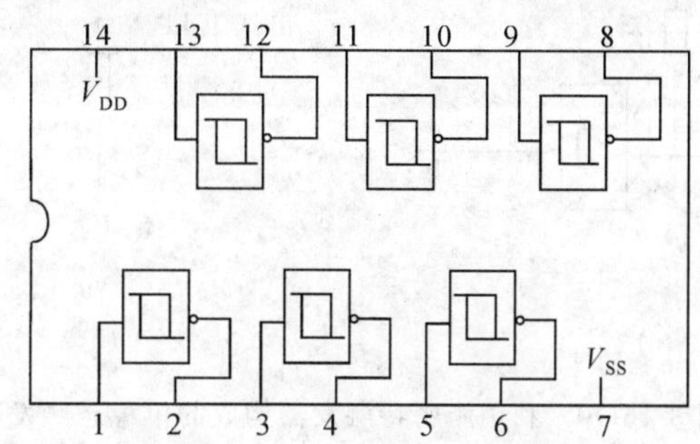

图 3-16-7　CC40106 引脚排列

(1)将正弦波转换为方波，如图 3-16-8 所示。

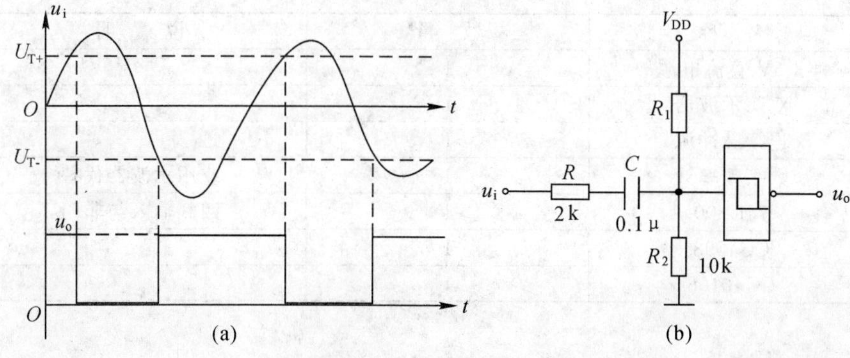

图 3-16-8　利用 CC40106 将正弦波转换为方波

(2)构成多谐振荡器,如图 3-16-9 所示。

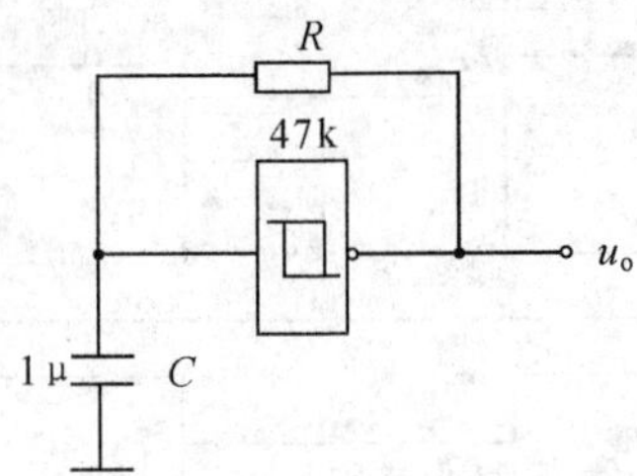

图 3-16-9 利用 CC40106 实现多谐振荡

(3)构成单稳态触发器

图 3-16-10(a)为下降沿触发;图 3-16-10(b)为上升沿触发。

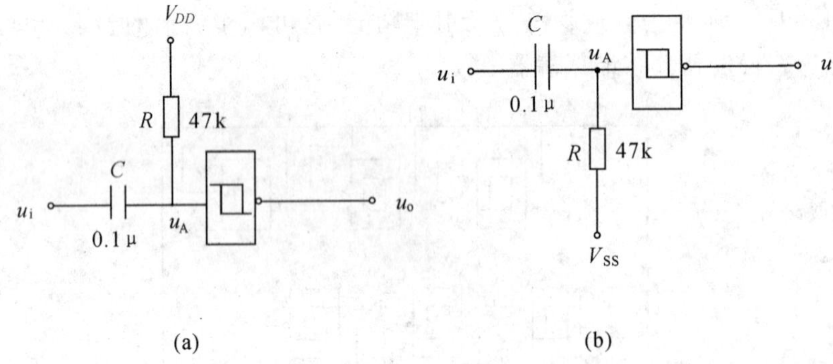

图 3-16-10 利用施密特触发器构成的单稳态触发器

三、实验仪器设备及器件清单

名 称	数 量	说 明
+5V 直流电源	1	
双踪示波器	1	
连续脉冲源	1	
数字频率计	1	或用示波器代替
74LS00	1	四 2 输入与非门
CC4098	1	
CC40106	1	

续表

名　称	数　量	说　明
电　阻	100Ω×1	
	47k×1	
	10k×2	$R_{X1}=R_{X2}=10k\Omega$
	4.7k×1	
	2k×1	
电　容	300p×1	
	0.047μ×2	$C_{X1}=C_{X2}=0.047\mu F$
	0.1μ×1	
电位器	330Ω×1	多圈线绕

四、测试内容

1. 按图 3-16-1 接线,输入 1kHz 连续脉冲,用双踪示波器观察 u_i、u_P、u_A、u_B、u_D 及 u_o 的波形,记录之。

2. 改变 R_t 之值,重复测试 1 的内容。

3. 按图 3-16-5 接线,输入 1kHz 连续脉冲,用双踪示波器观测输入、输出波形,测定 T_1 与 T_2。

4. 按图 3-16-6 接线,用示波器观测输出波形,测定振荡频率。

5. 按图 3-16-9 接线,用示波器观测输出波形,测定振荡频率。

6. 按图 3-16-8 接线,构成整形电路,被整形信号可由音频信号源提供,图中串联的 2kΩ 电阻起限流保护作用。将正弦信号频率置 1kHz,调节信号电压由低到高观测输出波形的变化。记录输入信号为 0.25V、0.5V、1.0V、1.5V、2.0V 时的输出波形,记录之。

五、问　题

1. 试简单分析图 3-16-3 所示电路的工作原理。

2. 为了使图 3-16-9 所示电路输出信号 u_o 的占空比 $q\neq50\%$,电路应做何改动?

六、报告内容重点

1. 认真记录测试所得波形和数据。

2. 分析各所得波形之间的电平关系;计算有关理论值,并与实测数据相比较,说明误差原因。

3. 总结单稳态触发器及施密特触发器的特点及其应用。

4. 回答问题。

5. 报告格式详见范例(附录一)。

项目 3-17　555 时基电路及其应用

一、实训目的

1. 了解 555 集成时基电路结构、工作原理及其特点。

2. 熟悉 555 集成时基电路的基本应用。

二、原理简介

集成时基电路又称为集成定时器或 555 电路，是一种数字、模拟混合型的中规模集成电路，应用十分广泛。其电路类型有双极型和 CMOS 型两大类，两者的结构与工作原理类似。几乎所有的双极型产品型号最后的三位数码都是 555 或 556；所有的 CMOS 产品型号最后四位数码都是 7555 或 7556，两者的逻辑功能和引脚排列完全相同，易于互换。555 和 7555 是单定时器，556 和 7556 是双定时器，双极型的电源电压 $V_{CC}=+5V\sim+16V$，输出的最大电流可达 200mA；CMOS 型的电源电压为 $+3V\sim+18V$。

1. 555 定时器的工作原理

555 电路的内部电路方框图如图 3-17-1 所示，它含有两个电压比较器，一个基本 RS 触发器，一个放电开关管 T。比较器的参考电压由三只 5kΩ 电阻器构成的分压器提供，使高电平比较器 A_1 的同相输入端和低电平比较器 A_2 的反相输入端的参考电平分别为 $\frac{2}{3}V_{CC}$ 和 $\frac{1}{3}V_{CC}$。当输入信号自 6 脚，即高电平触发输入并超过参考电平 $\frac{2}{3}V_{CC}$ 时，触发器复位，555 的输出端 3 脚输出低电平，同时放电开关管 T 导通；当输入信号自 2 脚输入并低于 $\frac{1}{3}V_{CC}$ 时，触发器置位，555 的 3 脚输出高电平，同时放电开关管 T 截止。

$\overline{R}_D$ 是复位端(4 脚)，当 $\overline{R}_D=0$ 时，555 输出低电平。平时 $\overline{R}_D$ 端接 V_{CC}。

U_C 是控制电压端(5 脚)，不外接信号时，$U_C=\frac{2}{3}V_{CC}$ 作为比较器 A_1 的参考电平。当 5 脚外接一个输入电压时，即改变了比较器 A_1 的参考电平，从而实现对输出的另一种控制。在不接外加电压时，通常接一个 0.01μF 的电容器到地，起滤波作用，以消除外来干扰，确保参考电平的稳定。

T 为放电管，当 T 导通时，将给接在脚 7 的电容器提供低阻放电通路。

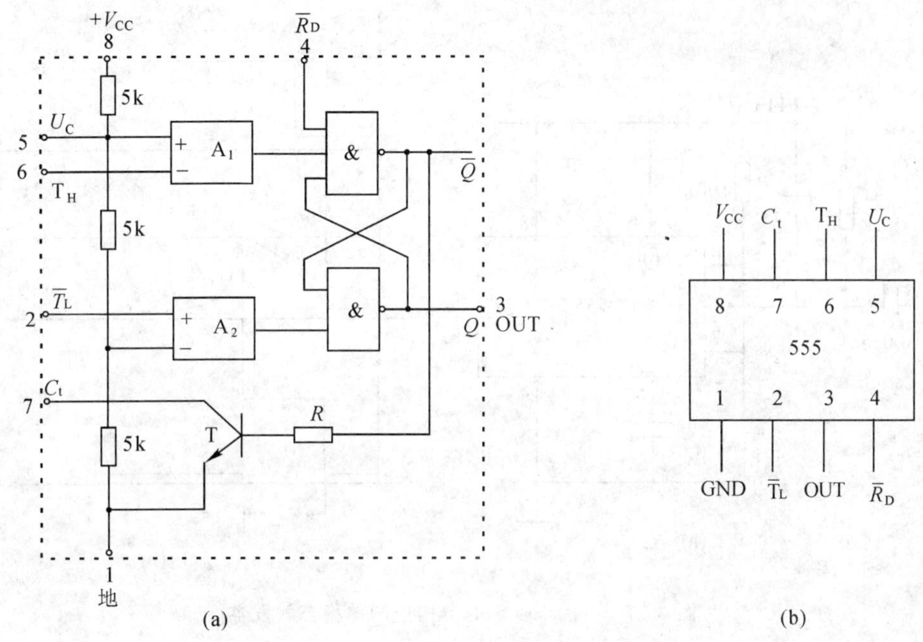

图 3-17-1　555 定时器内部电路框图及引脚排列

2. 555 定时器的典型应用

(1) 构成单稳态触发器

图 3-17-2(a)为由 555 定时器和外接定时元件 R、C 构成的单稳态触发器。触发电路由 C_1、R_1、D 构成，其中 D 为钳位二极管。稳态时 555 电路输入端处于电源电平，内部放电开关管 T 导通，输出端 3 输出低电平。当有一个外部负脉冲触发信号经 C_1 加到 555 的 2 端时，使 2 端电位瞬时低于$\frac{1}{3}V_{CC}$，低电平比较器 A_2 输出低电平，使 $Q=1$，同时放电管 T 截止，单稳态电路进入暂态过程，电容 C 开始充电，u_C 按指数规律增长。当 u_C 充电到$\frac{2}{3}V_{CC}$时，高电平比较器 A_1 动作，输出 u_o 从高电平返回低电平，放电开关管 T 重新导通，电容 C 上的电荷很快经放电开关管放电，暂态结束。波形图如图 3-17-2(b)所示。

暂稳态的持续时间 t_w(即为延时时间)决定于外接元件 R、C 值的大小：

$$t_w \approx 1.1RC$$

通过改变 R、C 的大小，可使延时时间为几个微秒到几十分钟。

(2) 构成多谐振荡器

如图 3-17-3(a)所示，由 555 定时器和外接元件 R_1、R_2、C 构成多谐振荡器，脚 2 与

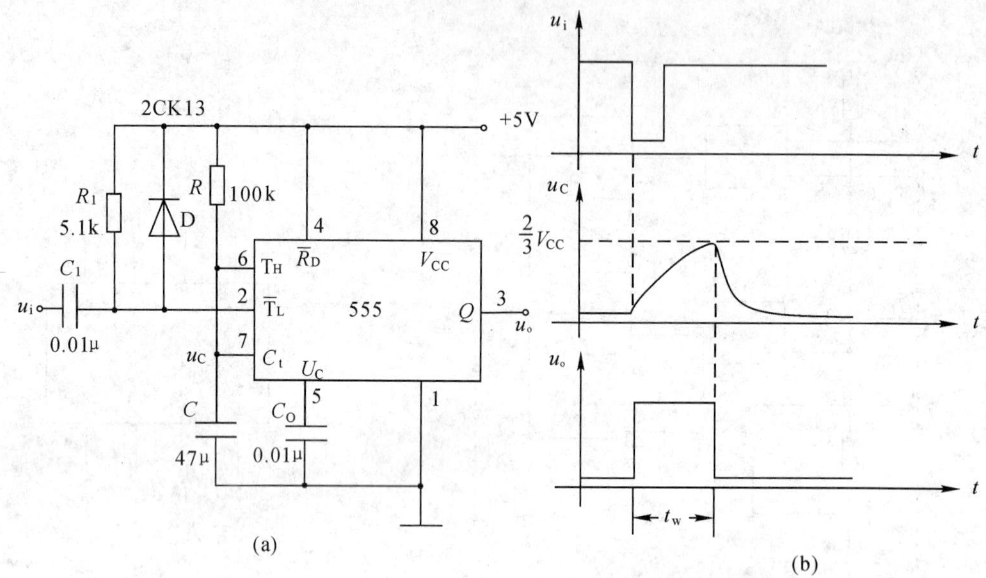

图 3-17-2　由 555 定时器构成的单稳态触发器

脚 6 直接相连。电路没有稳态，仅存在两个暂稳态。电源通过 R_1、R_2 向 C 充电，以及 C 通过 R_2 向放电端 C_t 放电，使电路产生振荡。电容 C 在 $\frac{1}{3}V_{CC}$ 和 $\frac{2}{3}V_{CC}$ 之间充电和放电，其波形如图 3-17-3(b)所示。输出信号的时间参数是：

$$T=t_{w1}+t_{w2},\ t_{w1}=0.7(R_1+R_2)C,\ t_{w2}=0.7R_2C$$

555 电路要求 R_1 与 R_2 均应大于或等于 1kΩ，但 R_1+R_2 应小于或等于 3.3MΩ。

(3) 组成占空比可调的多谐振荡器

电路如图 3-17-4，它比图 3-17-3 所示电路增加了一个电位器和两个导引二极管。D_1、D_2 用来决定电容充、放电电流流经电阻的途径（充电时 D_1 导通，D_2 截止；放电时 D_2 导通，D_1 截止）。占空比 q 可由下式求得：

$$q=\frac{t_{w1}}{t_{w1}+t_{w2}}\approx\frac{0.7R_AC}{0.7C(R_A+R_B)}=\frac{R_A}{R_A+R_B}$$

可见，若取 $R_A=R_B$，电路即可输出占空比为 50% 的方波信号；调节 R_W，即可改变占空比。

(4) 组成占空比连续可调并能调节振荡频率的多谐振荡器

电路如图 3-17-5 所示，对 C_1 充电时，充电电流通过 R_1、D_1、R_{W2} 和 R_{W1}，放电时通过 R_{W1}、R_{W2}、D_2、R_2。当 $R_1=R_2$，R_{W2} 调至中心点时，因充放电时间基本相等，其占空比约为 50%，此时调节 R_{W1} 仅改变频率，占空比不变。如 R_{W2} 调至偏离中心点，再调节 R_{W1}，不仅振荡频率改变，而且对占空比也有影响。R_{W1} 不变，调节 R_{W2}，仅改变占空比，对频率无影

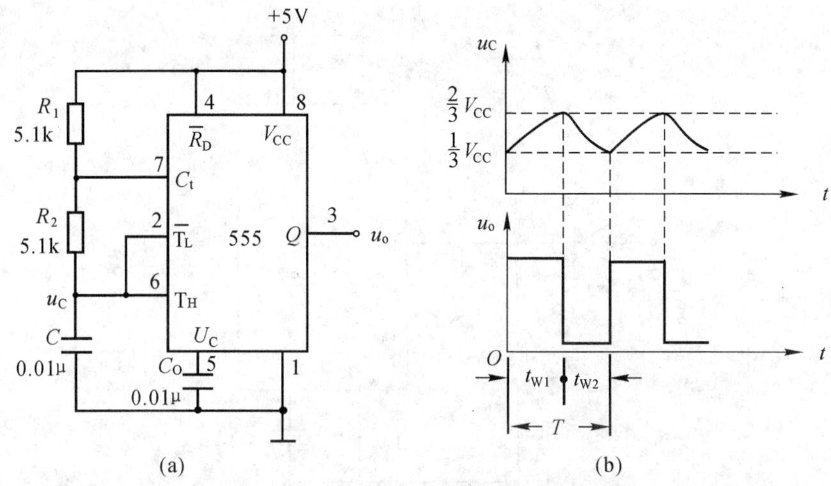

图 3-17-3　由 555 定时器构成的多谐振荡器

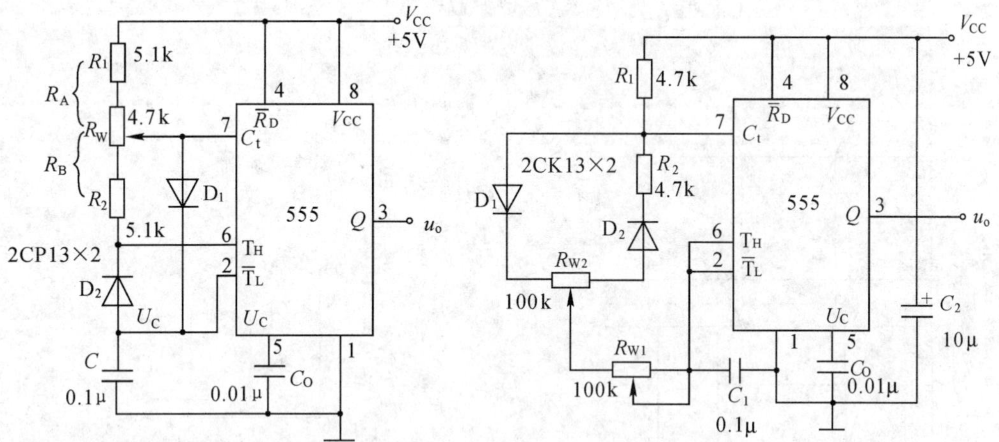

图 3-17-4　占空比可调的多谐振荡器　　　图 3-17-5　占空比与频率均可调的多谐振荡器

响。因此，当接通电源后，应首先调节 R_{W1} 使频率至规定值，再调节 R_{W2}，以获得需要的占空比。若要求频率调节的范围比较大，还可以用波段开关改变 C_1 的值。

(5) 组成施密特触发器

电路如图 3-17-6 所示，只要将脚 2、6 连在一起作为信号输入端，即得到施密特触发器。图 3-17-7 示出了 u_s、u_i 和 u_o 的工作波形图。

设被整形变换的电压为正弦波 u_s，其正半波通过二极管 D 同时加到 555 定时器的 2 脚和 6 脚，得 u_i 为半波整流波形。当 u_i 上升到 $\frac{2}{3}V_{CC}$ 时，u_o 从高电平翻转为低电平；当

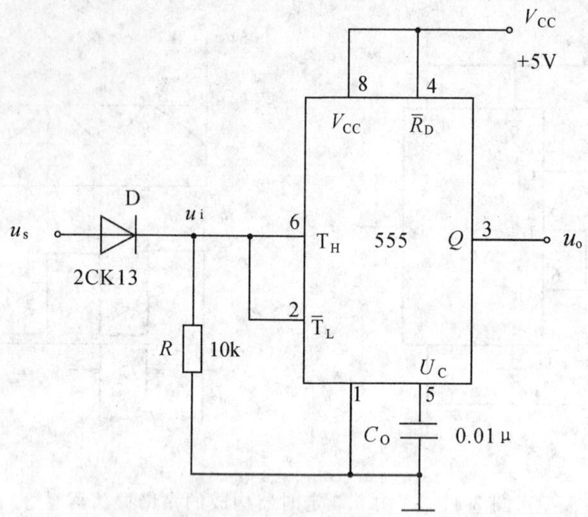

图 3-17-6 由 555 定时器构成施密特触发器

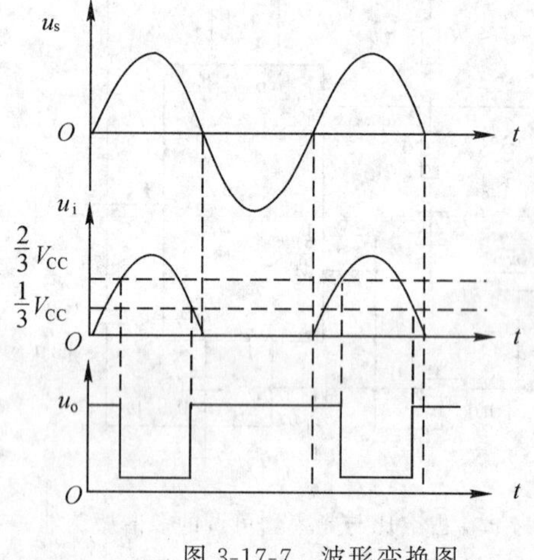

图 3-17-7 波形变换图

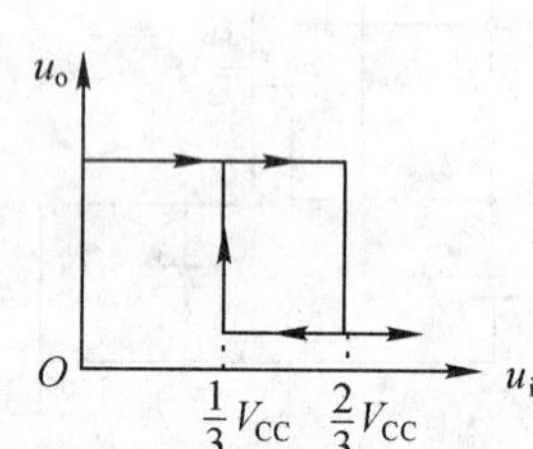

图 3-17-8 电压传输特性

u_i 下降到$\frac{1}{3}V_{CC}$时，u_o 又从低电平翻转为高电平。电路的电压传输特性曲线如图 3-17-8 所示。回差电压可由下式求得：

$$\Delta U=\frac{2}{3}V_{CC}-\frac{1}{3}V_{CC}=\frac{1}{3}V_{CC}$$

三、所需仪器设备及器件清单

名 称	数 量	说 明
+5V 直流电源	1	
双踪示波器	1	
音频信号发生器	1	
单脉冲源	1	
数字频率计	1	也可用示波器代替
逻辑电平显示器	8	用发光二极管及限流电阻亦可
电 阻	5.1k×2,100k×1, 1k×1,4.7k×2,10k×3	
电 容	47μ×1,0.01μ×2 0.1μ×1,10μ×1 100μ×1,0.022μ×1	
电位器	100k×2	
开关二极管	2CK13×2	
集成定时器	555×2	也可用 7555 等
扬声器	1	8Ω

四、测试内容

1. 单稳态触发器

(1) 按图 3-17-2 连线,取 $R=100k\Omega$,$C=47\mu F$,输入信号 u_i 由单次脉冲源提供,用双踪示波器观测 u_i、u_C、u_o 波形,测定幅度与暂稳时间。

(2) 将 R 改为 $1k\Omega$,C 改为 $0.1\mu F$,输入端加 1kHz 的连续脉冲,观测波形 u_i、u_C、u_o,测定幅度及暂稳时间。

2. 多谐振荡器

(1) 按图 3-17-3 接线,用双踪示波器观测 u_C 与 u_o 的波形,测定频率。

(2) 按图 3-17-5 接线,通过调节 R_{W1} 和 R_{W2} 来观测输出波形,并记录。

3. 施密特触发器

按图 3-17-6 接线,输入信号由音频信号源提供,预先调好 u_s 的频率为 1kHz,接通电源,逐渐加大 u_s 的幅度,观测输出波形,测绘电压传输特性,算出回差电压 ΔU。

4. 模拟声响电路

按图 3-17-9 接线，组成两个多谐振荡器，调节定时元件，使 u_{o1} 的频率较低，u_o 的频率较高。连好线，接通电源，试听音响效果。调换外接阻容元件，再试听音响效果。

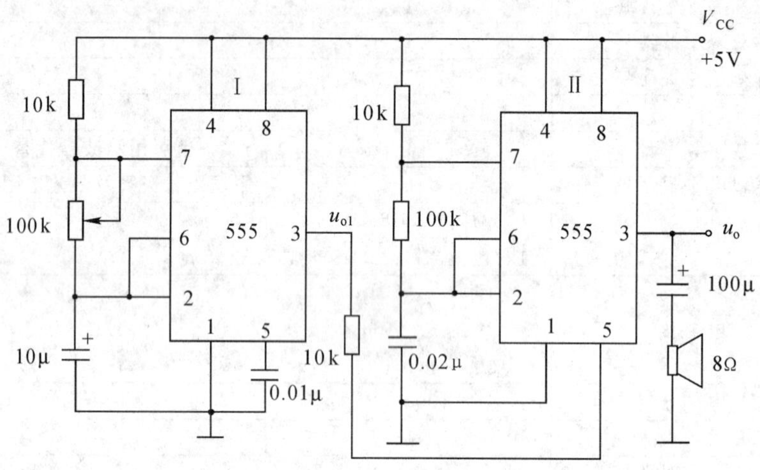

图 3-17-9 模拟声响电路

五、问 题

1. 分析图 3-17-9 所示电路的工作原理。
2. 拟定测试中所需的数据、表格等。
3. 如何用示波器测定施密特触发器的电压传输特性曲线？

六、报告内容重点

1. 按测试步骤整理出各内容的波形和数据。
2. 分析计算所测电量，并进行误差分析。
3. 总结 555 的应用及使用注意事项。
4. 回答问题。
5. 报告格式详见范例(附录一)。

项目 3-18　叮咚音乐电子门铃（555 定时器的应用）

一、实训目的

进一步熟悉 555 定时器的逻辑功能及应用。

二、原理简介

1. 电路

利用 555 定时器及相关元器件实现的叮咚音乐门铃电路如图 3-18-1 所示。

图中 $R_1=18\text{k}\Omega$，$R_2=15\text{k}\Omega$，$R_3=5.6\text{k}\Omega$，$R_4=10\text{k}\Omega$，$C_1=C_4=0.1\mu\text{F}$，$C_2=C_3=100\mu\text{F}/16\text{V}$，$C_5=C_6=0.01\mu\text{F}$，$C_7=C_8=10\mu\text{F}/16\text{V}$，$\text{D}_1\sim\text{D}_6$：1N4001，IC1：7806，IC2：555。注：直流电源部分（AB 虚线以左部分）可用现成直流电源。工作原理自行分析。

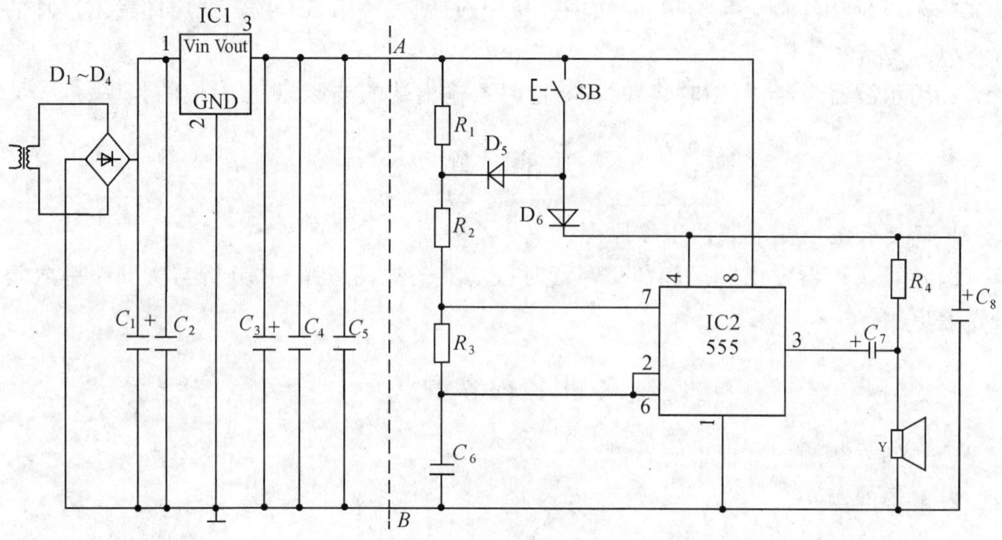

图 3-18-1　叮咚音响门铃电原理图

2. 安装调试要求

安装完成后，按一次 SB，扬声器即发出悦耳的叮咚声。

三、所需仪器设备及器件清单

名　称	数　量	说　明
双踪示波器	1	
NE555	1	
7806	1	
电　阻	18k×1，15k×1 5.6k×1，10k×1	
电　容	0.1μ×2，100μ×2 0.01μ×6，10μ×2	耐压大于 25V
二极管	1N4001×6	

四、测试内容

1. 在图 3-18-1 中，SB 为按钮。按图连接完成后，按一下 SB，扬声器应即发出悦耳的叮咚声。

2. 用示波器观测“叮”和“咚”时 555 定时器输出端的波形，测出对应的频率。

五、问　题

1. 简要介绍所测电路的工作原理。

2. 估算扬声器发出“叮”和“咚”声音时振荡器的振荡频率；并分析与实测频率之间的误差原因。

六、报告内容重点

1. 总结安装测试过程中的心得。

2. 解答问题。

3. 报告格式详见范例(附录一)。

项目 3-19　简易电子琴(555 定时器的应用)

一、实训目的

1. 熟悉多谐振荡器工作频率的调节方法。
2. 进一步熟悉 555 定时器的应用。

二、原理简介

由 555 定时器为主要器件的简易电子琴电路如图 3-19-1 所示。图中 $R_{21}=27\text{k}\Omega$，$R_{22}=24\text{k}\Omega$，$R_{23}=22\text{k}\Omega$，$R_{24}=20\text{k}\Omega$，$R_{25}=18\text{k}\Omega$，$R_{26}=16\text{k}\Omega$，$R_{27}=15\text{k}\Omega$。

工作原理自行分析。

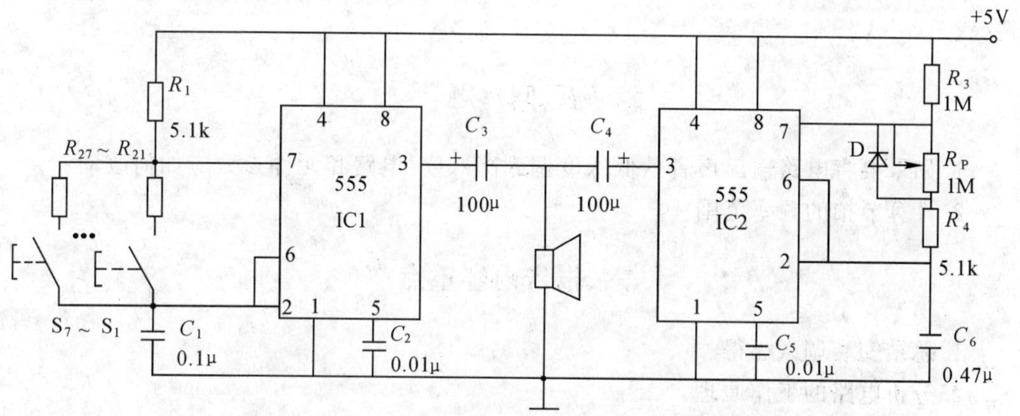

图 3-19-1　简易电子琴电原理图

三、所需仪器设备及器件清单

名　称	数　量	说　明
+5V 直流电源	1	
NE555	2	
电　阻	27k×1,24k×1,22k×1,20k×1, 18k×1,16k×1,15k×1,5.1k×2,1M×1	
电　容	0.1μ×1,0.01μ×2,0.47μ×1,100μ×2	耐压大于 25V
扬声器	1	8Ω
电位器	1M×1	

四、测试内容

1. 按原理图接好线路。琴键开关 S_1～S_7 可用导线代替。

2. 调节 R_p，辨别扬声器发声变化情况，并用示波器观察 IC1 输出端的波形变化情况。

五、问　题

1. 如果要将电路输出声音从低八度调到高八度，电路和元件参数应如何改动？

2. 计算节拍的频率范围。

六、报告内容重点

1. 总结安装调试心得。

2. 分析电路的工作原理。

3. 解答问题。

4. 报告格式详见范例(附录一)。

项目 3-20　D/A 和 A/D 转换器

一、实训目的

1. 了解 D/A 和 A/D 转换器的基本工作原理。

2. 熟悉大规模集成 D/A 和 A/D 转换器的功能及其典型应用。

二、原理简介

1. D/A 转换器 DAC0832

DAC0832 是采用 CMOS 工艺制成的单片电流输出型 8 位数/模转换器。如图 3-20-1 所示是 DAC0832 的逻辑框图及引脚排列。

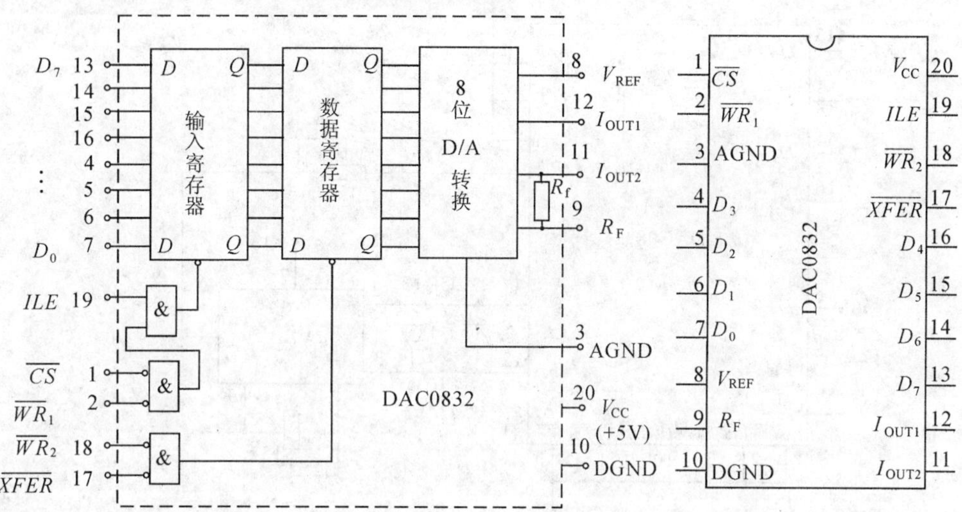

图 3-20-1　DAC0832 单片 D/A 转换器逻辑框图和引脚排列

8 位 D/A 转换器有 8 个数据输入端，每个输入端是 8 位二进制数中的一位；有一个模拟输出端。输入可有 $2^8=256$ 个不同的二进制组态，输出为 256 个不同等级的电压之一，即输出电压不是整个电压范围内任意值，而只能是 256 个可能值。

DAC0832 的引脚功能说明如下：

$D_0 \sim D_7$:数字信号输入端;

ILE:输入寄存器允许,高电平有效;

$\overline{CS}$:片选信号,低电平有效;

$\overline{WR_1}$:写信号 1,低电平有效;

$\overline{XFER}$:传送控制信号,低电平有效;

$\overline{WR_2}$:写信号 2,低电平有效;

I_{OUT1}、I_{OUT2}:DAC 电流输出端;

R_F:反馈电阻,是集成在片内的外接运放的反馈电阻;

V_{REF}:基准电压(-10~+10V);

V_{CC}:电源电压(+5~+15V);

AGND:模拟地 }可接在一起使用。
DGND:数字地

DAC0832 输出的是电流,要转换为电压,还必须经过一个外接的运算放大器。测试线路如图 3-20-2 所示。

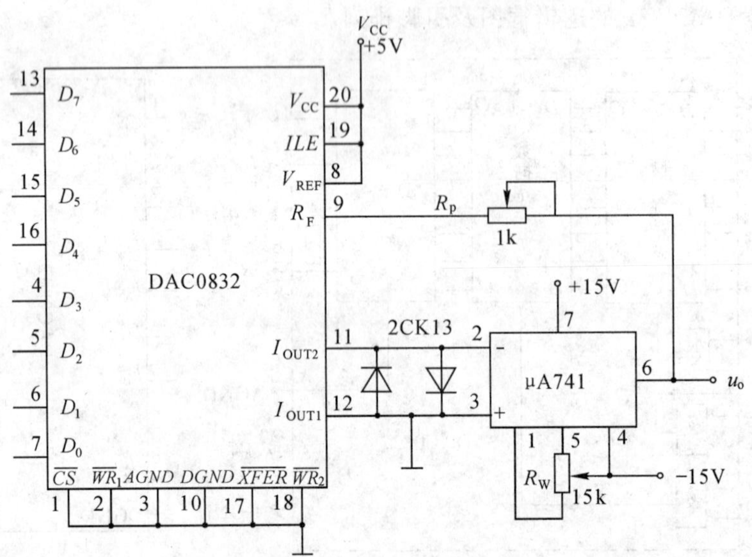

图 3-20-2 D/A 转换器测试线路图

2. A/D 转换器 ADC0809

ADC0809 是采用 CMOS 工艺制成的单片 8 位 8 通道逐次渐近型模/数转换器,其逻辑框图及引脚排列如图 3-20-3 所示。

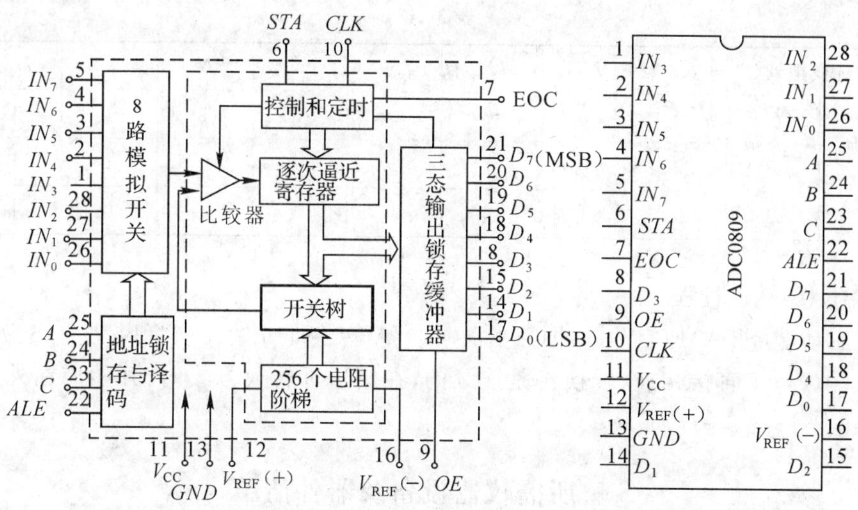

图 3-20-3 ADC0809 转换器逻辑框图及引脚排列

ADC0809 的引脚功能说明如下：

$IN_0 \sim IN_7$：8 路模拟信号输入端。

C、B、A：地址输入端，C、B、A 为二进制输入，C 为最高位，A 为最低位。

ALE：地址锁存允许输入信号，在此脚施加正脉冲，上升沿有效，此时锁存地址码，从而选通相应的模拟信号通道，以便进行 A/D 转换。

STA：启动信号输入端，应在此脚施加正脉冲，当上升沿到达时，开始 A/D 转换过程。

EOC：转换结束输出信号(转换结束标志)，高电平有效。

OE：输入允许信号，高电平有效。

$CLK(CP)$：时钟信号输入端，外接时钟频率一般为 640kHz。

V_{CC}：+5V 单电源供电电源。

$V_{REF}(+)$、$V_{REF}(-)$：基准电压的正极、负极。一般 $V_{REF}(+)$ 接+5V 电源，$V_{REF}(-)$ 接地。

$D_7 \sim D_0$：数字信号输出端。

(1)模拟量输入通道选择

8 路模拟开关由 C、B、A 三地址输入端选通 8 路模拟信号中的任何一路进行 A/D 转换，地址译码与模拟输入通道的选通关系如表 3-20-1 所示。

表 3-20-1

被选模拟通道		IN_0	IN_1	IN_2	IN_3	IN_4	IN_5	IN_6	IN_7
地址	C	0	0	0	0	1	1	1	1
	B	0	0	1	1	0	0	1	1
	A	0	1	0	1	0	1	0	1

(2)D/A 转换过程

在启动端(STA)加启动脉冲(正脉冲),D/A 转换即开始。如将启动端(STA)与转换结束端(EOC)直接相连,转换将是连续的,在用这种转换方式时,开始应在外部加启动脉冲。

三、所需仪器设备及器件清单

名　称	数　量	说　明
+5V 直流电源	1	
±15V 直流电源	各 1	
双踪示波器	1	
逻辑电平开关	10	
逻辑电平显示器	10	
数字万用表	1	
连续脉冲源	1	1kHz～1MHz
μA741	1	
DAC0832	1	
ADC0809	1	
电位器	1k×1	多圈线绕
	15k×1	
二极管	2	2CK13

四、测试内容

1. D/A 转换器 DAC0832

(1) 按图 3-20-2 接线,电路接成直通方式,即$\overline{CS}$、$\overline{WR_1}$、$\overline{WR_2}$、$\overline{XFER}$接地;ALE、V_{CC}、V_{REF}接+5V 电源;运放电源接±15V;D_0～D_7 接逻辑电平开关的输出插口,输出端 u_0 接直流数字电压表。

(2) 调零：令 $D_0 \sim D_7$ 全置 0，调节运放的调零电位器 R_w 使 μA741 输出 u_o 为零。

(3) 满量程调节：令 $D_0 \sim D_7$ 全为 1，保持 R_w 不变，调 R_P 使 $u_o = -5$V。

(4) 按表 3-20-2 所列输入数字信号，用数字万用表直流电压档测量运放的输出电压 u_o，并将测量结果填入表中，与理论值进行比较。

表 3-20-2

输 入 数 字 量								输出模拟量 u_o(V)，$V_{CC}=+5$V	
D_7	D_6	D_5	D_4	D_3	D_2	D_1	D_0	实测值	理论值
0	0	0	0	0	0	0	0		
0	0	0	0	0	0	0	1		
0	0	0	0	0	0	1	0		
0	0	0	0	0	1	0	0		
0	0	0	0	1	0	0	0		
0	0	0	1	0	0	0	0		
0	0	1	0	0	0	0	0		
0	1	0	0	0	0	0	0		
1	0	0	0	0	0	0	0		
1	1	1	1	1	1	1	1		

2. A/D 转换器 ADC0809

按图 3-20-4 接线。

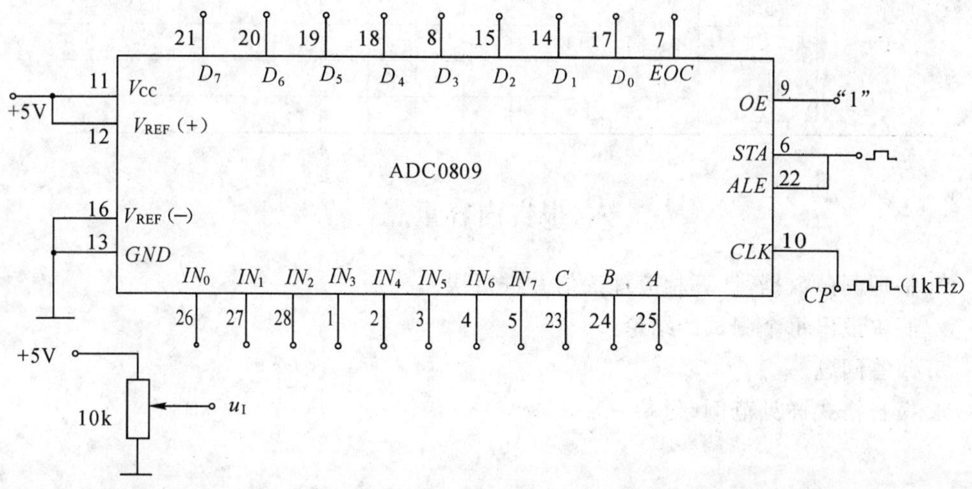

图 3-20-4　ADC0809 测试线路

(1) 八路输入模拟信号 $IN_0 \sim IN_7$ 中任选一路，如 $u_I = IN_3$。u_I 由 +5V 电源经分压得到；转换结果 $D_0 \sim D_7$ 接逻辑电平显示器输入插口，CP 时钟脉冲由连续脉冲源提供，取 $f = 1\text{kHz}$ 或 640kHz；A、B、C 地址端接逻辑电平输出插口(使 $A=B=1, C=0$)。

(2) 接通电源后，在启动端(STA)加一正单次脉冲，上升沿一到即开始 A/D 转换。

(3) 按表 3-20-3 的要求观察，记录 u_I=4.5V、3.5V、2.5V、1.5V、0.5V 时的转换结果，并将转换结果与理论值进行比较，分析产生误差的原因。

(4)改变 A、B、C 的设置，并相应改变 u_I 的输入端，重复第(2)、(3)步。

五、问　题

1. 如要使图 3-20-2 的 u_o 波形为如图 3-20-5 所示，电路应如何改动？

2. 在进行图 3-20-4 所示电路的测试时，有时为何 $D_0 \sim D_2$ 会闪动？

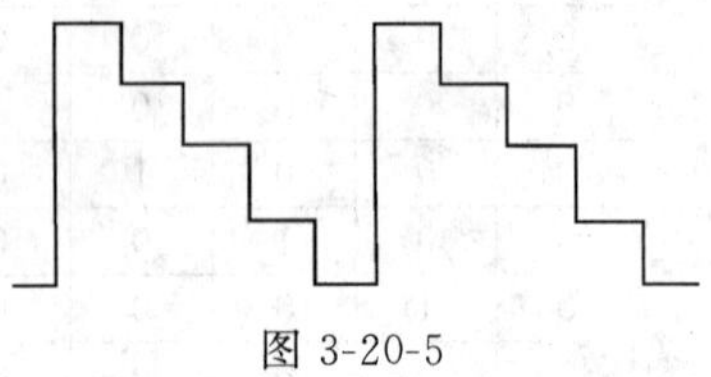

图 3-20-5

表 3-20-3

被选模拟通道	输入模拟量	地址			输出数字量								
IN	u_I(V)	C	B	A	D_7	D_6	D_5	D_4	D_3	D_2	D_1	D_0	十进制
IN$_3$	4.5	0	1	1									
	3.5												
	2.5												
	1.5												
	0.5												

六、报告内容重点

1. 整理测试数据，计算相应理论值并进行误差分析。
2. 简单说出每个测试的结论。
3. 回答问题。
4. 报告格式详见范例(附录一)。

项目 3-21　智能抢答器之二(D 触发器的应用)

一、实训目的

1. 学习数字电路中 D 触发器、分频电路、多谐振荡器、CP 时钟脉冲源等单元电路的综合运用。

2. 熟悉智力竞赛抢赛器的工作原理。

3. 了解简单数字系统安装、调试及故障排除方法。

二、原理简介

图 3-21-1 为供四人用的智力竞赛抢答装置线路。图中 IC_1 为四 D 触发器 74LS175，它具有公共置 0 端和公共 *CP* 端，引脚排列见附录；IC_2 为双 4 输入与非门 74LS20；IC_3 是四 2 输入与非门 74LS00，组成多谐振荡器；IC_4 是双 D 触发器 74LS74，组成四分频电路，用以产生抢答电路中的 CP 时钟脉冲源。抢答开始时，由主持人先发

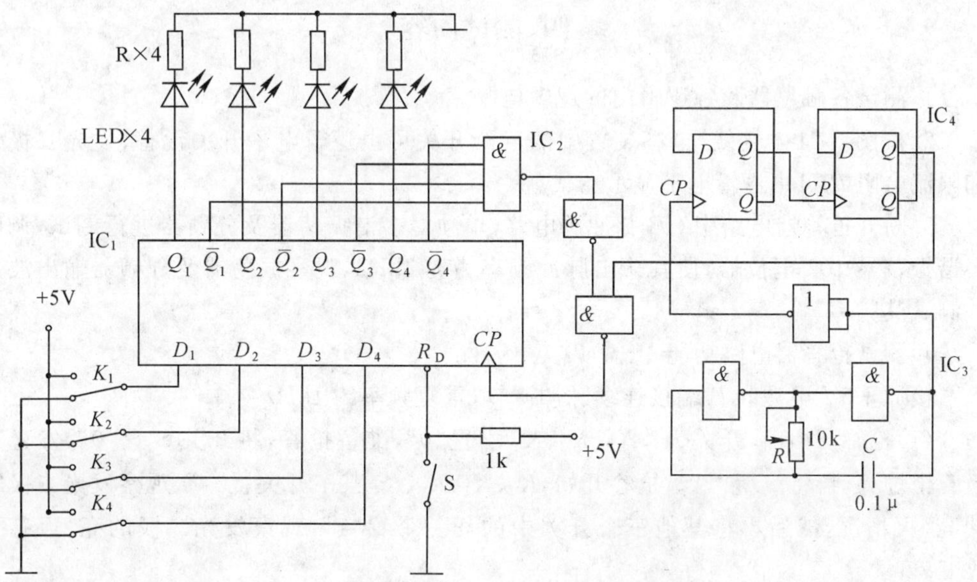

图 3-21-1　智力竞赛抢答装置原理图

清除信号(按下复位开关S),74LS175 的输出 $Q_1 \sim Q_4$ 全为 0,所有发光二极管 LED 均熄灭,图中 R 为限流电阻。当主持人宣布"抢答开始"后,首先作出判断的参赛者立即按下开关,对应的发光二极管亮,同时,通过与非门的输出信号锁住时钟信号 CP,其余三个抢答者的抢答信息不再被接受,直到主持人再次按下清除信号为止。

三、所需仪器设备及器件清单

名　称	数　量	说　　明
+5V 直流电源	1	
逻辑电平显示器	4	或用 LED 和 R 组成
逻辑电平开关	4	或用别的开关代替
双踪示波器	1	
连续脉冲源	1	1Hz～10kHz
74LS175	1	
74LS74	1	
74LS00	1	
74LS20	1	
电位器	1	10kΩ
电　阻	1	1kΩ
电　容	1	0.1μF/25V

四、测试内容

1. 测试各触发器及各逻辑门的逻辑电平。

2. 按图 3-21-1 接线,抢答装置中的五个开关可由逻辑电平开关代替、发光二极管和限流电阻 R 可由逻辑电平显示器代替。

3. 断开抢答器电路中 CP 脉冲源电路,单独对多谐振荡器及分频器进行调试,调整多谐振荡器 10k 电位器,使其输出脉冲频率为约 4kHz,观察振荡器及分频器输出波形并测试其频率。

4. 测试抢答器电路功能

接通+5V 电源,CP 端接连续脉冲源,取重复频率约 1kHz。

(1)抢答开始前,开关 K_1、K_2、K_3、K_4 均置"0",准备抢答,将开关 S 置"0",发光二极管全熄灭,再将 S 置"1"。抢答开始,K_1、K_2、K_3、K_4 某一开关置"1",观察发光二极管的亮、灭情况,然后再将其他三个开关中的任一个置"1",观察发光二极的亮、灭有否改变。

(2)重复(1)的内容,改变 K_1、K_2、K_3、K_4 任一个开关状态,观察抢答器的工作情况。

(3)整体测试:断开连续脉冲源,接入 IC_3 及 IC_4 组成的电路,再进行测试。

五、问 题

1.在图 3-21-1 所示电路中加一个计时功能,要求计时电路显示时间精确到秒,最多限制为 2 分钟,一旦超出限时,则取消抢答权。

2.如图 3-21-1 所示电路中,如 CP 的频率较低,如 1Hz,将有何影响,为什么?

六、报告内容重点

1.分析振荡器和分频器部分的工作原理。

2.设计出抢答组数为 8 的抢答装置。

3.回答问题。

4.报告格式详见范例(附录一)。

项目 3-22　电子秒表（与非门、定时器、计数、译码显示）

一、实训目的

1. 学习基本 RS 触发器、单稳态触发器、时钟发生器及计数、译码显示等单元电路的综合应用。

2. 学习电子秒表的调试方法。

二、原理简介

图 3-22-1 为电子秒表的电原理图，按功能分成四个单元电路进行分析。

1. 基本 RS 触发器

图 3-22-1 中与非门 G_1 和 G_2 等构成基本 RS 触发器，低电平触发，有直接置位、复位的功能。它的一路输出$\overline{Q}$作为单稳态触发器的输入，另一路输出 Q 作为与非门 G_5 的输入控制信号。

按动按钮开关 K_2（接地），则门 G_1 输出$\overline{Q}=1$；门 G_2 输出 $Q=0$，K_2 复位后 Q、$\overline{Q}$状态保持不变。再按动按钮开关 K_1，则 Q 由 0 变为 1，门 G_5 开启，为计数器启动做好准备；$\overline{Q}$由 1 变 0，送出负脉冲，启动单稳态触发器工作。

基本 RS 触发器在电子秒表中的作用是启动和停止秒表的工作。

2. 单稳态触发器

图 3-22-1 中与非门 G_3 和 G_4 构成微分型单稳态触发器，图 3-22-2 为各点波形图。

单稳态触发器的输入触发负脉冲信号 u_i 由基本 RS 触发器$\overline{Q}$提供，输出负脉冲 u_o 通过非门加到计数器的清除端 R。

静态时，门 G_4 应处于截止状态（输出高电平），故电阻 R 必须小于 G_4 的关门电阻 R_{OFF}。定时元件 RC 取值不同，输出脉冲宽度也不同。当触发脉冲宽度小于输出脉冲宽度时，可以省去输入微分电路的 R_P 和 C_P。

单稳态触发器在电子秒表中的作用是为计数器提供清零信号。

3. 时钟发生器

图 3-22-1 中用 555 定时器等构成的多谐振荡器是一种性能较好的时钟源。

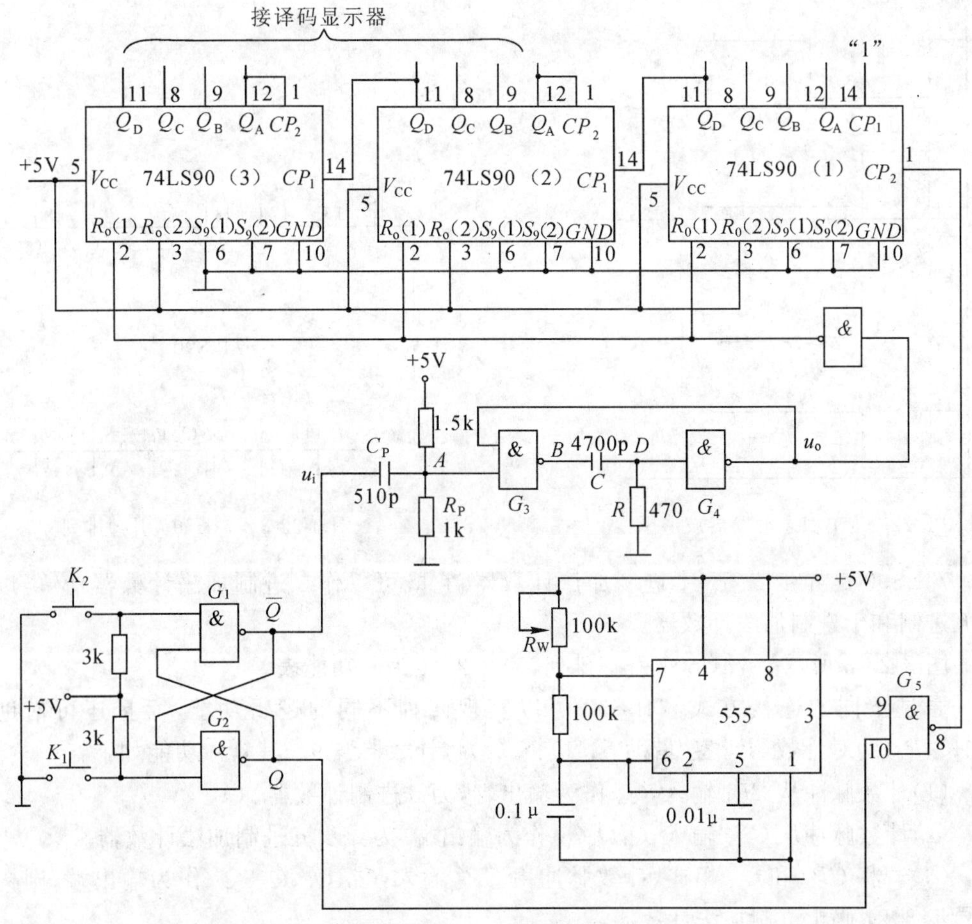

图 3-22-1　电子秒表原理图

调节电位器 R_W,可在输出端 3 获得频率为 50Hz 的矩形波信号,当基本 RS 触发器 $Q=1$ 时,门 G_5 开启,此时 50Hz 脉冲信号通过门 G_5 作为计数脉冲加于计数器的计数输入端。

4. 计数及译码显示

二-五-十进制加法计数器 74LS90 构成电子秒表的计数单元,如图 3-22-1 所示。其中 74LS90(1)接成五进制形式,对频率为 50Hz 的时钟脉冲进行五分频,在输出端 Q_D 取得周期为 0.1s 的矩形脉冲,作为计数器 74LS90(2)的时钟输入。74LS90(2)及(3)接成 8421 码十进制形式,其输出端与译码显示单元的相应输入端连接,可显示 0.1～9.9s的计时。

集成异步计数器 74LS90 简介如下:

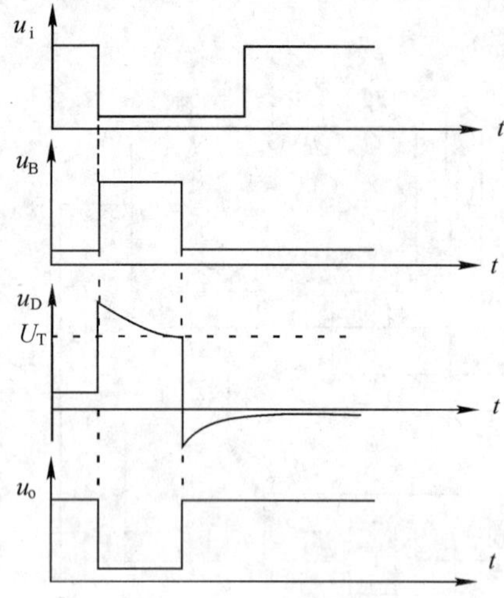

图 3-22-2 单稳态触发器波形图

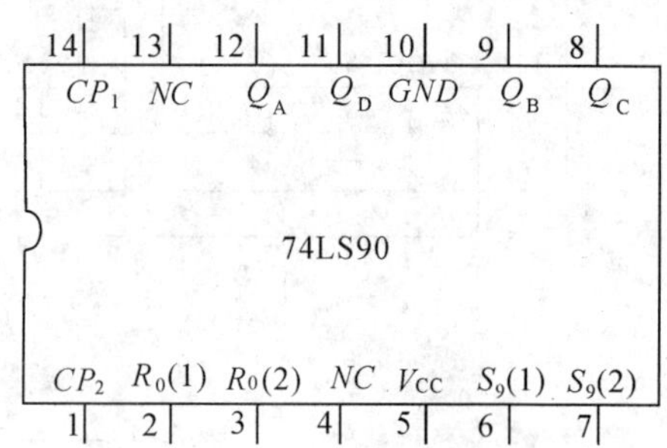

图 3-22-3 74LS90 引脚排列

74LS90 是异步二-五-十进制加法计数器，它既可以作二进制加法计数器，又可以作五进制和十进制加法计数器。

图 3-22-3 所示为 74LS90 引脚排列，表 3-22-1 为其功能表。

通过不同的连接方式，74LS90 可以实现四种不同的逻辑功能，而且还可借助 $R_0(1)$、$R_0(2)$ 对计数器清零，借助 $S_9(1)$、$S_9(2)$ 将计数器置 9。其具体功能如下：

(1)计数脉冲从 CP_1 输入，Q_A 作为输出端，为二进制计数器。

(2)计数脉冲从 CP_2 输入，$Q_DQ_CQ_B$ 作为输出端，为异步五进制加法计数器。

(3)若将 CP_2 和 Q_A 相连，计数脉冲由 CP_1 输入，Q_D、Q_C、Q_B、Q_A 作为输出端，则构成异步 8421 码十进制加法计数器。

(4)若将 CP_1 与 Q_D 相连，计数脉冲由 CP_2 输入，Q_A、Q_D、Q_C、Q_B 作为输出端，则构成异步 5421 码十进制加法计数器。

(5)清零、置 9 功能。

1) 异步清零

当 $R_0(1)$、$R_0(2)$ 均为“1”；$S_9(1)$、$S_9(2)$ 中有“0”时，实现异步清零功能，即 $Q_DQ_CQ_BQ_A=0000$。

2) 置 9 功能

当 $S_9(1)$、$S_9(2)$ 均为“1”；$R_0(1)$、$R_0(2)$ 中有“0”时，实现置 9 功能，即 $Q_DQ_CQ_BQ_A=1001$。

表 3-22-1　74LS90 功能表

<table>
<tr><th colspan="4">输　入</th><th rowspan="2">输出</th><th rowspan="3">功　能</th></tr>
<tr><th>清　0</th><th>置　9</th><th colspan="2">时　钟</th></tr>
<tr><th>$R_0(1)$、$R_0(2)$</th><th>$S_9(1)$、$S_9(2)$</th><th>CP_1</th><th>CP_2</th><th>Q_D　Q_C　Q_B　Q_A</th></tr>
<tr><td>1　1</td><td>0　×
×　0</td><td>×</td><td>×</td><td>0　0　0　0</td><td>清　0</td></tr>
<tr><td>0　×
×　0</td><td>1　1</td><td>×</td><td>×</td><td>1　0　0　1</td><td>置　9</td></tr>
<tr><td rowspan="5">0　×
×　0</td><td rowspan="5">0　×
×　0</td><td>↓</td><td>1</td><td>Q_A 输出</td><td>二进制计数</td></tr>
<tr><td>1</td><td>↓</td><td>$Q_DQ_CQ_B$ 输出</td><td>五进制计数</td></tr>
<tr><td>↓</td><td>Q_A</td><td>$Q_DQ_CQ_BQ_A$ 输出
8421BCD 码</td><td>十进制计数</td></tr>
<tr><td>Q_D</td><td>↓</td><td>$Q_AQ_DQ_CQ_B$ 输出
5421BCD 码</td><td>十进制计数</td></tr>
<tr><td>1</td><td>1</td><td>不　　变</td><td>保　　持</td></tr>
</table>

三、所需仪器设备及器件清单

名　称	数　量	说　明
+5V 直流电源	1	
双踪示波器	1	
数字万用表	1	
数字频率计	1	也可用双踪示波器代替
脉冲源	1	单次、连续脉冲源各 1 个
逻辑电平开关	4	
逻辑电平显示器	4	
译码显示器	2	也可作为单元电路使用
集成与非门	2	74LS00
定时器	1	NE555
二-五-十进制异步计数器	3	74LS90
电　阻	470Ω×1，1k×1，1.5k×1，3k×2，100k×1	普通$\frac{1}{8}$W 电阻
电位器	100k×1	多圈
电　容	4700p×1，510p×1，0.01μ×1，0.1μ×2	耐压 25V

四、测试内容

由于测试电路中使用器件较多，接线前必须合理安排各器件在测试装置上的位置，使电路逻辑清楚，接线较短。

测试时，应按照测试任务的次序，将各单元电路逐个进行接线和调试，即分别测试基本 RS 触发器、单稳态触发器、时钟发生器及计数器的逻辑功能，待各单元电路工作正常后，再将有关电路逐级连接起来进行测试，直到测试电子秒表整个电路的功能。

这样的测试方法有利于检查和排除故障，保证测试的顺利进行。

如单稳态触发器的测试，可在输入端 u_i 接 1kHz 连续脉冲源（此时$\overline{Q}$与 u_i 之间的连线断开），用示波器观察并描绘 D 点（u_D）、F 点（u_o）波形，如嫌单稳输出脉冲持续时间太短，难以观察，可适当加大微分电容 C 的容量（如改为 0.1μF），待测试完毕再恢复为 4700pF。

各单元电路测试正常后，按图 3-22-1 把几个单元电路连接起来，进行电子秒表的总体测试：

先按一下按钮开关 K_2，此时电子秒表不工作；再按一下按钮开关 K_1，则计数器清零后便开始计时，观察数码管显示计数情况是否正常，如不需要计时或暂停计时，按一下开关 K_2，计时立即停止，但数码管仍显示原计时值。

电子秒表的准确度可利用电子钟或手表的秒计时和 R_W 对电子秒表进行校准。

五、问　题

1. 简述电子秒表的工作过程。

2. 如计时范围扩大为 0.01～99.99s，电路应作何改动？

六、报告内容重点

1. 记录数字电子秒表电路中基本 RS 触发器、单稳态触发器、时钟发生器及计数器等部分内容的测试过程。

2. 回答问题。

3. 总结电子秒表安装调试过程的注意事项。

4. 报告格式详见范例（附录一）。

项目 3-23 $3\frac{1}{2}$位直流数字电压表(CC14433 应用)

一、实训目的

1. 了解双积分式 A/D 转换器的工作原理。

2. 了解 $3\frac{1}{2}$位 A/D 转换器 CC14433 的性能及其引脚功能。

3. 了解用 CC14433 构成直流数字电压表的方法。

二、原理简介

该项目采用的核心器件是一个间接型 A/D 转换器 CC14433。

1. U-T 变换型双积分 A/D 转换器 CC14433

图 3-23-1 是双积分 ADC 的控制逻辑框图,它由积分器(包括运算放大器 A_1 和 RC 积分网络)、过零比较器 A_2、N 位二进制计数器、开关控制电路、门控电路、参考电压 V_{REF}与时钟脉冲源 CP 组成。

转换开始前,先将计数器清零,并通过控制电路使开关 S_0 接通,将电容 C 充分放电,使 $u_A=0$。由于计数器进位输出 $Q_C=0$,控制电路使开关 S 接通 u_i,模拟电压与积分器接通。积分器输出 u_A 线性下降,在零值比较器 A_2 的输出端 u_C 获得一高电平,打开门 G,计数器开始计数。当输入 2^n 个时钟脉冲后 $t=T_1$,各触发器输出端 $D_{n-1}\sim D_0$ 由 111…1 回到 000…0,其进位输出 $Q_C=1$,作为定时控制信号,通过控制电路将开关 S 转换至基准电压源 V_{REF}。由于 V_{REF}与 u_i 极性相反,所以积分器向相反方向积分,u_A 开始线性上升,计数器又从 0 开始计数,直到 $t=T_2$,u_A 上升到 0V,比较器的输出下降为低电平,门 G 被封锁,计数器停止计数,此时计数器中暂存的二进制数字就是 u_i 相对应的二进制数码。

2. $3\frac{1}{2}$位双积分 A/D 转换器 CC14433 的性能特点

CC14433 是 CMOS 双积分式 $3\frac{1}{2}$位 A/D 转换器,有 24 只引脚,采用双列直插式,其引脚排列与功能如图 3-23-2 所示。

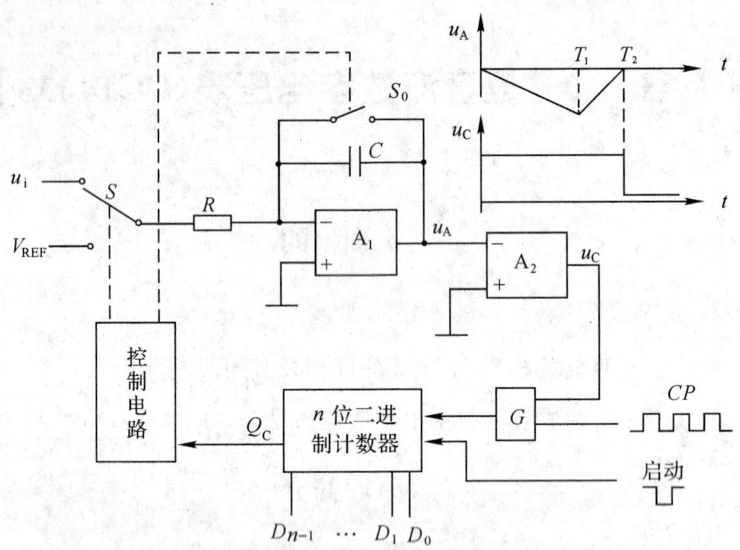

图 3-23-1　双积分 ADC 原理框图

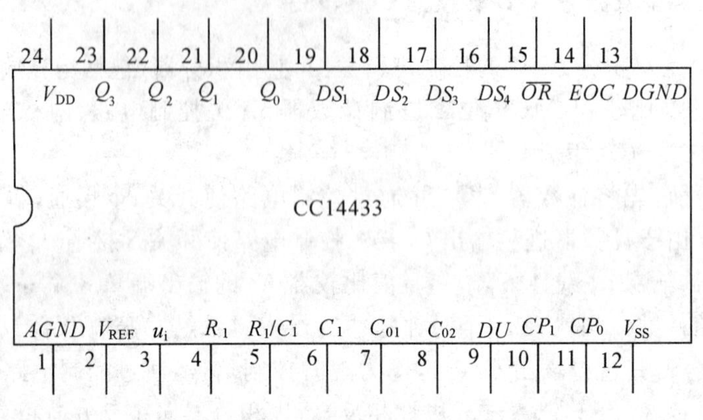

图 3-23-2　CC14433 引脚排列

引脚功能说明：

$AGND$(1 脚)：被测电压 u_i 和基准电压 V_{REF} 的参考地。

V_{REF}(2 脚)：外接基准电压(2V 或 200mV)输入端。

u_i(3 脚)：被测电压输入端。

R_1(4 脚)、R_1/C_1(5 脚)、C_1(6 脚)：外接积分阻容元件端，$C_1=0.1\mu F$(聚酯薄膜电容器)，$R_1=470k\Omega$(2V 量程)；$R_1=27k\Omega$(200mV 量程)。

C_{01}(7 脚)、C_{02}(8 脚)：外接失调补偿电容端，典型值 $0.1\mu F$。

DU(9 脚)：实时显示控制输入端。若与 EOC(14 脚)端连接，则每次 A/D 转换均显示。

CP_1(10 脚)、CP_0(11 脚):时钟振荡外接电阻端,典型值为 470kΩ。

V_{SS}(12 脚):电路的负电源端,接−5V。

$DGND$(13 脚):除 CP 外所有输入端的低电平基准(通常与 1 脚连接)。

EOC(14 脚):转换周期结束标记输出端,每一次 A/D 转换周期结束,EOC 输出一个正脉冲,宽度为时钟周期的二分之一。

$\overline{OR}$(15 脚):过量程标志输出端,当$|u_i|>V_{REF}$时,$\overline{OR}$输出为低电平。

DS_4～DS_1(16～19 脚):多路选通脉冲输入端,DS_1 对应于千位,DS_2 对应于百位,DS_3 对应于十位,DS_4 对应于个位。

Q_0～Q_3(20～23 脚):BCD 码数据输出端,DS_2、DS_3、DS_4 选通脉冲期间,输出三位完整的十进制数,在 DS_1 选通脉冲期间,输出千位 0 或 1 及过量程、欠量程和被测电压极性标志信号。

CC14433 具有自动调零、自动极性转换等功能,可测量正或负的电压值。当 CP_1、CP_0 端接入 470kΩ 电阻时,时钟频率≈66kHz,每秒钟可进行 4 次 A/D 转换。CC14433 的使用调试简便,能与微处理机或其他数字系统兼容,广泛用于数字面板表、数字万用表、数字温度计、数字量具及遥测、遥控系统。

3. $3\frac{1}{2}$位直流数字电压表的组成(调测线路)

线路结构如图 3-23-3 所示。

(1)被测直流电压 u_i 经 A/D 转换后以动态扫描形式输出,数字量输出端 Q_0、Q_1、Q_2、Q_3 上的数字信号(8421 码)按照时间先后顺序输出。位选信号 DS_1、DS_2、DS_3、DS_4 通过位选开关 MC1413 分别控制着千位、百位、十位和个位上四只 LED 数码管的公共阴极。数字信号经七段译码器 CC4511 译码后,驱动四只 LED 数码管的各段阳极,这样就把 A/D 转换器按时间顺序输出的数据以扫描形式在四只数码管上依次显示出来。由于选通重复频率较高,工作时从高位到低位以每位每次约 300μs 的速率循环显示,即一个 4 位数的显示周期是 1.2ms,所以人的肉眼就能清晰地看到四位数码管同时显示三位半十进制数字量。

(2) 当参考电压 $V_{REF}=2V$ 时,满量程显示 1.999V;当 $V_{REF}=200mV$ 时,满量程为 199.9mV。可以通过选择开关来控制千位和十位数码管的 h 笔段(小数点),经限流电阻实现对相应小数点显示的控制。

(3) 最高位(千位)显示时只有 b、c 两根线与 LED 数码管的 b、c 脚相接,所以千位只显示 1 或不显示,用千位的 g 笔段来显示模拟量的负值(正值不显示),即由 CC14433 的 Q_2 端通过 NPN 晶体管 9013 来控制千位数码管的 g 段。

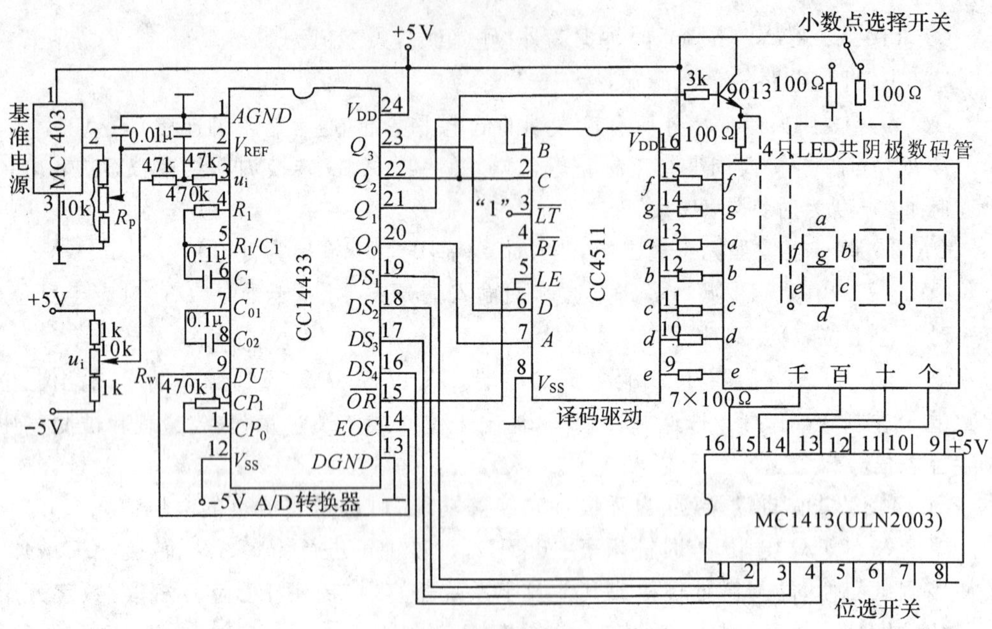

图 3-23-3　三位半直流数字电压表线路图

（4）精密基准电源 MC1403

A/D 转换需要外接标准电压源作参考电压。标准电压源的精度应当高于 A/D 转换器的精度，本项目采用 MC1403 集成精密稳压源作参考电压。MC1403 的输出电压为 2.5V，当输入电压在 4.5～15V 范围内变化时，输出电压的变化不超过 3mV，一般只有 0.6mV 左右，输出最大电流为 10mA。

MC1403 引脚排列见图 3-23-4 所示。

（5）七路达林顿晶体管列阵 MC1413

MC1413 采用 NPN 达林顿复合晶体管的结构，有很高的电流增益和很高的输入阻抗，可直接接受 TTL 或 CMOS 集成电路的输出信号，并把电压信号转换成足够大的电流信号驱动各种负载。该电路内含有 7 个集电极开路反相器（即 OC 门）。MC1413 电路结构和引脚排列如图 3-23-5 所示，它采用 16 引脚的双列直插式封装。每一驱动器输出端均接有保护二极管，以防止感性负载产生感应电压对门电路造成的影响。

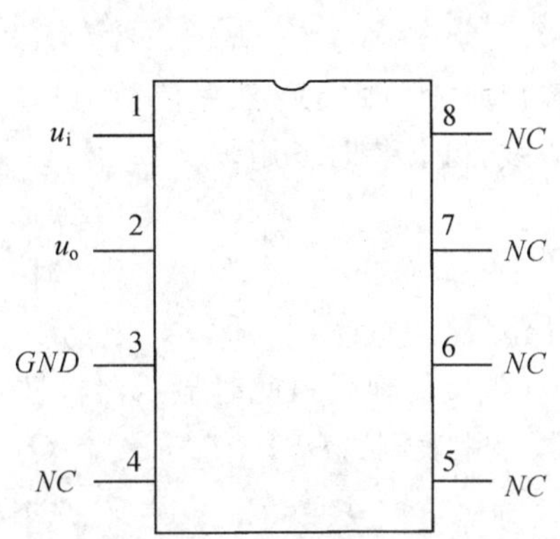

图 3-23-4 MC1403 引脚排列

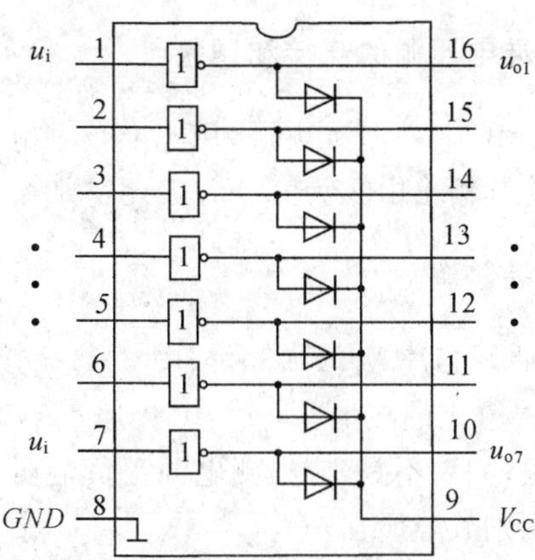

图 3-23-5 MC1413 引脚排列和电路结构图

三、所需仪器设备及器件清单

1. ±5V 直流电源
2. 双踪示波器
3. 直流数字电压表
4. 按线路图 3-23-3 要求自拟元器件清单

四、测试内容

按图 3-23-3 组装并调试好一台三位半直流数字电压表,安装调试时应一步步地进行。

1. 数码显示部分的组装与调试

(1) 建议将 4 只数码管插入 40 管脚的集成电路插座上,将 4 个数码管同名笔段与显示译码的相应输出端连在一起,其中最高位只要将 b、c、g 三笔段接入电路,按图 3-23-3 接好连线,但暂不插芯片。

(2) 插好芯片 CC4511 与 MC1413,并将 CC4511 的输入端 A、B、C、D 接至拨码开关对应的 A、B、C、D 四个插口处;将 MC1413 的 1、2、3、4 脚接至逻辑电平开关的输出插口上。

(3) 将 MC1413 的 2 脚置"1",1、3、4 脚置"0",接通电源,拨动码盘(按"+"或"-"键)自 0 至 9 变化,检查数码管是否按码盘的指示值变化。

(4) 分别将 MC1413 的 3、4、1 脚单独置"1",重复(3)的内容。

如果所有 4 位数码管显示正常,则去掉数字译码显示部分的电源,备用。

2. 标准电压源的连接和调整

插上MC1403基准电源,用标准数字电压表检查输出是否为2.5V,然后调整10kΩ电位器,使其输出电压为2.00V。调整结束后去掉电源线,供总装时备用。

3. 总装总调

(1) 插好芯片MC14433,按图3-23-3接好全部线路。

(2) 将输入端接地,即$u_i=0$。接通+5V,−5V电源(先接好地线),此时显示器将显示"000"值;如果不是,应检测电源正负电压。用示波器、万用表测试$DS1$~$DS4$、Q_0~Q_3的波形,判别故障所在。

(3) 用电阻、电位器构成一个简单的输入电压u_i调节电路,调节电位器,4位数码将相应变化,然后进入下一步精调。

(4) 用标准数字电压表(或用数字万用表代替)测量输入电压,调节电位器R_W,使$u_i=1.000$V,这时被调电路的电压指示值不一定显示"1.000",应调整基准电压源(调R_P),使指示值与标准电压表误差个位数在5之内。

(5) 改变输入电压u_i极性,使$u_i=-1.000$V,检查"−"是否显示,并按(4)方法校准显示值。

(6) 在+1.999V~−1.999V量程内再一次仔细调整(调基准电源电压),使全部量程内的误差均不超过个位数在5之内。

至此,一个测量范围在±1.999的三位半数字直流电压表调试成功。

4. 测试

记录输入电压为±1.999、±1.500、±1.000、±0.500、0.000时(标准数字电压表的读数)被调数字电压表的显示值,列表记录之。

***5. 量程的扩大**

用自制数字电压表测量正、负电源电压。如何测量,试设计扩程测量电路。

五、问 题

1. 仔细分析图3-23-3所示各部分电路的连接及其工作原理。
2. 参考电压V_{REF}上升,显示值增大还是减少?
3. 要使显示值保持某一时刻的读数,电路应如何改动?

六、报告内容重点

1. 阐明组装、调试步骤。
2. 说明调试过程中遇到的问题和解决的方法。
3. 组装、调试数字电压表的心得体会。
4. 回答问题。
5. 报告格式详见范例(附录一)。

第四部分　电子技术综合训练

项目 4-1　直流稳压电源的设计和调试

一、直流稳压电源的主要技术指标

(1)输入交流电压 220V(50～60Hz)。

(2)输出直流电压 5V,输出电流 1A。

(3)输入交流在 220V 上下波动 10%时,输出电压相对变化量小于 2%。

(4)输出电阻 $R_o<0.1\Omega$。

(5)输出最大纹波电压小于 10mV。

二、设计过程举例

1. 课题分析

本课题可采用集成三端稳压器构成。只要加上一些外围元件即可实现。其框图和电路分别示于图 4-1-1 和图 4-1-2 中。

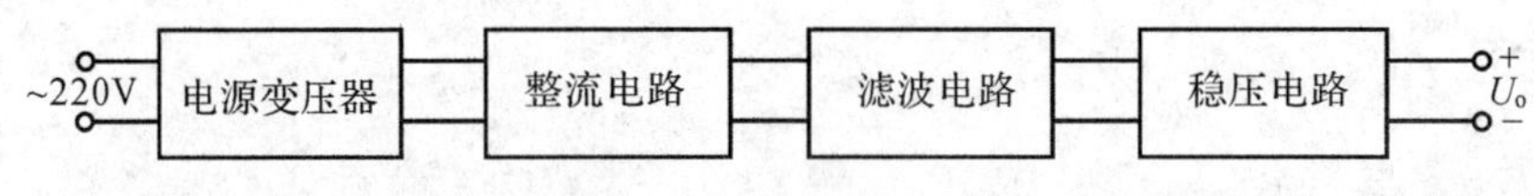

图 4-1-1　直流稳压电源框图

2. 方案论证

通过框图分析,该电路由四部分组成,它们的功能分述如下:

(1)电源变压器

把电源电压 220V 变压到合适的大小。如果 u_2 的值太大,会造成集成三端稳压器

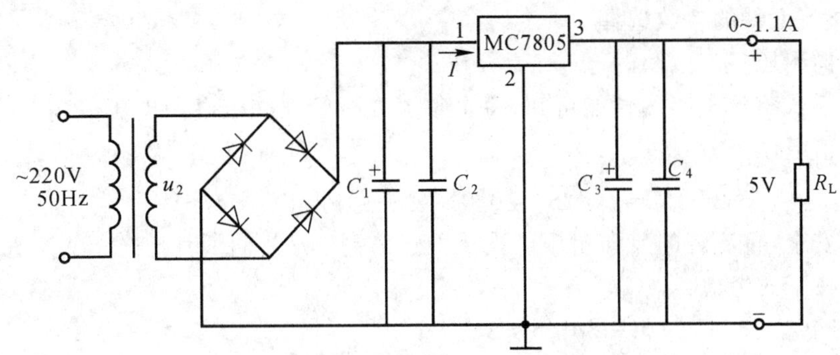

图 4-1-2　+5V 直流稳压电源

7805 的功耗大，温升高，且浪费电能。反之，如果 u_2 的值小到一定的程度，三端稳压器不能正常工作，失去稳压作用。因此，u_2 的值应大小合适，这个值应该使三端集成稳压器在交流电网电压最低和输出电流最大时也能正常工作。而且在正常稳压的前提下，不使其压降过大，以减少功耗。

(2)整流电路

将正弦波变换成脉动的直流电压。这里采用桥式整流电路来实现，既可用四个二极管来组成，也可用整流桥堆来完成。

(3)滤波电路

将脉动电压波形通过 RC 滤波网络以后变成更平坦的直流电压，减小脉动，提高整流的效果。这时整流管中通过的电流的瞬时值要比平均值大得多，特别在接通电源瞬间有相当大的冲击电流(即充电电流)通过整流管，这一点在元件选择时要引起注意。

(4)稳压电路

要求输出恒定的直流电压，且要达到指标所提要求。选用一片 MC7805 芯片来实现。

3. 方案实现

(1)u_2 和 C_1 的选择

查阅集成三端稳压器的资料可知，对输出电压在 5～12V 之间的稳压器，其输入端的电压一般要比输出端电压高 5V。而输出电压在 15～24V 的稳压器，其两端电压差要达到 7～9V 左右。在此，我们选 u_2 为 10V。从电容滤波效果考虑，C_1 的容量应足够大，但 C_1 的容量也不能太大，否则整流元件的瞬时电流太大，而且容量越大，电容器的体积越大，价格越贵。根据经验综合各方面情况，取 $C_1=3300\mu F$。

(2)整流元件的参数选择

1)反向耐压

根据桥式整流电路的性能可知,每个整流二极管在交流电网电压最高时承受的最大反向峰值电压为:

$$U_{RM}=\sqrt{2}U_{2max}=[\sqrt{2}\times10.0\times(1+10\%)]V=15.6V$$

为了安全,整流管的反向耐压应当比上述值高 50%以上,因此选择整流管时,其反向耐压应按下式考虑:

$$U_{RM}\geqslant15.6V\times(1+50\%)\approx23V$$

2)正向电流

桥式整流电路中,每个整流二极管的正向电流平均值是输出电流最大值 I_{omax}的一半。考虑 10mV 的纹波电压,$I_{omax}=1.1A$,则

$$(I_{DAV})_{max}=(1/2)I_{omax}=0.55A$$

由于整流管在接通电源瞬间有相当大的冲击电流(即充电电流)通过,因此,整流管的参数 I_F(正向电流平均值)应比上述值大 1.5～3 倍,即 $I_F>(0.5\sim2)(I_{DAV})_{max}$,取 $I_F=1A$。

目前,市场上有各种规格的整流桥堆出售,它有两个交流输入端和两个直流输出端。由于它的体积小,使用方便,价格较低,已成为常用整流元件。根据上面的计算,本电源可选用 1A/25V 的整流桥堆。

(3)变压器二次绕组的电流

由于电容滤波的整流电路中,整流管的电流不是正弦波,变压器二次绕组电流的有效值 I_2 要比输出电流 I_o大,一般情况下,前者是后者的 1.1～3 倍。取

$$I_2=1.8I_{omax}=(1.8\times1.1)A=2A$$

(4)估算三端集成稳压器的功耗和散热器的参数

三端集成稳压器的功耗基本上等于它的输入端与输出端之间的压降平均值与输出电流的乘积,即

$$P=[(U_i)_{AV}-U_o]I_o$$

式中,$(U_i)_{AV}$为三端集成稳压器输入电压的平均值。

当交流电网电压最高、输出电压最低且输出电流最大时,三端稳压器的功耗最大,即从 $U_{2max}=10V\times(1+10\%)=11V$,$I_{omax}=1.1A$ 和 7805 的参数 $U_{omin}=4.75V$ 估算可得

$$P_{max}=9.3W$$

三端集成稳压器的正常工作温度是 0～70℃,为留有裕量,按三端集成稳压器 7805 的温升超过 60℃估算,并考虑最不利的条件(环境温度为 30℃),则散热器的热阻 R_{Tf}应满足下面的不等式

$$R_{Tf} \leqslant \frac{60℃-30℃}{P_{max}} = \frac{30℃}{9.3W} \approx 3.2℃/W$$

查阅叉指型散热器的参数可知，可选用 SRZ106 叉指型散热器，它的热阻为 3℃/W。

元器件参数选择一般应注意以下几点：

①元器件的工作电流、电压、功率和功耗等应在允许的范围内，以保证电路在规定的条件下能正常工作，达到所要求的性能指标，并留有一定的裕量。

②对于环境温度、交流电网电压等工作条件，确定参数时应按最不利的情况考虑。

③电阻值尽可能选在 1MΩ 范围内，最大一般不应超过 10MΩ，其数值应在常用电阻器标称值系列之内，并应根据不同要求正确选用电阻器的品种。

④非电解电容尽可能在 1000pF～0.1μF 范围内选择，其数值应在常用电容器标称值系列之内，应根据不同要求正确选择电容器的品种。

⑤在保证电路性能的前提下，尽可能降低成本，减少元器件的品种，减小元器件的功耗和体积，并为安装调试创造有利条件。

三、安装调试注意事项

1. 直观初查

首先检查电路的元器件是否有装配差错，特别应检查整流桥堆、电解电容等元器件的管脚、极性有无接反，再检查焊点有无漏焊、虚焊，特别应注意焊点之间或印刷线路板之间有无短接，防止通电后由于某一部分的短路而造成元器件的损坏。

2. 空载检查

(1)检查整流滤波部分：如图 4-1-3 所示是测试图，设 $u_2=\sqrt{2}U_2\sin\omega t$(V)。先把整流滤波和稳压部分断开（$a$、$b$ 断开），然后接通电源。通电后，调节自耦变压器，使 u_2 由小增大，测量 U_{o1} 是否正常（约为 $\sqrt{2}U_2$），如正常，则进行下一步调试；若不正常，先排除故障，再进行下一步调试。

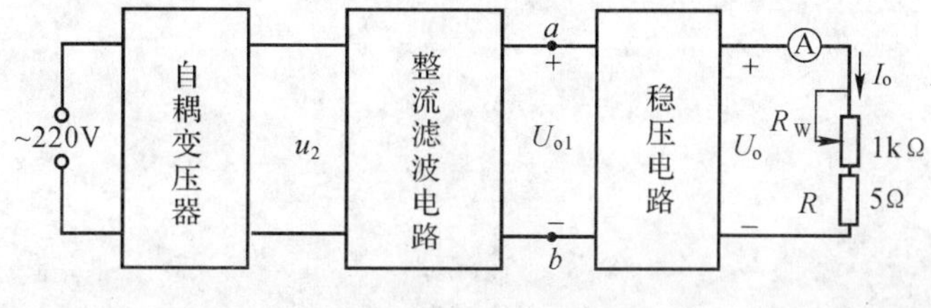

图 4-1-3　测试图

(2)检查稳压电路:将 U_2 调至 10V。把整流滤波电路与稳压电路接通,然后接通电源,用万用表检查输出电压是否正常,如果接通电源后稳压电路无输出电压,或其输出电压与输入电压相同,那么说明稳压电路有故障,应排除故障后再继续调试。注意:R 和 R_W 的功率均要求大于 5W。

3. 测量稳压系数 S 和电源内阻 R_o

(1)测量稳压系数 S:因为

$$S=\left.\frac{\Delta U_o/U_o}{\Delta U_i/U_i}\right|_{R_L=\text{常量}}$$

在负载电流为额定值($I_o=1A$)时,分别测 $u_2(1\pm10\%)$变化量所对应的输出电压变化量 ΔU_o,并计算之。

(2) 测量稳压电源的内阻,在交流电源电压为 220V 时($U_2=10V$),改变负载电阻值,测量相应的输出电流变化量 ΔI_o 和相应的输出电压的变化量 ΔU_o,则

$$R_o=\left.\frac{\Delta U_o}{\Delta I_o}\right|_{\Delta U_2=0}$$

四、综合实训报告

1. 简介直流稳压电源的工作原理,画出完整的电路图,并标出各元件参数;列出元器件清单。

2. 总结直流稳压电源元件参数的选择方法。

3. 总结安装调试经验,整理测试结果,说明结论。

项目 4-2　可编程函数发生器的设计和调试

一、可编程函数发生器的主要技术指标

(1)输入 8 位二进制,数值由最小值到最大值变化时,要求输出方波、三角波和正弦波的频率在 50Hz～1kHz 连续变化。

(2)输出方波的幅值±6V。

(3)输出三角波的幅值±4V。

(4)输出正弦波的峰值大于 2V。

二、设计过程举例

1. 课题分析

函数发生器是一种能够产生方波、三角波和正弦波的装置。首先组成一个方波发生器,然后再经过波形变换器,把方波变为三角波和正弦波。而频率的改变可用电位器及可调电容器来实现,只是上述方法只能采取手动,很难用编程的方法实现。如果采用二进制编码控制多路模拟开关接通不同数值的电阻和电容,虽然频率的改变实现了可编程,但波形的频率不是连续可调,且成本较高,因此该方案不可取。

第二种方案采用压控(直流电压)方波发生器,其输出方波的频率和幅值与控制电压成正比,通过积分器把方波变为三角波,再通过有源波形变换器把三角波变为正弦波。控制电压通过 D/A 转换器由二进制代码确定。如果采用 8 位 D/A 转换器,输出频率变化可分 256 个等级,再选择适当的积分电阻和电容值,使频率变化在 50Hz～1kHz 范围之内。采用这种方案的优点是电路简单、容易调试、成本低廉,其分辩率为 4Hz。

2. 方案论证

通过上述分析,决定采用第二种方案,其框图如图 4-2-1 所示。从图中可以看出,可编程函数发生器由三个部分组成,它们的功能分述如下:

第一部分是 D/A 数模转换器。它们的任务是把通过编程得到的二进制代码 00～FF,转换成与其大小成比例的控制电压 U_C。

第二部分是压控方波—三角波发生器。它是一个受 U_C 控制的振荡器,其输出的方波和三角波的频率与控制电压 U_C 的大小成正比。

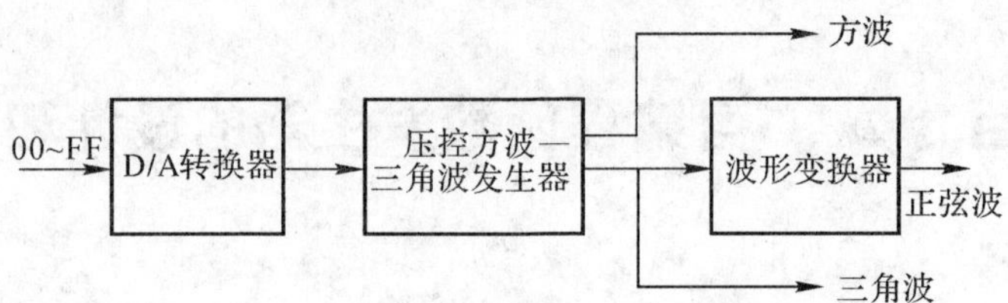

图 4-2-1 可编程函数发生器框图

第三部分是波形变换器，它的任务是将三角波变换成正弦波。

在以上三个组成部分中，起核心作用的是压控方波—三角波发生器，下面首先分析它的组成和工作原理。

(1)压控方波—三角波发生器

如图 4-2-2 所示，运算放大器 A_1、晶体管 T 和电阻 R、$R/2$、R_6 组成反相器，其输出电压 u_{o1}的高低电平时间受晶体管 T 的截止和导通时间控制。如果 T 的截止和导通时间相等，A_1 输出电压 u_{o1}的正、负幅值是与 U_C 相等的方波。A_2、C_1、R_1、R_2 组成积分器，其输出电压 u_{o2}为三角波，三角波上升和下降的斜率与输入电压 u_{o1}的幅值成正比。A_3、R_3、R_4、R_5 和 D_Z 组成滞回比较器，输出正、负电平的时间由三角波 u_{o2}下降和上升到阈值电压的时间所决定。如果阈值电压不变，则 A_3 输出 u_{o3}方波的周期与 u_{o2}三角波的斜率成反比，即与控制电压 U_C 大小成反比。

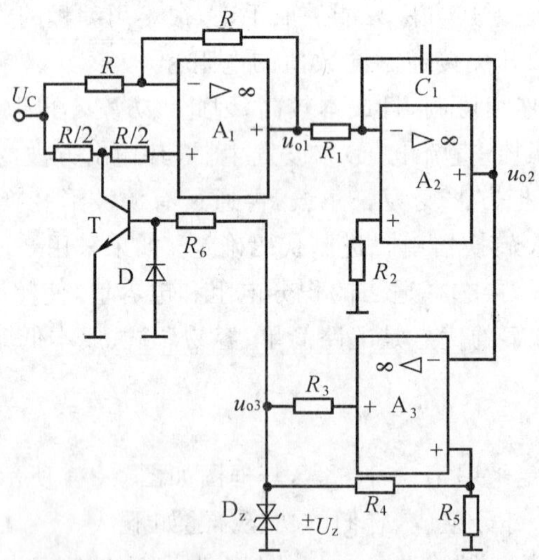

图 4-2-2 压控方波—三角波发生器原理图

如图 4-2-2 所示，A_1 为反相器。当 T 截止时，A_1 组成比例求和电路，其输出电压 $u_{o1}=[1+(R/R)-(R/R)]\times U_C=U_C$。当 T 饱和导通时，两电阻 $R/2$ 之间接地，A_1 为反相

比例放大器，其输出电压 $u_{o1}=-U_C$。只要 T 截止和饱和导通的时间相等，输出电压 u_{o1} 将是幅度与 U_C 相等的方波。图 4-2-3 给出了 u_{o1}、u_{o2}、u_{o3} 与控制电压 U_C 关系的波形图。

在图 4-2-2 中 A_2 是积分器，其输出电压为：

$$u_{o2}=-\frac{1}{R_1C_1}\int u_{o1}\mathrm{d}t=-\frac{u_{o1}}{R_1C_1}t$$

由图 4-2-3 可以看出，当 $u_{o1}=-U_C$ 时，积分器输出 u_{o2} 由 U_{T-} 上升到 U_{T+}（$U_{T-}=-U_{T+}$）所需的时间为 $T/2$，所以

$$2U_{T+}=\frac{-(-U_C)}{R_1C_1}\times\frac{T}{2}$$

则

$$T=\frac{4U_{T+}R_1C_1}{U_C}\quad（其中\ U_{T+}=\frac{R_5}{R_4+R_5}U_Z）$$

由以上分析和图 4-2-3 的波形图可知，三角波和方波输出幅度和周期分别由阈值电压

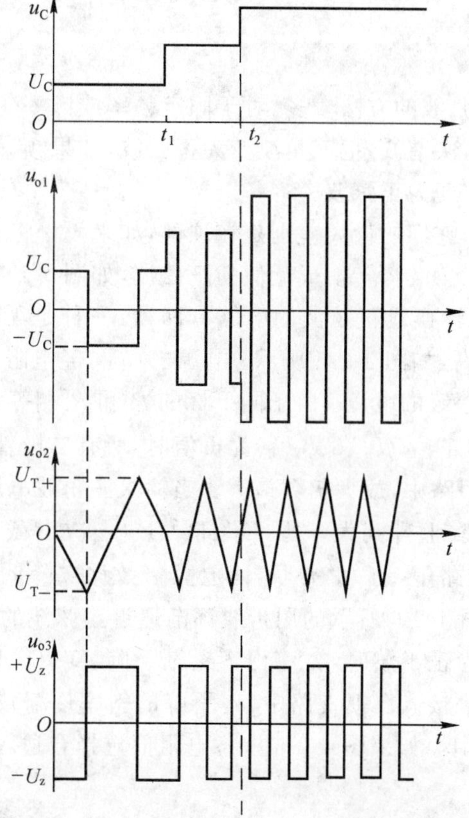

图 4-2-3　u_{o1}、u_{o2}、u_{o3} 与 U_C 关系波形图

U_{T+}和稳压管的稳定电压U_Z决定。

(2)D/A 转换器

D/A 转换器有现成的产品出售,但价格较贵。鉴于本发生器的精度要求不是很高,可用运算放大器和权电阻方法实现,如图 4-2-4 所示。

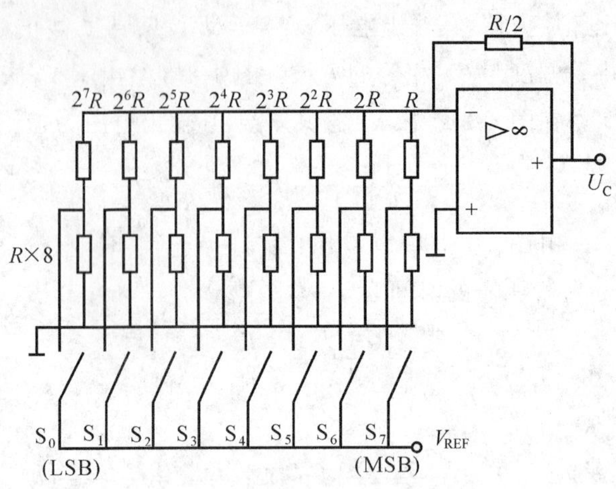

图 4-2-4 数模转换器原理图

在图 4-2-4 中,S_7~S_0 是 8 位拨码开关,与给定的 8 位二进制数的高位和低位相对应。S 合上为1,断开为 0。可以证明输出模拟电压U_C与给定的二进制数D_n的关系为:

$$U_C=-\frac{V_{REF}}{2^8}D_n$$（其中V_{REF}为参考电压）

(3)波形变换器

把三角波转换成正弦波的方法较多。对于固定频率或频率变化范围不大的情况,可采用低通滤波器,滤掉高次谐波,把三角波变为正弦波。如果频率变化范围较大,一般采用折线逼近法,把三角波变为正弦波。

观察两者波形可知,它们的最大差别是在顶部,如果设法将三角波顶部用斜率逐渐减小的折线段去逼近,三角波将转换成近似的正弦波,如图 4-2-5 所示。

用折线法把三角波转换成正弦波的电路有两种:一种是无源电路,一种是有源电路。有源电路转换精度高,如图 4-2-5 所示。电源±15V,经电阻分压,分别得到U_1、U_2、U_3和U_1'、U_2'、U_3'不同等级的电压。由于同下标的R和R'相等,所以输入为零时,输出也为零。当U_1、U_2、U_3为正值,U_1'、U_2'、U_3'为负值时,所有二极管因反向偏置都不导通,此时只有R_F接在反馈回路中,放大倍数最大。当输入三角波电压为负半波并逐渐下降时,U_1'、U_2'、U_3'电压依次上升到大于零,D_1'、D_2'、D_3'依次由截止到导通,分别将电阻R_2'、R_4'、R_6'接入反馈支路中,与R_F并联,使放大倍数逐次降低,输出正半波的斜率逐次变小,这样就形成如图 4-2-6 所示的用折线逐渐逼近正弦波的变化规律。

同理,当输入信号为正半波时,u_o将由零逐渐下降,D_1、D_2、D_3依次由截止到导通,又分别把R_2、R_4、R_6依次接入反馈支路中,u_o下降的斜率逐渐减小,使输出波形接近于正弦波负半波的变化规律。如果图 4-2-6 中各电阻值选择合适,此电路即可把三角波转换成正弦波。

由图 4-2-5 和 4-2-6 可以看出,当u_i由零开始下降,u_o由零开始上升时,D_1'、D_2'、D_3'依次导通,放大倍数与ωt之间的关系如下:

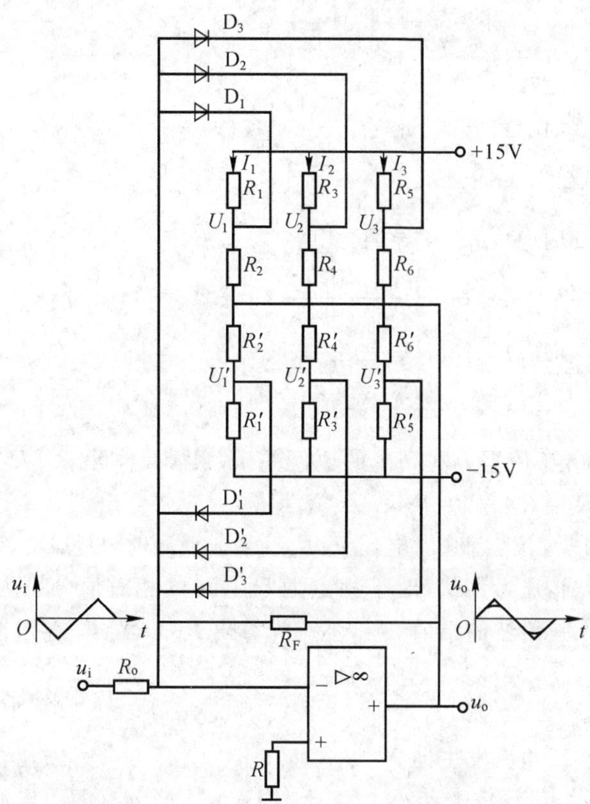

图 4-2-5　将三角形波转换为正弦波的电路

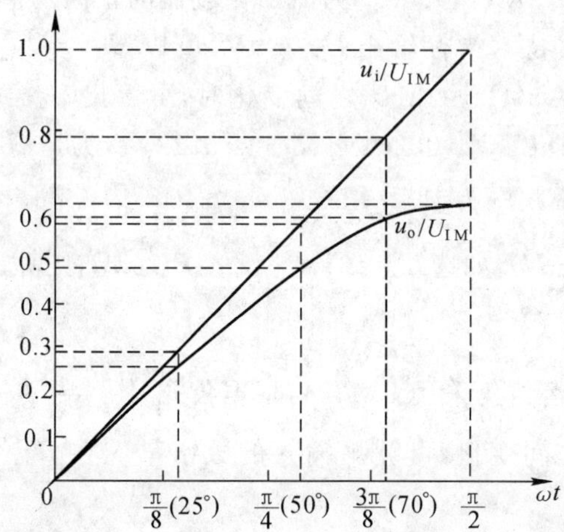

图 4-2-6　用折线法将三角波转换为正弦波

当 $\omega t<25°$时，二极管都不导通，此时

$$\left|\frac{u_o}{u_i}\right|=\frac{R_F}{R_o}=1$$

当 $25°\leqslant\omega t<50°$时，D_1'导通，此时

$$\left|\frac{u_o}{u_i}\right|=\frac{R_F /\!/ R_2'}{R_o}=\frac{0.49-0.25}{0.56-0.28}=0.76$$

当 $50°\leqslant\omega t<70°$时，D_1'和 D_2'导通，此时

$$\left|\frac{u_o}{u_i}\right|=\frac{R_F /\!/ R_2' /\!/ R_4'}{R_o}=\frac{0.6-0.49}{0.77-0.56}=0.52$$

当 $70°\leqslant\omega t<90°$时，D_1'、D_2'、D_3'导通，此时

$$\left|\frac{u_o}{u_i}\right|=\frac{R_F /\!/ R_2' /\!/ R_4' /\!/ R_6'}{R_o}=\frac{0.63-0.6}{1.0-0.77}=0.13$$

如果 R_o 的值确定，依据上式列出的比例关系，很容量求出 R_F、R_2'、R_4'、R_6'的值。因为波形对称，所以 $R_2=R_2'$、$R_4=R_4'$、$R_6=R_6'$。

从图 4-2-6 可以看出，当输出电压 u_o 从零逐渐上升时，D_1'、D_2'、D_3'逐次导通，U_1'、U_2'、U_3'电压值逐次上升为零伏，对于拐点处 U_o/U_{IM}的相对值分别为 0.28、0.49、0.6、0.63，如果已知输入三角波的幅值 U_{IM}，不难计算出 R_1'、R_3'、R_5'各电阻。

3. 方案的实现

(1)压控方波—三角波发生器

如图 4-2-2 所示，运算放大器 A_1、A_2、A_3 用一片 LM324(四单电源运算放大器)，其他各电阻、电容的参数可用上述推导的公式计算。

已知公式 $U_C=4U_{T+}R_1C_1/T$，U_{T+}为滞回比较器的正向阈值电压，其值应等于三角波的幅值电压 U_{IM}。由技术指标给出 $U_{IM}=4V$，所以 $U_{T+}=4V$。如设 $R_1=1k\Omega$、$C_1=0.33\mu F$，方波的频率在 50Hz～1kHz 之间变化时，可算出 $U_C=50\times 4U_{T+}R_1C_1\sim 10^3\times 4U_{T+}R_1C_1$ 之间变化，即 $U_{Cmin}=0.264V$，$U_{Cmax}=5.28V$。为留有一定的余量，选 $U_{Cmin}=0.2V$，$U_{Cmax}=6V$。

又因 $U_{T+}=\frac{R_5}{R_4+R_5}U_Z$，如选 $U_Z=6V$，并设 $R_5=20k\Omega$，则算出 $R_4=10k\Omega$。

(2)D/A 转换器

D/A 转换器中的运放仍采用 LM324，根据公式 $|U_C|=\frac{V_{REF}}{2^8}D_n$，假设 $V_{REF}=6V$，已知 $|U_C|$在 6～0.2V 之间变化，可算出输入的数字量应在 $D_{max}=255$ 和 $D_{min}=9$ 之间变化。

各权电阻值如设 $R=10k\Omega$，如图 4-2-4 所示各电阻的关系，很容易确定其他各电阻值。

(3)波形变换器

如图 4-2-5 所示，当 $0 \leqslant \omega t < 25°$时，所有二极管都不导通，此时

$$\frac{u_o}{u_i}=1, \frac{R_F}{R_o}=1，如设 R_o=10\text{k}\Omega, R_F=R_o=10\text{k}\Omega$$

当 $25° \leqslant \omega t < 50°$时，$D_1'$导通，则

$$\frac{u_o}{u_i}=\frac{R_F /\!/ R_2'}{R_o}=0.75，可算出 R_2'=30\text{k}\Omega$$

当 $50° \leqslant \omega t < 70°$时，$D_1'$、$D_2'$导通，则

$$\frac{u_o}{u_i}=\frac{R_F /\!/ R_2' /\!/ R_4'}{R_o}=0.52，可算出 R_4'=17\text{k}\Omega$$

当 $70° \leqslant \omega t < 90°$时，$D_1'$、$D_2'$、$D_3'$导通，则

$$\frac{u_o}{u_i}=\frac{R_F /\!/ R_2' /\!/ R_4' /\!/ R_6'}{R_o}=0.13，可算出 R_6'=1.73\text{k}\Omega$$

根据电路对称性，$R_2=R_2'=30\text{k}\Omega$，$R_4=R_4'=17\text{k}\Omega$，$R_6=R_6'=1.73\text{k}\Omega$。

已知波形变换器输入三角波电压幅度 $U_{IM}=4\text{V}$，当 U_1'上升至零伏时，D_1'开始导通，此时 $u_o/U_{IM}=0.28$，算出 $u_o=4\text{V}\times0.28=1.12\text{V}$。由于 R_2'已知，根据分压比，可求得 $R_1'=15\times R_2'/1.12=402\text{k}\Omega$，选标称值 $R_1'=390\text{k}\Omega$。

当 u_o上升到 $0.49U_{IM}$时，$u_o=4\text{V}\times0.49=1.96\text{V}$，$U_2'$升到零伏，$D_2'$导通，根据分压比可求得 $R_3'=15\times R_4'/1.96=130\text{k}\Omega$。

当 u_o上升到 $0.6U_{IM}$时，$u_o=4\text{V}\times0.6=2.4\text{V}$ 时，U_3'上升至零伏，D_3'导通，根据分压比可求得 $R_5'=15\times R_6'/2.4=10.8\text{k}\Omega$，选标称值 $R_5'=11\text{k}\Omega$。

根据电路对称性，$R_1=R_1'=390\text{k}\Omega$，$R_3=R_3'=130\text{k}\Omega$，$R_5=R_5'=11\text{k}\Omega$。

三、安装调试

电路安装时要注意，各元器件在插件板上的布局应合理，使元器件之间的连线尽可能短，特别是信号的传递通道要取捷径，并且远离强干扰源。

定性观察图 4-2-2 所示电路中 u_{o1}、u_{o2}、u_{o3}各输出波形是否与设计要求相对应。用拨码开关由小到大设置二进制数，观察 u_{o2}输出的三角波的频率是否相应地增高。其幅度与 U_Z、R_5、R_4 有关，适当改变积分电路的 R_1、C_1 值可实现频率的微调。

四、综合实训报告

1. 简介可编程函数发生器的工作原理，画出发生器的电路总图，列出元器件清单。

2. 总结发生器安装调试过程，列出测试数据表，记录波形。

3. 简单介绍可编程函数发生器的使用方法。

项目 4-3 温度监测及控制电路的安装与调试

一、实训目的

1. 学习由双臂电桥和差动输入集成运放组成的桥式放大电路。

2. 熟悉滞回比较器的性能和调试方法。

3. 学会电子小系统的测量和调试。

二、原理简介

电路如图 4-3-1 所示，它是由负温度系数电阻特性的热敏电阻(NTC 元件)R_t 为一臂组成测温电桥，其输出经测量放大器放大后由滞回比较器输出“加热”与“停止”信号，经三极管放大后控制加热器“加热”与“停止”。改变滞回比较器的比较电压 U_R 即可改变控温的范围，而控温的精度则由滞回比较器的滞回宽度确定。

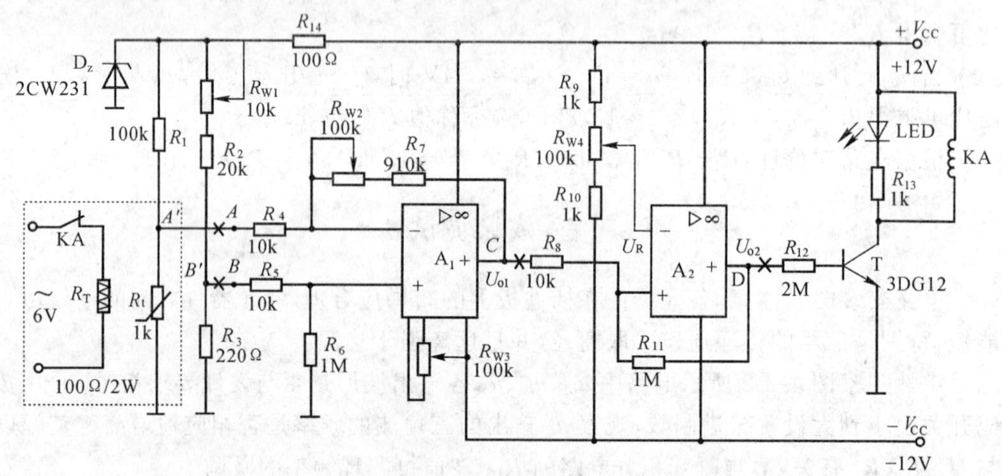

图 4-3-1 温度监测及控制电路

1. 测温电桥

由 R_1、R_2、R_3、R_{W1} 及 R_t 组成测温电桥，其中 R_t 是温度传感器。R_t 呈现出的阻值与温度成线性变化关系且具有负温度系数，而温度系数又与流过它的工作电流有关。为了

稳定 R_t 的工作电流，达到稳定其温度系数的目的，设置了稳压管 D_Z。R_{W1}可决定测温电桥的平衡。

2. 差动放大电路

由 A_1 及外围电路组成的差动放大电路，将测温电桥输出电压 ΔU 按比例放大，其输出电压

$$U_{o1}=-\left(\frac{R_7+R_{W2}}{R_4}\right)U_A+\left(\frac{R_4+R_7+R_{W2}}{R_4}\right)\left(\frac{R_6}{R_5+R_6}\right)U_B$$

当 $R_4=R_5, R_7+R_{W2}=R_6$ 时，

$$U_{o1}=\frac{R_7+R_{W2}}{R_4}(U_B-U_A)$$

R_{W3}用于差动放大器调零。

可见差动放大电路的输出电压 U_{o1}仅取决于两个输入电压之差和外部电阻的比值。

3. 滞回比较器

差动放大器的输出电压 U_{o1}送入由 A_2 等组成的滞回比较器。

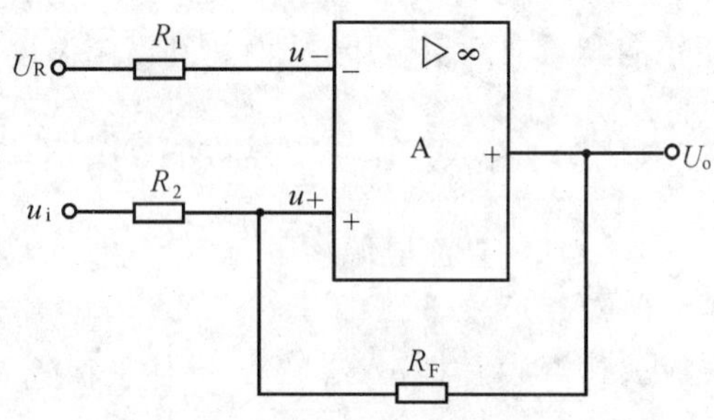

图 4-3-2　同相滞回比较器

滞回比较器的单元电路如图 4-3-2 所示，设比较器输出高电平为 U_{oH}，输出低电平为 U_{oL}，参考电压 U_R 加在反相输入端。

当输出为高电平 U_{oH}时，运放同相输入端电位

$$u_{+H}=\frac{R_F}{R_2+R_F}u_i+\frac{R_2}{R_2+R_F}U_{oH}$$

当 u_i 减小到使 $u_{+H}=U_R$，则此时的 $u_i=U_{T-}$

$$U_{T-}=\frac{R_2+R_F}{R_F}U_R-\frac{R_2}{R_F}U_{oH}$$

此后，u_i 稍有减小，输出就从高电平跳变为低电平。

当输出为低电平 U_{oL}时，运放同相输入端电位

$$u_{+L}=\frac{R_F}{R_2+R_F}u_i+\frac{R_2}{R_2+R_F}U_{oL}$$

当 u_i 增大到使 $u_{+L}=U_R$，则此时的 $u_i=U_{T+}$

$$U_{T+}=\frac{R_2+R_F}{R_F}U_R-\frac{R_2}{R_F}U_{oL}$$

此后，u_i 稍有增加，输出就从低电平跳变为高电平。

因此，U_{T-}和U_{T+}为输出电平跳变时对应的输入电平，常称U_{T-}为负向阈值电平，U_{T+}为正向阈值电平，而两者的差值

$$\Delta U_h = U_{T+} - U_{T-} = \frac{R_2}{R_F}(U_{oH} - U_{oL})$$

称为回差电压，它们的大小可通过调节R_2/R_F的比值来实现。

图 4-3-3 所示为滞回比较器的电压传输特性。

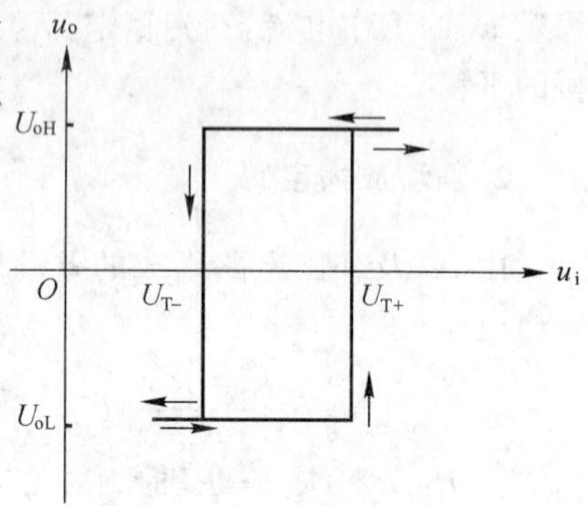

图 4-3-3 电压传输特性

由上述分析可见，差动放大器输出电压U_{o1}经分压后，与A_2反相输入端的参考电压U_R相比较。A_2同相输入端的电压大于反相输入端的电压时，A_2输出正饱和电压，三极管 T 饱和导通，发光二极管 LED 发光，说明负载的工作状态为加热。反之，如同相输入信号电压小于反相输入端电压时，A_2输出负饱和电压，三极管 T 截止，LED 熄灭，负载的工作状态为停止加热。调节R_{W4}可改变参考电压，也同时调节了正向和负向阈值电压，从而达到设定温度的目的。

三、所需仪器设备及主要器件

1. ±12V 直流电源　　　　2. 函数信号发生器
3. 双踪示波器　　　　　　4. 热敏电阻(NTC)
5. 运算放大器 μA741×2、晶体三极管 3DG12、稳压管 2CW231、发光二极管 LED

四、测试内容

按图 4-3-1 连接电路，各级之间暂不连通，形成各级单元电路，以便各单元分别进行调试。

1. 差动放大器

差动放大电路如图 4-3-4 所示，它可实现差动比例运算。

(1)运放调零。将 A、B 两端对地短路，调节R_{W3}使$U_{o1}=0$。

(2)去掉 A、B 端对地短路线。从 A、B 端分别加入不同的直流电平。

当电路中$R_7+R_{W2}=R_6$，$R_4=R_5$时，其输出电压

$$U_{o1} = \frac{R_7 + R_{W2}}{R_4}(U_B - U_A)$$

在测试时，要注意加入的输入电压$(U_B - U_A)$不能太大，以免放大器输出进入饱和区。

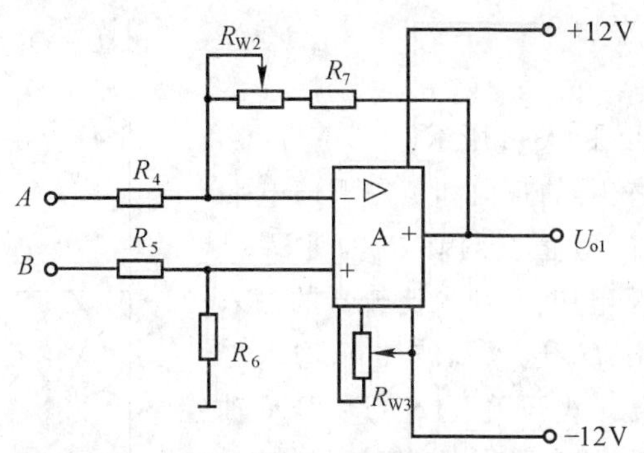

图 4-3-4　差动放大电路

(3)将 B 点对地短路,把频率为 100Hz、有效值为 10mV 的正弦波 u_i 加入 A 点,用示波器观察输出波形 U_{o1}。在输出波形不失真的情况下,用交流毫伏表测出 u_i 的有效值 U_i 和 U_{o1}的值,算得此差动放大电路的电压放大倍数 $A=\frac{U_{o1}}{U_i}$。

2. 桥式测温放大电路

将差动放大电路的 A、B 端与测温电桥的 A'、B'端相连,构成一个桥式测温放大电路。

(1)在室温下使电桥平衡

在室温条件下,调节 R_{W1},使差动放大器输出 $U_{o1}=0$(注意:前面测试中调好的 R_{W3} 不能再动)。

(2)温度系数 K(V/C)

由于测温需升温槽,为使实测操作简易,可虚设室温 T 及输出电压 U_{o1},温度系数 K 也定为一个常数,具体参数由读者自行填入表格 4-3-1 内。

表 4-3-1

温度 T(℃)	室温__℃				
输出电压 U_{o1}(V)	0				

从表 4-3-1 中可得到 $K=\Delta U_{o1}/\Delta T$。

(3)桥式测温放大器的温度—电压关系曲线

根据前面测温放大器的温度系数 K,可画出测温放大器的温度—电压关系曲线。测试时要标注相关的温度和电压的值,如图 4-3-5 所示。从图中可求得其他温度下,放大器实际应输出的电压值,也可得到在当前室温 T_0 时,U_{o1}实际对应值 U_S。

(4)重调 R_{W1},使测温放大器在当前室温下输出 $U_{o1}=U_S$。

3. 滞回比较器

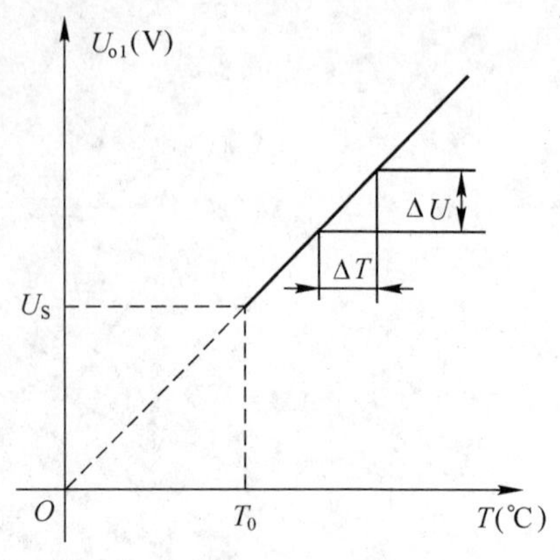

图 4-3-5 温度—电压关系曲线

滞回比较器电路如图 4-3-6 所示。

(1)直流法测试比较器的正向和负向阈值电平

首先确定参考电平 U_R 值。调节 R_{W4},使 $U_R=2V$。然后将可变的直流电压 U_i 加入比较器的输入端。比较器的输出电压 U_o 送入示波器 Y 输入端(将示波器的“输入耦合方式开关”置于“DC”,X 轴“扫描触发方式开关”置于“自动”)。改变直流输入电压 U_i 的大小,从示波器屏幕上观察到当 U_o 跳变时所对应的 U_i 值,即为正、负向阈值电平。

(2)交流法测试电压传输特性曲线

将频率为 100Hz、幅度为 3V 的正弦信号加入比较器输入端,同时送入示波器的 X 轴输入端,作为 X 轴扫描信号。比较器的输出信号送入示波器的 Y 轴输入端。微调正弦信号的大小,可从示波器显示屏上看到完整的电压传输特性曲线。

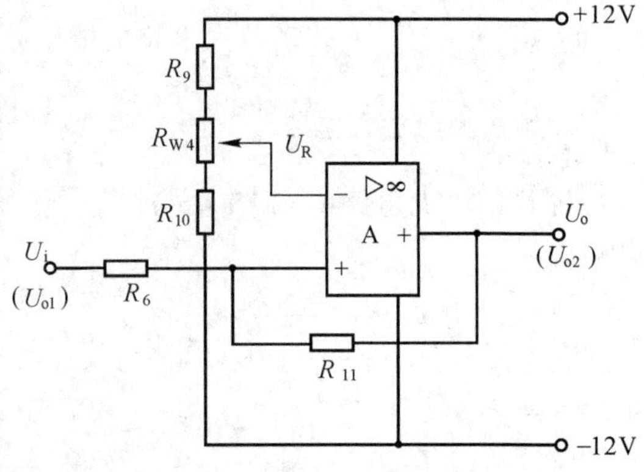

图 4-3-6 滞回比较器电路

4. 温度检测控制电路整机工作状况

(1)按图 4-3-1 连接各级电路。(注意:可调元件 R_{W1}、R_{W2}、R_{W3}不能随意变动。如有变动,必须重新进行前面的调试内容。)

(2)根据所需检测报警或控制的温度 T,从测温放大器温度—电压关系曲线中确定对应的 U_{o1}值。

(3)调节 R_{W4}使参考电压 $U_R'=U_R=U_{o1}$。

(4)用加热器升温,观察温升情况,直至报警电路动作报警(在测试电路中以 LED 发光作为报警信号),记下动作时对应的温度值 t_1 和 U_{o11}的值。

(5)用自然降温法使热敏电阻降温,记下电路解除报警时所对应的温度值 t_2 和 U_{o12} 的值。

(6)改变控制温度 T,重做(2)、(3)、(4)、(5)内容。把测试结果记入表 4-3-2 中。

根据 t_1 和 t_2 值,可得到检测灵敏度 $t_0=t_2-t_1$。

注意:测试时的加热装置可用一个 100Ω/2W 的电阻 R_T 模拟,将此电阻靠近 R_t 即可。

表 4-3-2

设定温度 T(℃)									
设定电压	从曲线上查得 U_{o1}								
	U_R								
动作温度	t_1(℃)								
	t_2(℃)								
动作电压	U_{o11}(V)								
	U_{o12}(V)								

五、问　题

1. 总结集成运放的应用及性能特点。

2. 依照集成运放插座的位置,从左到右安排前后各级电路。

画出元件排列及布线图。元件排列既要紧凑,又不能相碰,以便缩短连线,防止引入干扰,同时又要测试方便。

3. 如果放大器不进行调零,将会引起什么后果?

六、综合实训报告

1. 整理测试数据,画出有关曲线、数据记录表格以及测试线路。

2. 用方格纸画出测温放大电路温度系数曲线及比较器电压传输特性曲线。

3. 安装测试过程中的故障排除情况及体会。

4. 回答问题。

项目 4-4 用运算放大器组成万用电表的设计与调试

一、实训目的

1. 设计由运算放大器组成的万用电表。
2. 组装与调试。

二、设计要求

1. 直流电压表：满量程 +6V
2. 直流电流表：满量程 10mA
3. 交流电压表：满量程 6V，50Hz～1kHz
4. 交流电流表：满量程 10mA
5. 欧姆表：满量程分别为 1kΩ、10kΩ、100kΩ

三、万用电表工作原理及参考电路

在测量中，电表的接入应不影响被测电路的原工作状态，这就要求电压表应具有无穷大的输入电阻，电流表的内阻应为零。但实际上，万用电表表头的可动线圈总有一定的电阻，例如 100μA 的表头，其内阻约为 1kΩ，用这样的表头进行测量时，将引起误差。此外，交流电表中整流二极管的压降和非线性特性也会产生误差。如果在万用电表中使用运算放大器，就能大大降低这些误差，提高测量精度。在欧姆表中采用运算放大器，不仅能得到线性刻度，还能实现自动调零。

1. 直流电压表

图 4-4-1 为同相输入、高精度直流电压表的电原理图。

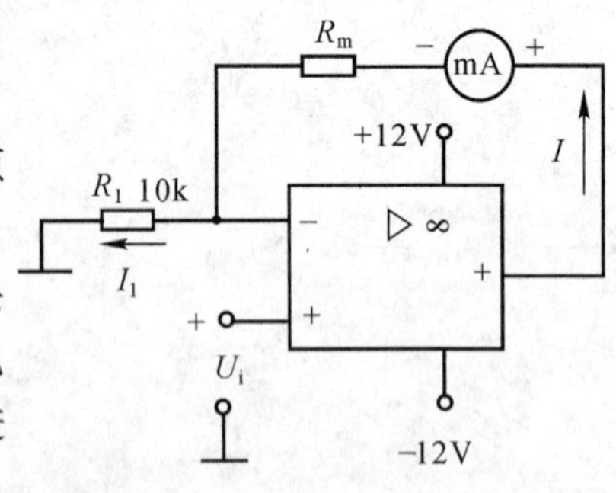

图 4-4-1 直流电压表电原理图

为了减小表头参数对测量精度的影响，将表头置于运算放大器的反馈回路中，这时，流经表头的电流与表头的参数无关，只要改变 R_1 的阻值，就可进行量程的切换。

表头电流 I 与被测电压 U_i 的关系为

$$I=\frac{U_i}{R_1}$$

应当指出：图 4-4-1 适用于测量电路与运算放大器共地的有关电路。此外，当被测电压较高时，在运放的输入端应设置衰减器。

2. 直流电流表

图 4-4-2 是浮地直流电流表的电原理图。在电流测量中，浮地电流的测量是普遍存在的。为此，应把运算放大器的电源也对地浮动，按此种方式构成的电流表就像常规电流表那样，可串联在任何电流通路中测量电流。

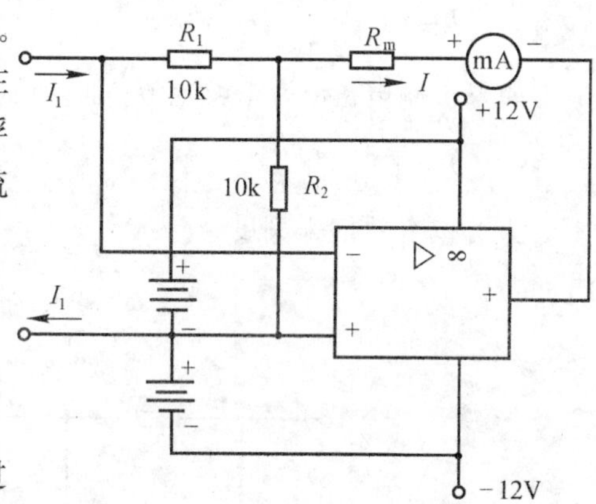

图 4-4-2　直流电流表电原理图

表头电流 I 与被测电流 I_1 间关系为

$$-I_1R_1=(I_1-I)R_2$$

所以

$$I=\left(1+\frac{R_1}{R_2}\right)I_1$$

可见，改变电阻比（R_1/R_2），可调节流过电流表的电流，以提高灵敏度。如果被测电流较大，应给电流表表头并联分流电阻。

3. 交流电压表

由运算放大器、二极管整流桥和直流毫安表组成的交流电压表如图 4-4-3 所示。被测交流电压 u_i 加到运算放大器的同相端，故有很高的输入阻抗；又因为负反馈能减小反馈回路中的非线性影响，故把二极管桥路和表头置于运算放大器的反馈回路中，以减小二极管本身非线性的影响。

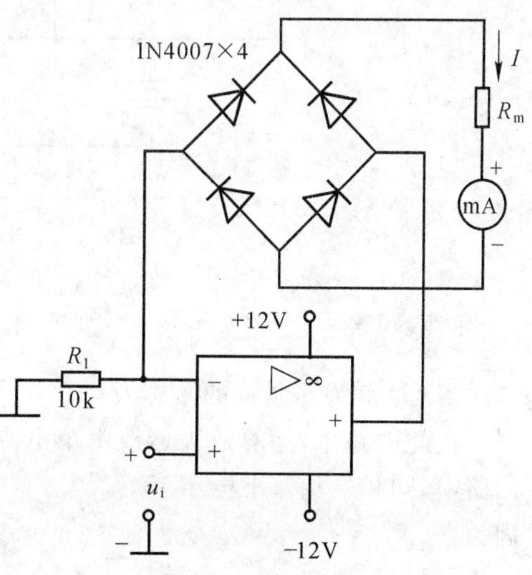

图 4-4-3　交流电压表电原理图

表头电流 I 与被测电压 u_i 的关系为（U_i 为 u_i 的有效值）

$$I=\frac{U_i}{R_1}$$

电流 I 全部流过桥路，其值仅与 U_i/R_1 有关，与桥路和表头参数（如二极管的死区等非线性参数）无关。表头中电流与被测电压 u_i 的全波整流平均值成正比，若 u_i 为正弦波，则表头可按有效值来刻度。被测电压的上限频率决定于运算放大器的频带和上升速率。

4. 交流电流表

图 4-4-4 为浮地交流电流表，表头读数由被测交流电流 i 的全波整流平均值 I_{1AV}决定，即

$$I=\left(1+\frac{R_1}{R_2}\right)I_{1AV}$$

如果被测电流 i 为正弦电流，即 $i_1=\sqrt{2}\,I_1\sin\omega t$，则上式可写为

$$I=0.9\left(1+\frac{R_1}{R_2}\right)I_1$$

则表头可按有效值来刻度。

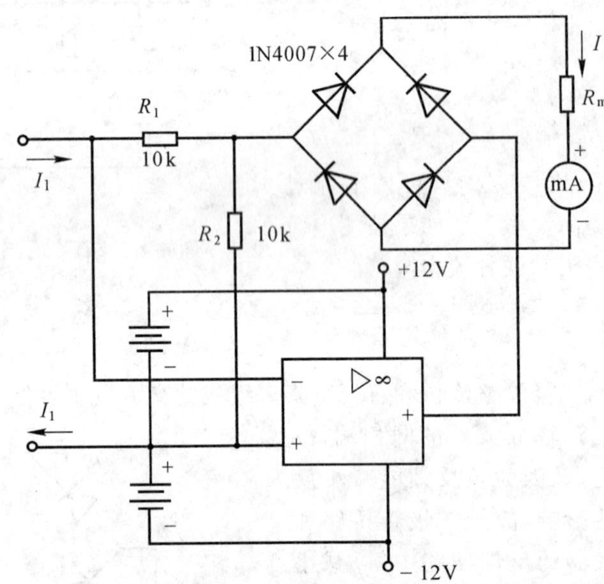

图 4-4-4　交流电流表电原理图

5. 欧姆表

图 4-4-5 为多量程的欧姆表。

在此电路中，运算放大器改由单电源供电，被测电阻 R_X 跨接在运算放大器的反馈回路中，同相端加基准电压 V_{REF}。

因为　$U_P=U_N=V_{REF}$

$I_1=I_X$

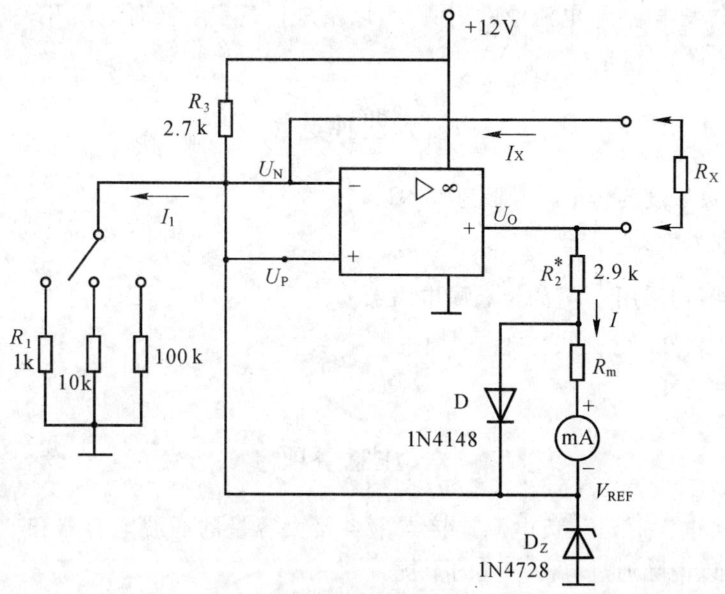

图 4-4-5　欧姆表

$$\frac{V_{REF}}{R_1}=\frac{U_o-V_{REF}}{R_X}$$

即　$R_X=\frac{R_1}{V_{REF}}(U_o-V_{REF})$

流经表头的电流

$$I=\frac{U_o-V_{REF}}{R_2+R_m}$$

由上两式消去(U_o-U_{REF})，可得

$$I=\frac{V_{REF}R_X}{R_1(R_m+R_2)}$$

可见，电流 I 与被测电阻成正比，而且表头具有线性刻度，改变 R_1 值，可改变欧姆表的量程。这种欧姆表能自动调零，当 $R_X=0$ 时，电路变成电压跟随器，$U_o=V_{REF}$，故表头电流为零，从而实现了自动调零。

二极管 D 起保护电表的作用，如果没有 D，当 R_X 超量程时，特别是当 $R_X\to\infty$时，运算放大器的输出电压将接近电源电压，使表头过载。有了 D 就可使输出钳位，防止表头过载。调整 R_2，可实现满量程调节。

四、电路设计

1. 万用电表的电路是多种多样的，建议用参考电路设计一只较完整的万用电表。

2. 万用电表作电压、电流或欧姆测量，以及进行量程切换时应用开关切换，但调试时可用引线切换。

五、元器件选择

1. 表头：灵敏度为1mA，内阻为100Ω
2. 运算放大器：μA741
3. 电阻器：均采用$\frac{1}{4}$W的金属膜电阻器
4. 二极管：1N4007×4，1N4148×1
5. 稳压管：1N4728

六、注意事项

1. 在连接电源时，正、负电源连接点上各接大容量的滤波电容器和0.01～0.1μF的小电容器，以消除通过电源产生的干扰。

2. 万用电表的电性能测试要用标准电压、电流表校正，欧姆表用标准电阻校正。考虑训练要求不高，建议用数字式4$\frac{1}{2}$位万用电表作为标准表。

七、综合实训报告

1. 画出完整的万用电表的设计电路原理图；列出元器件清单。
2. 将万用电表与标准表作测试比较，计算万用电表各功能档的相对误差，分析产生误差的原因。
3. 谈谈电路改进的建议。
4. 谈谈实训的收获与体会。

项目 4-5　多功能数字钟电路的设计和调试

一、多功能数字电子钟的主要技术指标

1. 设计一台能直接显示“时”、“分”、“秒”十进制数字的石英数字钟。
2. 走时精度高于普通机械时钟（误差不超过 1s/d），并且有校时功能。
3. 整点能自动报时，要求报时声响四低一高，最后一响为整点。

二、设计过程举例

1. 课题分析

一个用来计“时”、“分”、“秒”的数字钟，主要由六个部分组成，其整机电路框图如图 4-5-1 所示。

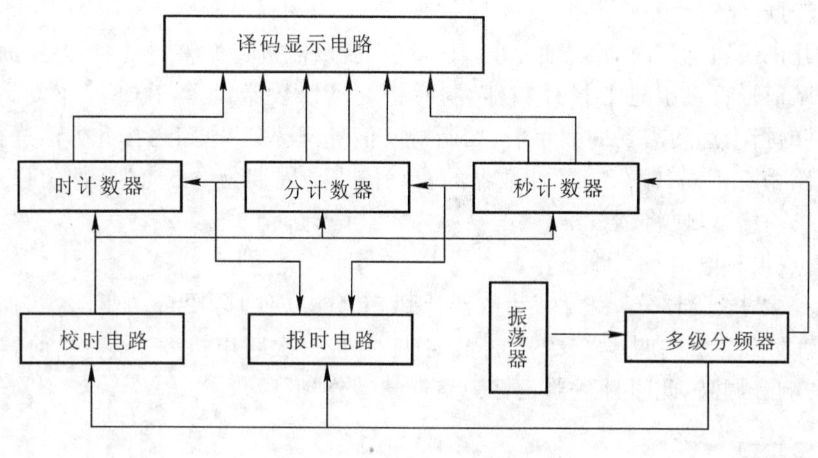

图 4-5-1　数字电子钟框图

2. 方案论证

(1)振荡器

振荡器主要用来产生时间标准信号，因为数字钟的精度主要取决于时间标准信号（简称时标信号）的频率及稳定度，所以要产生稳定的时标信号，一般是采用石英晶体振

荡器。从数字钟的精度考虑，晶振频率越高，钟表的计时准确度就越高，但这样会使分频器的级数增加。

(2)分频器

振荡器产生的时标信号通常频率都很高，要使它变成能用来计时的“秒”信号，需由分频器来完成。分频器的级数和每级的分频次数要根据时标频率来定。目前多采用32768Hz的表用晶振产生时标信号，将此信号经过15级二分频即可得到周期为1s的“秒”信号。也可选用其他频率的时基信号，确定好分频次数后再选择合适的集成电路。本课题选用的时基频率为100kHz。

(3)计数器

秒、分、时分别为六十、六十、二十四进制计数器。“秒”和“分”计数器用两块双十进制计数器来实现是很容易的，它们的个位为十进制，十位为六进制，这样，符合人们通常计秒数的习惯。“时”计数也用一块双十进制集成块，只是做成二十四进制。上述计数器均可用反馈归零法来实现。

(4)译码显示电路

因本课题计数全部采用十进制集成块，故计数器的译码显示均采用BCD—七段译码器，显示器采用共阴或共阳极的显示器。

(5)校时电路

在刚开机接通电源时，由于时、分为任意值，所以需进行调整。校“时”电路的基本原理是将“秒”信号直接引进“时”计数器，同时将“分”计数器置零，让“时”计数器快速计数，在“时”的指示达到需要的数字后，切断“秒”信号。校“分”电路也按此方法进行，只是校“秒”电路稍有不同，输入“秒”计数器的校正信号是周期为0.5s的脉冲信号，使秒信号比正常快一倍，以便将秒校准。

(6)整点报时电路

此电路要求每当“分”和“秒”计数器计到59分50秒时，便自动驱动音响电路，在10s内自动发出5次鸣叫声。要求每隔1s叫一次，每次叫声持续1s，并且前四声音调低，最后一响音调高，此时计数器正好为整点(“0”分“0”秒)。

3. 方案实现

(1)确定石英晶体振荡电路

振荡器是数字钟的心脏，它的频率和稳定性直接影响表的精度。此处选用石英晶体的频率为f_0=100kHz。振荡电路如图4-5-2所示。

该电路产生的时基信号频率为f_0=100kHz。电路中的三个CMOS与非门分别接成反相器电路，选用CD4011四2输入与非门；R_f为反相器G_1的反馈电阻，意在提供合适的偏置，使反相器G_1工作在电压传输特性的转折区，处于放大状态，电路易于起振。

G_3 起整形和缓冲作用，从而得到矩形脉冲输出。R_f 取值要适中，太大会使偏置不稳定，太小会使反馈电路损耗增加，可取 100kΩ；C_1 为负载电容，与石英晶体串联，选用 8～16pF 微调电容，可对振荡频率作微量调整。

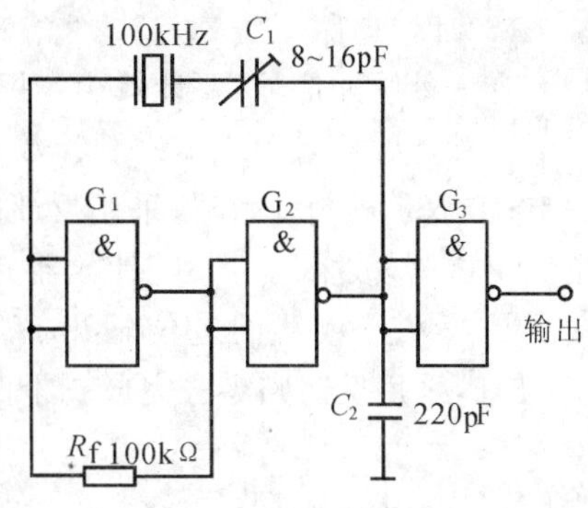

图 4-5-2　晶体振荡器电路

(2)多级分频电路

100kHz 的时标信号不能直接用来计时，需进行 10^5 次分频，可用 5 级十分频来实现。采用三片 CD4518 双十进制同步加法计数器组成，作为分频器。CD4518 的功能表见表 4-5-1，具有异步清零功能。

4-5-1　CD4518 功能表

输入			输出			
CP	EN	Cr	Q_D	Q_C	Q_B	Q_A
×	×	1	0	0	0	0
↓	×	0	保持			
×	↑	0				
↑	0	0				
1	↓	0				
↑	1	0	加计数			
0	↓	0				

当控制端 EN＝1 时，CP 上升沿到来时加计数；CP＝0 时，EN 下降沿到来时加计数。Cr 为正脉冲置零端，Q_D 为十分频输出，将 5 级十分频器串联起来，如图 4-5-3 所示，由 Q_{D5} 得到周期为 1s 的“秒”信号，由 Q_{B5}（第 5 级十分频器的次低位）得到周期为 0.4s 的信号，由 Q_{D2}、Q_{A3} 分别输出频率为 1kHz 和 500Hz 的信号。

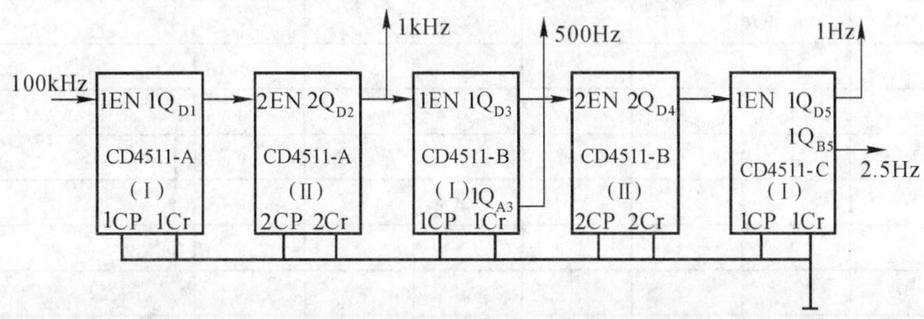

图 4-5-3　5 级十分频器电路

(3)计数电路

有了秒脉冲信号,要计算出"秒"、"分"、"时"的时间,只要按不同单位累加计数就可以了。秒计数器采用六十进制计数,并在到达 60s 时产生一个进位信号,因此选用一片 CD4518 双十进制计数器,采用反馈归零法来实现,电路如图 4-5-4 所示。"分"计数器也是六十进制,故采用与"秒"计数器完全相同的结构,不同的只是"分"计数器输入端 CP 接的是"秒"计数器的进位输出。"时"计数器是二十四进制计数电路,也选用一片 CD4518,采用反馈归零法完成二十四进制,如图 4-5-5 所示。

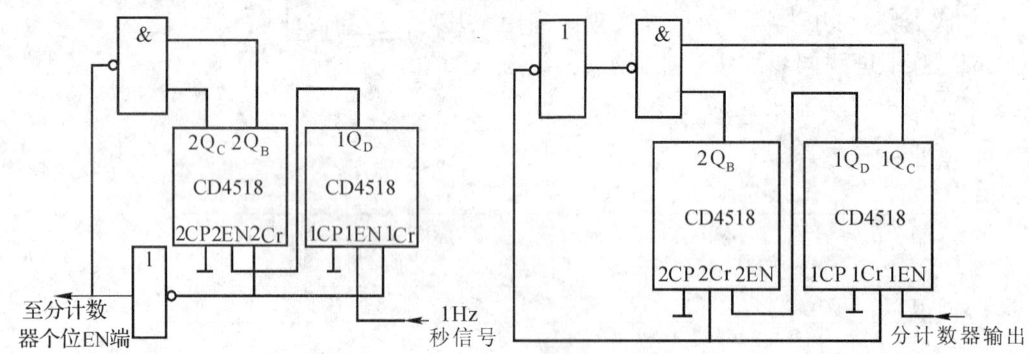

图 4-5-4　秒六十进制计数器　　　　图 4-5-5　二十四进制计数器

(4)译码显示电路

译码电路的功能是将"秒"、"分"、"时"计数器中 CD4518 的输出翻译成七段数码管的笔段控制信号,然后再经数码管或其他驱动显示电路,将相应的数字显示出来。采用的 CD4511 功能表见表 4-5-2 所示(配共阴极数码管)。

表 4-5-2　CD4511 功能表

输入							显示
LE	$\overline{BI}$	$\overline{LT}$	D	C	B	A	
×	×	0	×	×	×	×	8
×	0	1	×	×	×	×	消隐
0	1	1	0	0	0	0	0
0	1	1					
0	1	1	⋮	⋮	⋮	⋮	⋮
0	1	1					
0	1	1	1	0	0	1	9
1	1	1	×	×	×	×	锁定

(5)校时电路

实现校时电路的方法很多,本课题采用如图 4-5-6 所示电路。

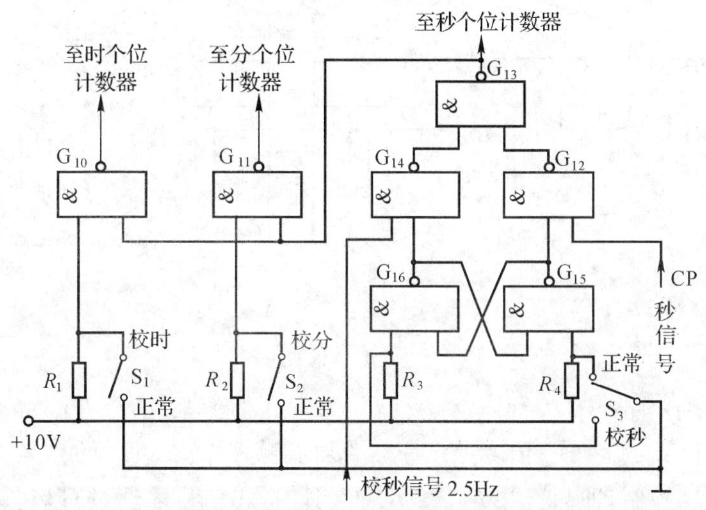

图 4-5-6　校时电路

3 个控制开关 S_1、S_2、S_3 分别用来实现“时”、“分”、“秒”的校准,开关处于正常位置时,因门 G_{10}、G_{11}、G_{15}输入控制端分别接地,使门 G_{16}的输出为零电平,即门 G_{14}的输入控制端为零,校准信号不能通过 G_{10}、G_{11}、G_{14}三个门,所以“时”、“分”、“秒”计数器按正常计数。当 S_1 置“校时”位置(S_1 断开)时,门 G_{10}打开,从门 G_{13}输出的“秒”信号直接进入“时”计数器,从而达到快速校时的目的;同时将此“秒”信号送入“分”计数器的清零端,使“分”指示置零。当“时”校准后,合上 S_1,打开 S_2 置校“分”位置,同“校时”的原理一样,将“秒”信号送入“分”计数的 CP 端和“秒”计数器的置零端,使“分”指示快速计数。校“秒”开关 S_3 控制着 G_{15}、G_{16}组成的 RS 触发器,当 S_3 置于“正常”位置时,G_{16}输出低电平,关闭 G_{14},G_{15}输出高电平,使 G_{12}打开,则“秒”信号进入“秒”计数器,使时钟正常计时。当 S_3 置于“校秒”位置时,G_{15}输出低电平,将 G_{12}封锁,“秒”信号不能通过,而 G_{16}输出高电平打开 G_{14},使频率为 2.5Hz 的“校秒”信号进入“秒”计数器,从而使“秒”计时速度提高。等“秒”校准后再将 S_3 置于正常位置。

(6)整点报时电路

电路如图 4-5-7 所示,其中包括控制门电路和音响电路。

1)控制门电路部分

当“分”和“秒”计数器到 59 分 50 秒时,从 59 分 50 秒到 59 分 59 秒之间,只有“秒”个位在计数,所以“秒”的十位、“分”的个位、“分”的十位中输出的 1 都保持不变,可将它们相“与”作为控制信号控制门 G_{21}和门 G_{23},使每小时的最后 10s 内 $C=1$。门 G_{21}输入端

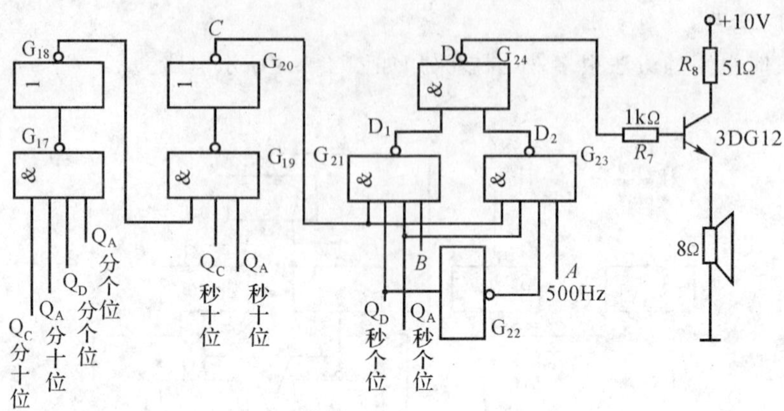

图 4-5-7 整点报时电路

加有频率为 1kHz 的信号 B，同时又受 $Q_{\text{D秒个位}}Q_{\text{A秒个位}}$ 的控制，即只有在 59 秒时，B 信号才可以通过门 G_{21} 到达 D_1；门 G_{23} 的输入端加有频率为 500Hz 的信号 A，同时又受 $\overline{Q_{\text{D秒个位}}}$ 和 $Q_{\text{A秒个位}}$ 控制，即只有在 51、53、55、57 秒时，A 信号才通过 G_{23} 到达 D_2，从而实现前 4 响为 500Hz，后一响为 1kHz，最后一响完毕正好整点。

2)音响电路

该电路采用射极跟随器起电流放大作用，推动喇叭发声。R_7 为 1kΩ 电阻，起限流作用。三极管选用 3DG12。报时所需的 1kHz 和 500Hz 音频分别取自前面的多级分频电路。

三、安装与调试

根据先局部后整机的原则，本系统可划分为如下几个功能块，沿着信号的流向，分级调试。

(1)首先安装调试 100kHz 信号电路，调节微调电容 C_1，使之产生 100kHz 矩形脉冲。

(2)在 100kHz 信号分频器各级输入端，用示波器检查各级十分频器 CD4518 是否工作正常。

(3)将“秒”信号送入“秒”计数器，检查个位、十位是否按 10s、60s 进位，若均正常，可按同样方法检查“分”和“时”计数器。

(4)整点报时电路部分只要装接无误而且无损坏，即可正常工作。

四、综合实训报告

1. 简介多功能数字钟电路的工作原理，画出整机电路图，列出元器件清单；
2. 说明安装调试过程，并记录调试结果；
3. 写一份多功能数字钟的使用说明书。

项目 4-6　数字频率计的设计制作

数字频率计用于测量信号(方波、正弦波或其他脉冲信号)的频率,并用十进制数字显示,它具有精度高、测量迅速、读数方便等优点。

一、原理简介

脉冲信号的频率就是在单位时间内所产生的脉冲个数,其表达式为 $f=N/T$,其中 f 为被测信号的频率,N 为计数器所累计的脉冲个数,T 为产生 N 个脉冲所需的时间。如在 1s 内记录 1000 个脉冲,则被测信号的频率为 1000Hz。

如图 4-6-1 所示即为一种简单易制的数字频率计的原理方框图。

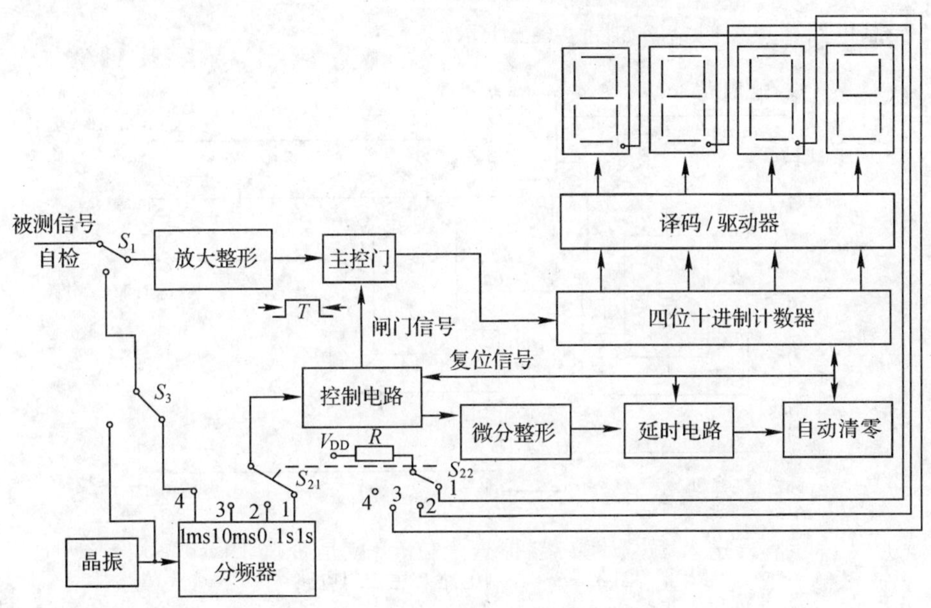

图 4-6-1　数字频率计原理框图

晶振产生较高的标准频率,经分频器后可获得各种时基脉冲(1ms、10ms、0.1s、1s 等),时基信号的选择由开关 S_{21}、S_{22}控制。被测频率的输入信号经放大整形后变成矩形脉冲加到主控门的输入端,如果被测信号为标准矩形波,放大整形可以不要,将被测信号直接加到主控门的输入端即可。时基信号经控制电路产生闸门信号至主控门,只有在闸门信号采样期间内(时基信号的一个周期),输入信号才通过主控门。若时基信号的周期为T,进入计数器的输入脉冲数为N,则被测信号的频率$f=N/T$,改变时基信号的周期T,即可得到不同的测频范围。当主控门关闭时,计数器停止计数,显示器显示记录结果。同时控制电路输出一个置零信号,经整形延时电路的延时,输出一个复位信号,使计数器和所有的触发器置零,为新的一次取样做好准备;而译码驱动电路则保持原显示数据,直到新取样值到来。

当开关S_{21}、S_{22}改变量程时,小数点能自动移位。

若开关S_1、S_3配合使用,可将测试状态转为"自检"工作状态(即用时基信号本身作为被测信号输入)。

二、有关单元电路的设计及工作原理

1. 控制电路

控制电路与主控门电路如图 4-6-2 所示。

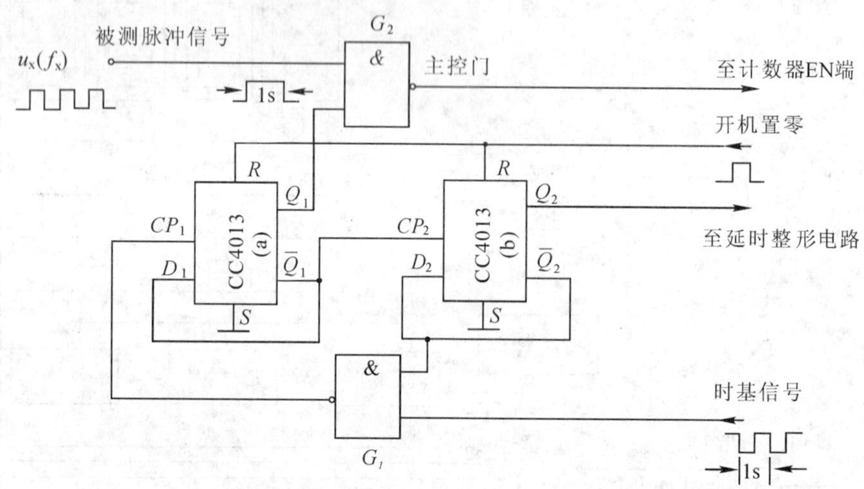

图 4-6-2 控制电路及主控门电路

主控电路由双D触发器CC4013及与非门CC4011构成。CC4013(a)的任务是输出闸门控制信号,以控制主控门G_2的开启与关闭。如果通过开关S_2(见图 4-6-1)选择一个时基信号,当给与非门G_1输入一个时基信号的下降沿时,G_1就输出一个上升沿,则CC4013(a)的Q_1端就由低电平变为高电平,将主控门G_2开启,允许被测信号通过该主控门送至计数器输入端进行计数。相隔1s(或0.1s、10ms、1ms)后,又给与非门G_1输入一个时基信号的下降沿,与非门G_1的输出端又产生一个上升沿,使CC4013(a)的Q_1端变为低电平，将主控门关闭，使计数器停止计数，同时$\overline{Q}_1$端产生一个上升沿，使 CC4013(b)翻转成 $Q_2=1$，$\overline{Q}_2=0$。由于$\overline{Q}_2=0$，它立即封锁与非门 G_1 不再让时基信号进入 CC4013(a)，保证在显示读数的时间内 Q_1 端始终保持低电平，使计数器停止计数。

利用 Q_2 端的上升沿送到下一级的微分、整形单元电路(见图 4-6-3)。当到达所调节的延时时间时，延时电路(见图 4-6-4)输出端立即输出一个正脉冲，将计数器和所有 D 触发器全部置 0。复位后，$Q_1=0$，$\overline{Q}_1=1$，为下一次测量做好准备。当时基信号又产生下降沿时，则上述过程重复。

2. 微分、整形电路

电路如图 4-6-3 所示。CC4013(b)的 Q_2 端所产生的上升沿经微分电路后，送到由与非门 CC4011 组成的施密特整形电路的输入端，在其输出端可得到一个边沿十分陡峭且具有一定脉冲宽度的负脉冲，然后再送至下一级延时电路。

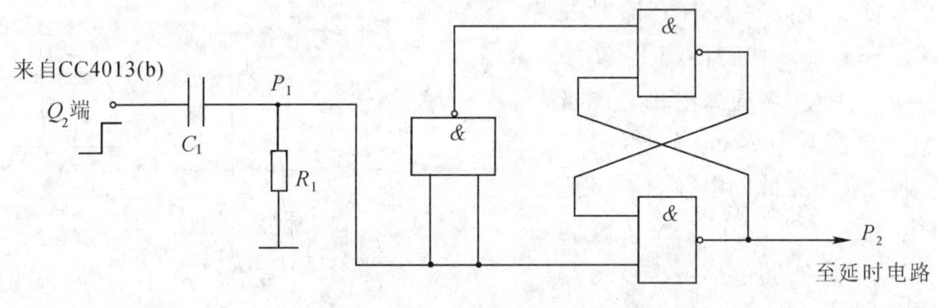

图 4-6-3　微分、整形电路

3. 延时电路

延时电路由 D 触发器 CC4013(c)、积分电路(由电位器 R_{W1} 和电容器 C_2 组成)、非门 G_3 以及单稳态电路所组成，如图 4-6-4 所示。由于 CC4013(c)的 D_3 端接 V_{DD}，所以在 P_2 点(微分整形电路的输出)所产生的上升沿作用下，CC4013(c)翻转，翻转后$\overline{Q}_3=0$(由于开机置 0 时或门 G_6(见图 4-6-5)输出的正脉冲将 CC4013(c)的 Q_3 端置 0，因此$\overline{Q}_3=1$，经二极管 2AP9 迅速给电容 C_2 充电，使 C_2 两端的电压达“1”电平)。而此时由于$\overline{Q}_3=0$，电容器 C_2 经电位器 R_{W1} 缓慢放电。当电容器 C_2 上的电压降至非门 G_3 的阈值电平 U_T 时，非门 G_3 的输出端立即产生一个上升沿，触发下一级单稳态电路，使 P_3 点输出一个正脉冲，该脉冲宽度主要取决于时间常数 R_tC_t 的值，故总的延时时间为上一级电路的延时时间(与 R_{W1}、C_2 有关)及这一级延时时间之和。

由实测得到，如果电位器 R_{W1} 用 510Ω 的电阻代替，C_2 取 3μF，则总的延迟时间也就是显示器所显示的时间，为 3s 左右。如果电位器 R_{W1} 用 2MΩ 的电阻取代，C_2 取 22μF，则显示时间可达 10s 左右。可见，调节电位器 R_{W1}可以改变显示时间。

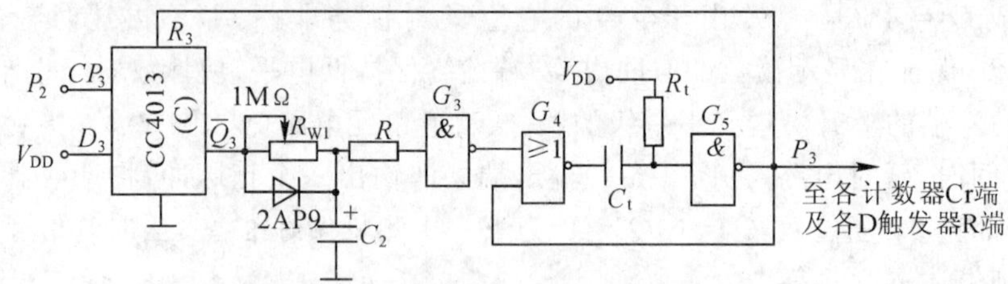

图 4-6-4 延时电路

4. 自动清零电路

P_3 点产生的正脉冲送到图 4-6-5所示由或门组成的自动清零电路，将各计数器及所有的触发器置 0。在复位脉冲的作用下，$Q_3=0$，$\overline{Q}_3=1$，于是$\overline{Q}_3$ 端的高电平经二极管 2AP9 再次对电容 C_2 充电(图 4-6-4)，补上刚才放掉的电荷，使 C_2 两端的电压恢复为高电平。又因为 CC4013(b)复位后使$\overline{Q}_2$ 再次变为高电平(见图 4-6-2)，所以与非门 G_1 又被开启，电路重复上述变化过程。

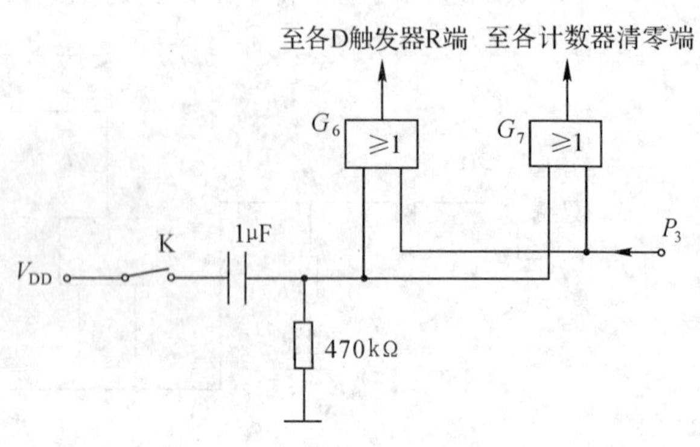

图 4-6-5 自动清零电路

三、设计任务和要求

使用中、小规模集成电路设计与制作一台简易的数字频率计，应具有下述功能：

1. 位数

计 4 位十进制数(计数位数主要取决于被测信号频率的高低，如果被测信号频率较高，精度又较高，可相应增加显示位数)。

2. 量程

第一档：最小量程档，最大读数是 9.999kHz，闸门信号的采样时间为 1s。

第二档：最大读数为 99.99kHz，闸门信号的采样时间为 0.1s。

第三档：最大读数为 999.9kHz，闸门信号的采样时间为 10ms。

第四档：最大读数为 9999kHz，闸门信号的采样时间为 1ms。

3. 显示方式

(1)用七段 LED 数码管显示读数，做到显示稳定、不跳变。

(2)小数点的位置跟随量程的变更而自动移位。

(3)为了便于读数，要求数据显示的时间在 0.5～5s 内连续可调。

4. 具有“自检”功能。

5. 被测信号为方波信号。

6. 画出设计的数字频率计的电路总图。

7. 组装和调试

(1)时基信号通常使用石英晶体振荡器输出的标准频率信号经分频电路获得。为了操作调试方便，可用仪器设备上脉冲信号源输出的 1kHz 方波信号经分频获得。

(2)按设计的数字频率计逻辑图合理布线。

(3)用 1kHz 方波信号送入分频器的 CP 端，用数字频率计检查各分频级的工作是否正常。用周期为 1s 的信号作控制电路的时基信号输入，用周期等于 1ms 的信号作被测信号，用示波器观察和记录控制电路输入、输出波形，检查控制电路所产生的各控制信号能否按正确的时序要求控制各个子系统。用周期为 1s 的信号送入各计数器的 CP 端，用发光二极管指示检查各计数器的工作是否正常。用周期为 1s 的信号作延时、整形单元电路的输入，用两只发光二极管作指示，检查延时、整形单元电路的工作是否正常。若各个子系统的工作都正常了，再将各子系统连起来统调。

8. 调试合格后，写出综合调测报告。

四、所需仪器设备及元器件清单

1. +5V 直流电源　　2. 双踪示波器

3. 连续脉冲源　　4. 逻辑电平显示器

5. 直流数字电压表　　6. 数字频率计(自装)

7. 主要元器件(供参考)

CC4518(二-十进制同步计数器)　4 只

CC4553(三位十进制计数器)　2 只

CC40106(带施密特触发的六反相器)　1 只

CC4020(14 位同步二进制计数器)　1 只

CC4013(双 D 型触发器)　2 只

CC4011(四 2 输入与非门)　2 只

CC4069(六反相器)　1 只

CC4001(四 2 输入或非门)　1 只

CC4071(四 2 输入或门)　1 只

2AP9(二极管) 1只

电位器(1MΩ) 1只

电阻、电容 若干

注意:若测量的频率范围低于1MHz,分辨率为1Hz,建议采用如图4-6-6所示的电路,只要选择参数正确,连线无误,通电后即能正常工作,无需调试。有关它的工作原理留给同学们自行研究分析。

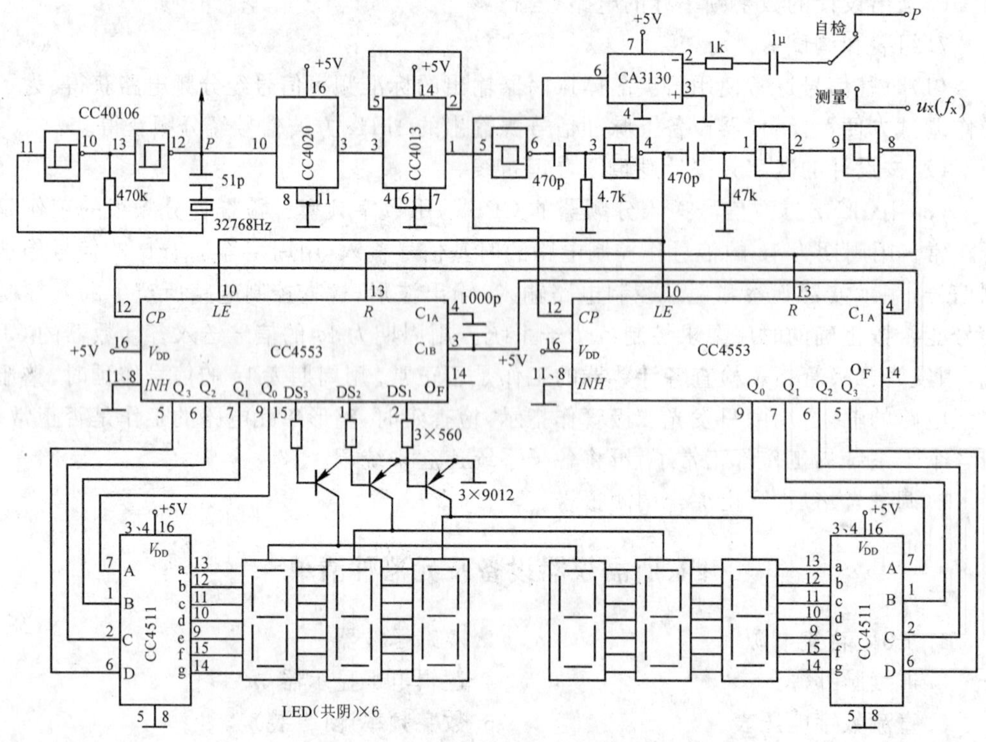

图4-6-6 0～999999Hz 数字频率计线路图

五、综合实训报告

1. 数字频率计的性能指标;
2. 单元电路功能分析及元件参数的整定;
3. 画出总电路图;
4. 列出元器件清单;
5. 测试小结(安装心得、测试步骤、测试结果及结果分析);
6. 总结(安装测试注意事项、总电路及其稳定性分析、实训心得)。

项目 4-7 拔河游戏机的设计制作

一、游戏说明

1. 拔河游戏机需用 15 个(或 9 个)发光二极管排列成一行,开机后只有中间一个点亮,以此作为拔河的中心线,游戏双方各持一个按键,迅速地、不断地按动产生脉冲,谁按得快,亮点向谁方向移动,每按一次,亮点移动一次。移到任一方终端(对应二极管点亮),这一方就得胜,此时双方按键均无作用,输出保持,只有经复位后才使亮点恢复到中心线,为下一轮比赛做好准备。

2. 显示器显示胜者的盘数。

二、电路组成

1. 拔河游戏机电路框图如图 4-7-1 所示。

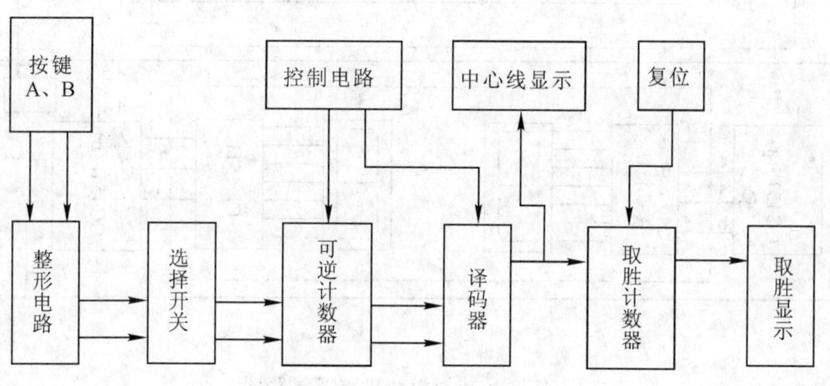

图 4-7-1 拔河游戏机线路框图

2. 整机电路图(见图 4-7-2)

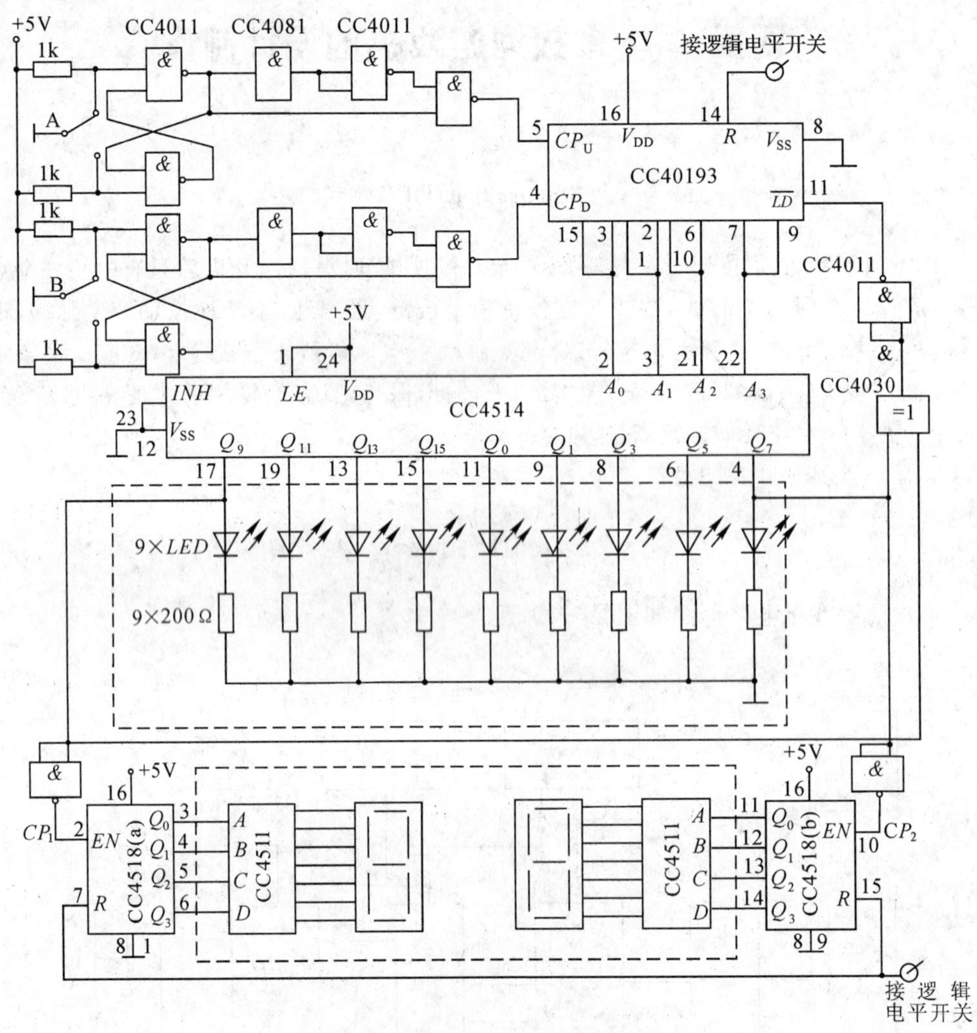

图 4-7-2 拔河游戏机整机线路图

三、所需仪器设备及元器件清单

1. ＋5V 直流电源
2. 译码显示器
3. 逻辑电平开关
4. 主要元器件(供参考)

CC4514	4 线/16 线译码/分配器
CC40193	同步递增/递减二进制计数器
CC4518	双十进制计数器
CC4081	四 2 输入与门
CC4011×3	四 2 输入与非门
CC4030	四异或门
电阻	1k×4

四、设计步骤

图 4-7-2 为拔河游戏机整机线路图。

可逆计数器 CC40193 原始状态输出 4 位二进制数 0000，经译码器输出使中间的一只发光二极管点亮。当按动 A、B 两个按键时，分别产生两个脉冲信号，经整形后分别加到可逆计数器上，可逆计数器输出的代码经译码器译码后驱动发光二极管点亮并产生位移，当亮点移到任何一方终端后，由于控制电路的作用，使这一状态被锁定，而对输入脉冲不起作用。如按动复位键，亮点又回到中点位置，比赛又可重新开始。

将双方终端二极管的正端分别经两个与非门后接至两个十进制计数器 CC4518 的允许控制端 EN，当任一方取胜，该方终端二极管点亮，并经非门产生一个下降沿使其对应的计数器计数。这样，计数器的输出即显示了胜者取胜的盘数。

1. 编码电路

编码电路应该有 2 个输入端，4 个输出端，要进行加/减计数，因此选用 CC40193 双时钟二进制同步加/减计数器来完成。

2. 整形电路

CC40193 是可逆计数器，控制加减的 CP 脉冲分别加至 5 脚和 4 脚，此时当电路要求进行加法计数时，减法输入端 CP_D 必须接高电平；进行减法计数时，加法输入端 CP_U 也必须接高电平，若直接由 A、B 键产生的脉冲加到 5 脚或 4 脚，那么 CP_U 和 CP_D 同时为低电平的可能性大大增加。当 CP_U 和 CP_D 同时为低电平时，计数器不能计数，双方按键均失去作用，拔河比赛不能正常进行。加一整形电路，使 A、B 二键出来的脉冲经整形后变为一个占空比很大的脉冲，这样就减少进行某一计数时另一计数输入为低电平(CP_U 和 CP_D 的低电平时间由与门和 CC4011 组成非门的传输时延决定，如果需要，可增加门的数量。

的可能性，从而使每按一次键都有可能进行有效的计数。整形电路由与门 CC4081 和与非门 CC4011 实现。

3.译码电路

选用4线/16线CC4514译码器。译码器的输出Q_0～Q_{14}分接15(或9个)个发光二极管,二极管的阴极接地,而阳极接译码器,这样,当输出为高电平时发光二极管点亮。

比赛准备,译码器输入为0000,Q_0输出为“1”,中心处二极管首先点亮,当编码器进行加法计数时,亮点向右移;进行减法计数时,亮点向左移。

4.控制电路

为指示出谁胜谁负,需用一个控制电路:当亮点移到任何一方的终端时,判该方为胜,此时双方的按键均宣告无效。此电路可用异或门CC4030和非门CC4011来实现。将双方终端二极管的阳极接至异或门的两个输入端,当获胜一方为“1”,而另一方则为“0”,异或门输出为“1”,经非门产生低电平“0”,再送到CC40193计数器的置数端$\overline{LD}$,于是计数器停止计数,处于预置状态,由于计数器数据端A、B、C、D和输出端Q_A、Q_B、Q_C、Q_D对应相连,输入也就是输出,从而使计数器对输入脉冲不起作用。

5.胜负显示

将双方终端二极管阳极经非门后的输出分别接到2个CC4518计数器的EN端,CC4518的两组4位BCD码分别接到测试装置的两组译码显示器的A、B、C、D插口处。当一方取胜时,该方终端二极管发亮,产生的上升沿使相应的计数器进行加一计数,于是就得到了双方取胜次数的显示。若一位数不够,则可进行二位数的级联。

6.复位

为能进行多次比赛而需要进行的复位操作,使亮点返回中心点,可用一个开关控制CC40193的清零端R即可。

胜负显示器的复位也可用一个开关来控制胜负计数器CC4518的清零端R,使其重新计数。

五、综合实训报告

1.拔河游戏机的性能指标;

2.单元电路功能分析及元件参数的整定;

3.画出总电路图;

4.列出元器件清单;

5.测试小结(安装心得、测试步骤、测试结果及结果分析);

6.总结(安装测试注意事项、总电路及其稳定性分析、实训心得)。

第五部分　附　录

附录一　实训报告范例

比较器的研究

一、目的与任务

熟悉过零比较器、单门限比较器和滞回比较器的工作原理、工作波形及应用。

二、测试内容与步骤

(1)电路形式:单门限比较器如图 5-1-1(a)(输出与输入反相)和(b)(输出与输入同相)所示。过零比较器、滞回比较器分别如图 5-1-1(c)、(d)所示。$R=R_1=12\text{k}\Omega$,$R_F=2\text{k}\Omega$,集成运放型号为 μA741,工作电源电压为± 12V。

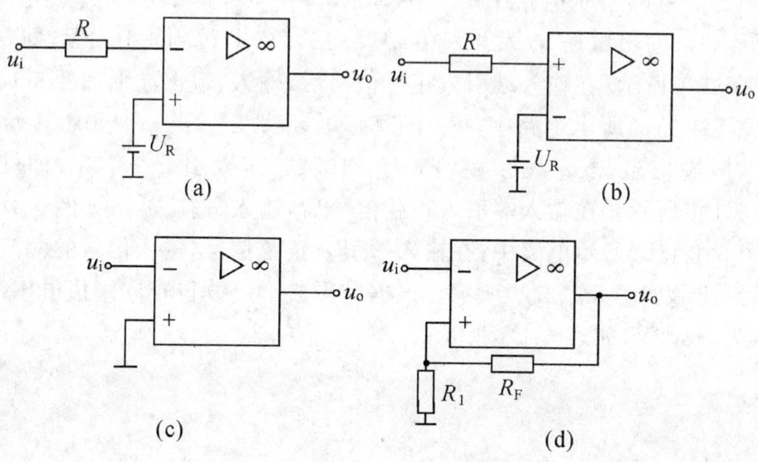

图 5-1-1　电压比较器

(2)特性测试：取 $U_R=2V$。①单门限比较器：输入为零时，测量输出电压的值；将输入信号增加，记录输出跳变时的输入电压；在输入端引入正弦信号（频率 1kHz，幅值 5V），观察并记录输入、输出波形。②过零比较器的输入端引入交流信号（频率 1kHz，幅值 5V），观察并记录输入、输出波形。③滞回比较器的输入端引入交流信号（频率 1kHz，幅值 5V），观察并记录输入、输出波形。

(3)分析比较：根据电路图，计算比较器的转折（阈值）电压，与测试结果进行比较，并总结电压比较器的性能。

三、电路的工作原理

由于图 5-1-1(a)、(b)、(c)图中的运放处于开环运行状态，电路的放大倍数很高，故当 u_i 高于或低于另一输入端电平时，输出发生跳变。图 5-1-1(d)引入了正反馈，输出为正、负饱和电压，同相输入端的电位为 $U_P=\frac{u_o}{R_1+R_F}\cdot R_1$，故存在正、负阈值电压 U_{T+} 和 U_{T-}；当输入高于 U_{T+} 或低于 U_{T-} 时，输出发生跳变，具有滞回特性，因此电路具有较强的抗干扰能力。

四、数据及波形处理

(1)如图 5-1-1(a)所示电路中，$u_i=0V$ 时，$u_o=10.2V$；当 u_i 从 0V 开始上升，并上升到 2.1V 时，输出电压 u_o 发生跳变，从 +10.2V 下跳到 −10.1V，即转折电压为 2.1V，如表 5-1-1 所示。在输入端引入正弦信号后，输入、输出波形如图 5-1-2(1)所示。

(2)如图 5-1-1(b)所示电路中，$u_i=0V$ 时，$u_o=-10.1V$；当 u_i 从 0V 开始上升，并上升到 1.95V 时，输出电压 u_o 发生跳变，从 −10.1V 上跳到 +10.2V，即转折电压为 1.95V，如表 5-1-1 所示。在输入端引入正弦信号后，输入、输出波形如图 5-1-2(2)所示。

(3)如图 5-1-1(c)所示电路中，$u_i=0V$ 时，$u_o=10.2V$；当 u_i 从 0V 开始上升，并上升到 0.1V 时，输出电压 u_o 发生跳变，从 +10.2V 下跳到 −10.1V，即转折电压为 0.1V，如表 5-1-1 所示。在输入端引入正弦信号后，输入、输出波形如图 5-1-2(3)所示。

(4)如图 5-1-1(d)所示电路中，在输入端引入正弦信号（输入信号的幅值改为 10V）后，输入、输出波形如图 5-1-2(4)所示。根据所得波形可读得正向阈值电压为 8.9V，负向阈值电压为 −8.2V，如表 5-1-1 所示。

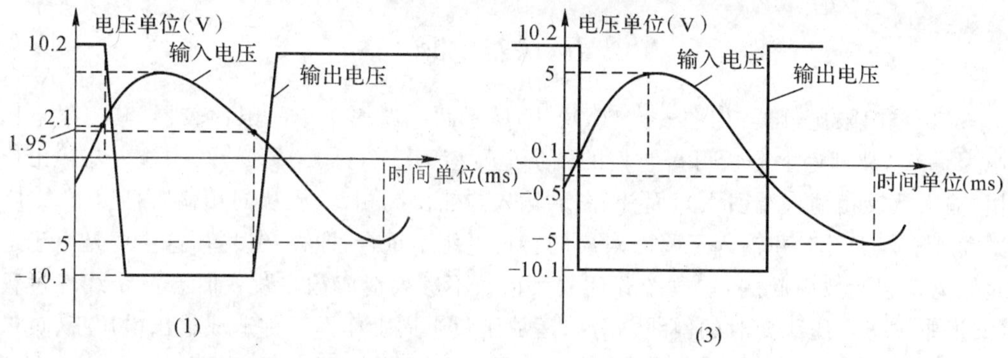

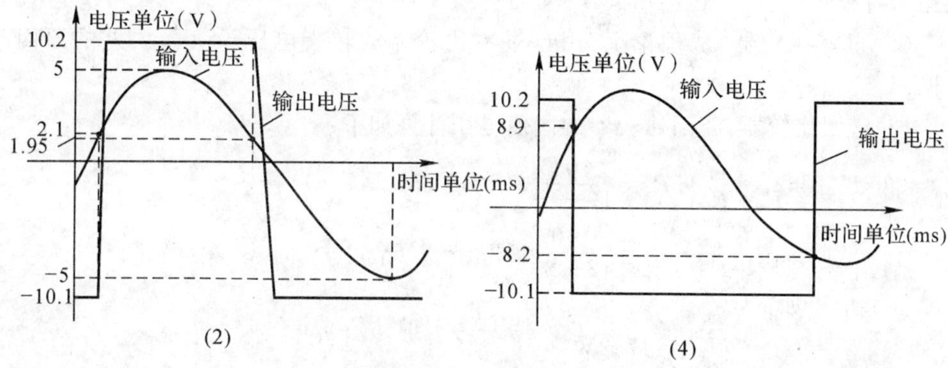

图 5-1-2　工作波形图

表 5-1-1

电路序列	门限电压	转折电压(阈值电压)实测值		转折电压(阈值电压)理论值
a	+2V	$U_T=+2.1V$		$U_T=+2V$
b	+2V	$U_T=+1.95V$		$U_T=+2V$
c	0V	$U_T=+0.1V$		$U_T=0V$
d	—	$U_{T+}=+8.9V$	回差电压：	$U_{T+}=+8.6V$
		$U_{T-}=-8.2V$	17.1V	$U_{T-}=-8.6V$

说明：有些同学在测试滞回比较器即图 5-1-1(d)所示电路的工作波形时，双踪示波器上观察不到波形，这是因为电路的输出电压幅值达 10V 左右，则按式 $U_P=\frac{U_{om}}{R_1+R_F}\times R_1$ 代入有关元件参数后计算得 $U_P=\frac{U_{om}}{R_1+R_F}\cdot R_1=\frac{10}{12+2}\times 12\approx 8.6V$，即输入信号大于+8.6V 或小于−8.6V 后，才能使输出发生跳变，如此时你输入的信号电压幅值只有 5V，输出电压就不会发生跳变，也即没有输出波形。

解决的方法有两个：①将输入信号电压的幅值改为 10V，其他不变；②将两个反馈电阻对调，使 $R_1=2k\Omega$，$R_F=12k\Omega$，其他不变，则 $U_P=\frac{U_{om}}{R_1+R_F}\cdot R_1=\frac{10}{12+2}\times 2\approx 1.43V$。

五、误差分析

(1)单门限比较器:如图 5-1-1(a)、(b)所示两电路属于单门限比较器,其门限电压均为+2V,从理论上分析可得它们的转折电压应为 2V,且 5-1-1(a)图的输入与输出反相(输入从反相输入端引入),而(b)图的输入与输出同相(输入从同相输入端引入)。实测发现输入上升时和输入下降时对应的转折电压不重合,即存在误差,这主要是由于运放偏离理想运放引起的:运放的开环放大倍数不够大造成输出跳变时有一个线性过程(波形中输出电压跳变时的斜线部分);运放正负半周工作不对称造成输出电压正、负最大值不对称等。另外,波形记录失误、示波器操作不规范(两个通道的基线不重合,有关旋钮未置校正位置)等也会引起误差。

(2)过零比较器:从理论上分析,过零比较器的转折电压为 0V,误差的原因与上相同。

(3)滞回比较器:滞回比较器的阈值电压计算如下:

$$U_{T+}=\frac{+U_{om}}{R_1+R_F}\cdot R_1=\frac{10}{12+2}\times 12\approx 8.6\text{V}$$

$$U_{T-}=\frac{-U_{om}}{R_1+R_F}\cdot R_1=\frac{-10}{12+2}\times 12\approx -8.6\text{V}$$

回差电压如下:

$$U_h=U_{T+}-U_{T-}=17.2\text{V}$$

可见与实测所得也存在误差。误差原因与上相同。

该项测试的关键是熟悉运放及其反相输入端和同相输入端、运放的开环特性,且了解比较器转折电压和阈值电压的含义;另外,运放的正、负工作电源和地线也要连接正确。

从结果可得如下结论:

(1)输入从反相输入端引入时,比较器的输出与输入反相;当输入从同相输入端引入时,比较器的输出与输入同相。

(2)对于单门限比较器和过零比较器,输入电压在转折电压附近最敏感,即大于或小于转折电压时输出不是正的最大就是负的最大;由此也可得出单门限比较器在转折电压附近的抗干扰能力很弱的结论。

(3)滞回比较器有正向阈值电压 U_{T+} 和负向阈值电压 U_{T-},当输入上升且大于 U_{T+} 或输入下降且小于 U_{T-} 时,输出才会发生跳变,故具有较强的抗干扰能力。

(4)电压比较器可用于信号发生、波形转换、幅值鉴别等;在干扰较强的场合,应选用滞回比较器以提高电路的抗干扰能力。

注意:心得和结论也可以分开写。

附录二 常用集成电路管脚排列举例

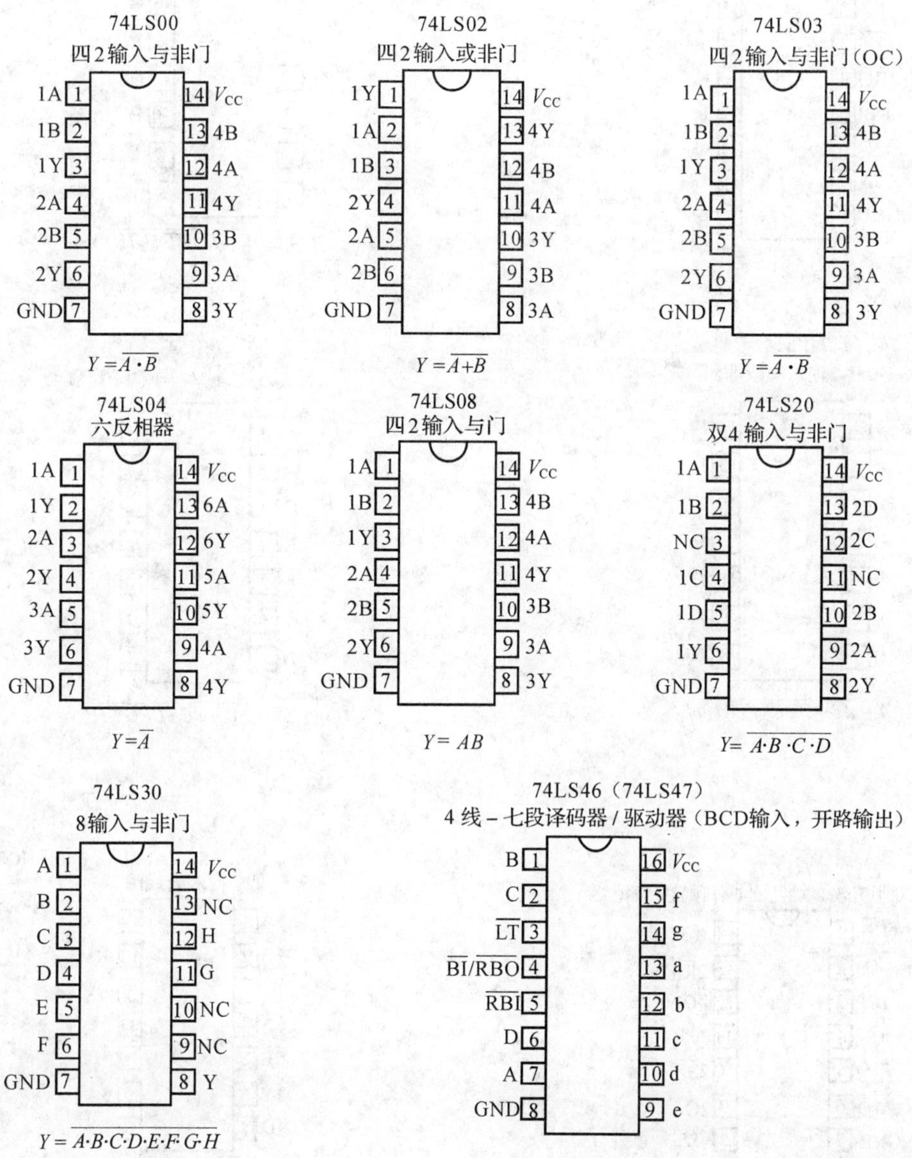

74LS48
4线－七段译码器/驱动器
（BCD输入，上拉电阻）

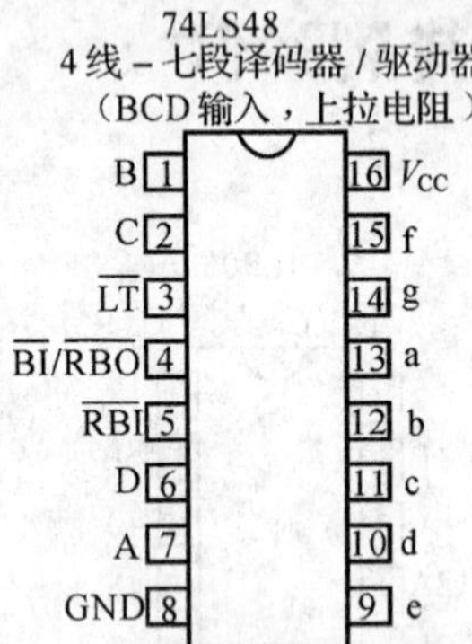

7454
4路2-2-2-2输入与或非门

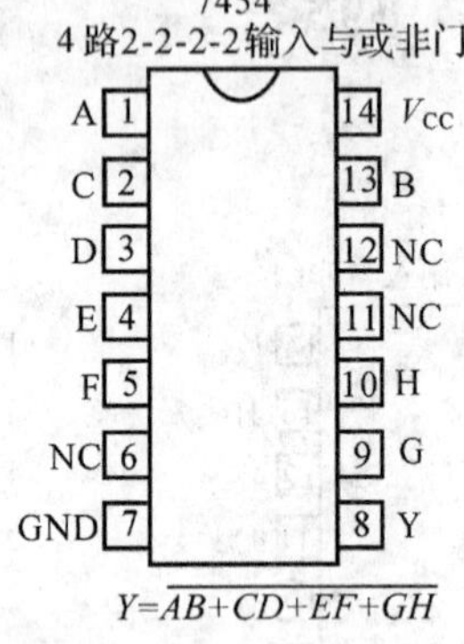

$Y=\overline{AB+CD+EF+GH}$

74L54，74LS54
4路2-3-3-2输入与或非门

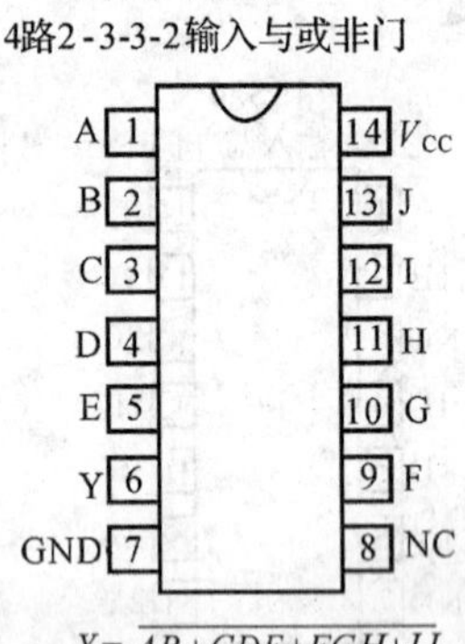

$Y=\overline{AB+CDE+FGH+IJ}$

74H54
4路2-2-3-2输入与或非门

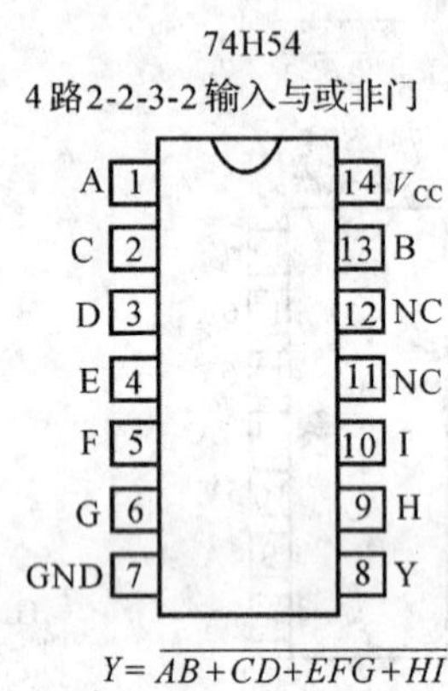

$Y=\overline{AB+CD+EFG+HI}$

74LS74
双上升沿D触发器（有预置，有清零）

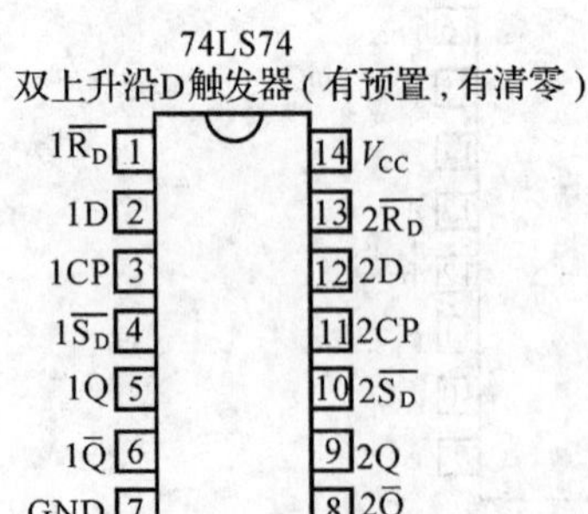

74LS86（86，S86，ALS86，F86，HC86）
四2输入异或门

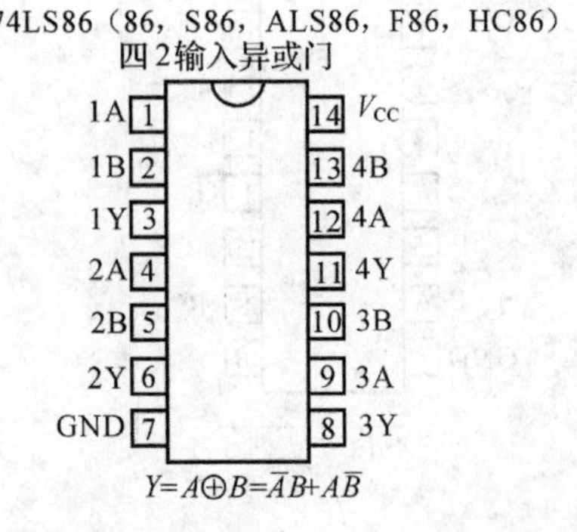

$Y=A\oplus B=\overline{A}B+A\overline{B}$

74L86

四 2 输入异或门

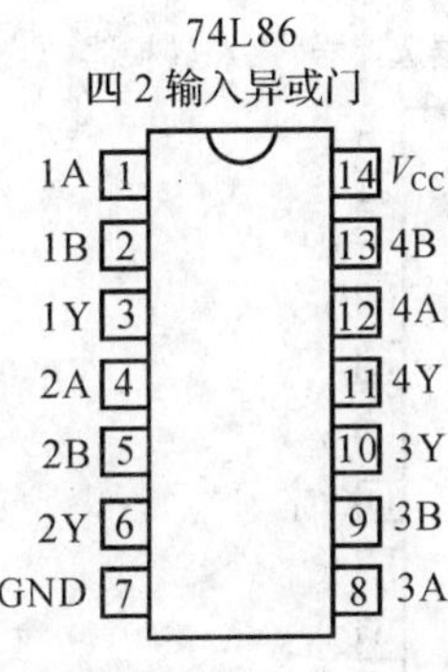

$Y=A\oplus B=\overline{A}B+A\overline{B}$

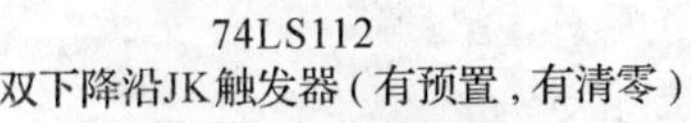

74LS112

双下降沿JK触发器（有预置，有清零）

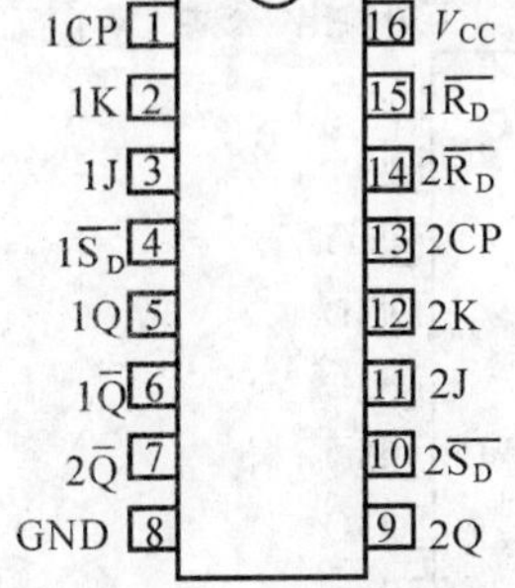

74LS138

3线-8线译码器 / 多路分配器

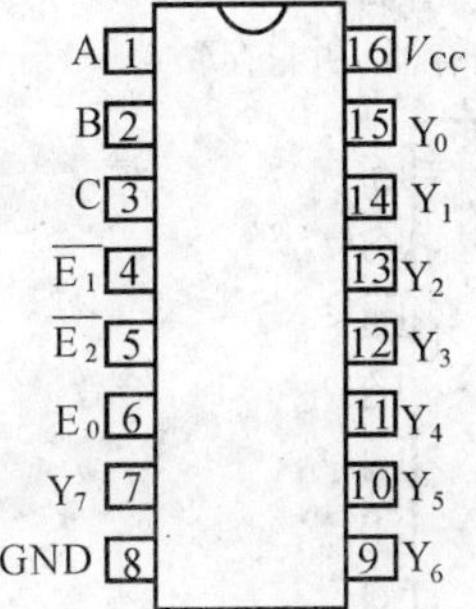

当$E_0=1,\overline{E}_1=\overline{E}_2=0$时工作

74LS90

二-五-十进制计数器

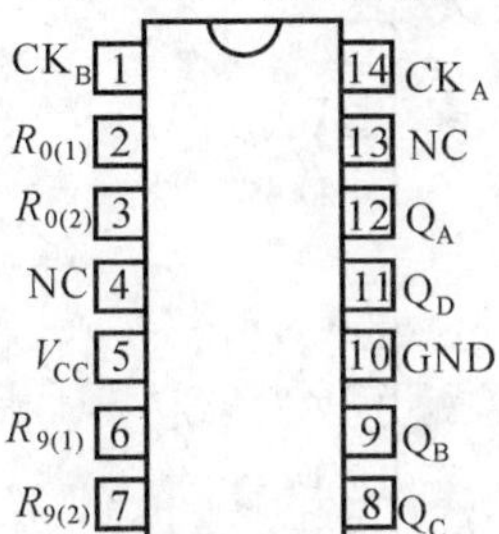

74LS125

四总线缓冲器（三态输出）

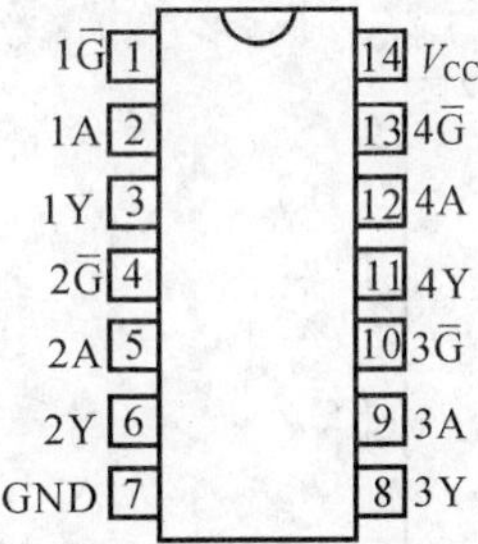

$Y=A$

当$\overline{G}$为高电平时，输出禁止（呈高阻态）

74LS148

8线-3线优先编码器

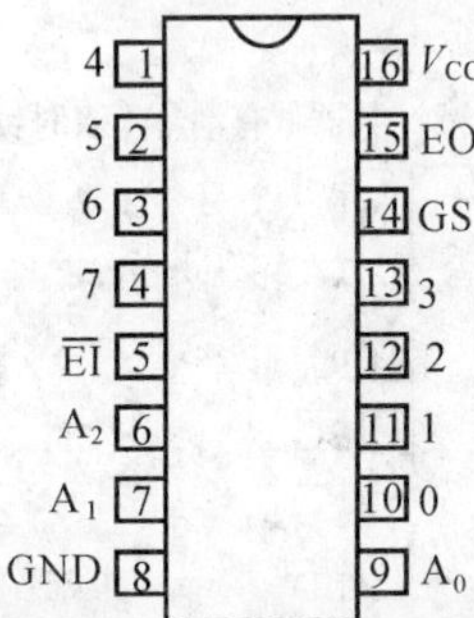

当$\overline{EI}$=1 时，$A_2A_1A_0$=111,GS=1,EO=1

当$\overline{EI}$=0,"0~7" 全为1时，$A_2A_1A_0$=111,GS=1,EO=0

当$\overline{EI}$=0,"0~7" 中有 0 时编码,GS=0,EO=1

74LS151
8选1数据选择器/多路转换器(原、反码输出)

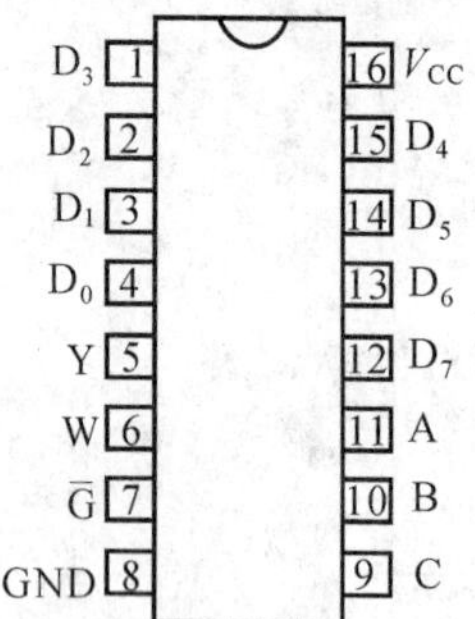

73LS153
双4线-1线数据选择器/多路转换器

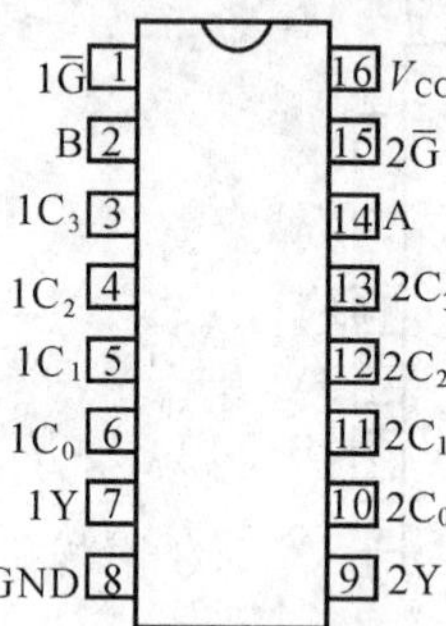

74LS161
4位二进制同步计数器(异步清零,同步置数)

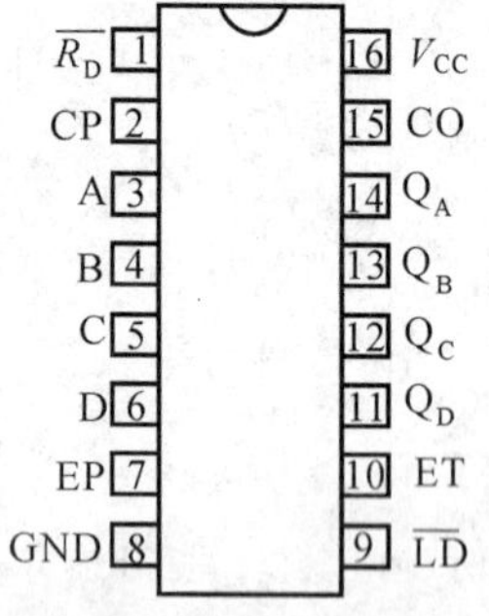

74LS175
四上升沿D型触发器(互补输出,公共清零)

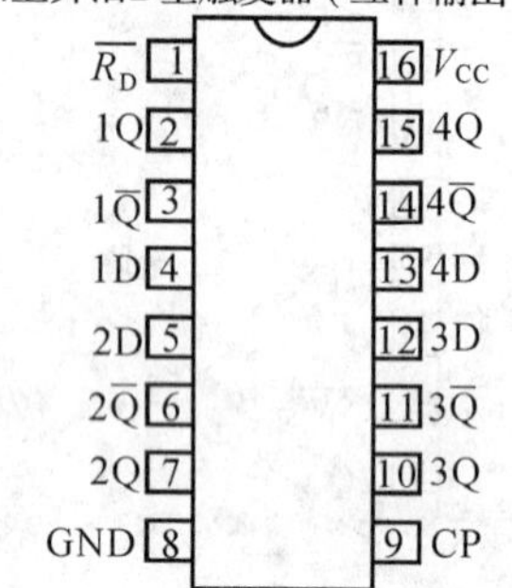

74LS192 (40192)
4位同步十进制加/减计数器(有清零,双时钟)

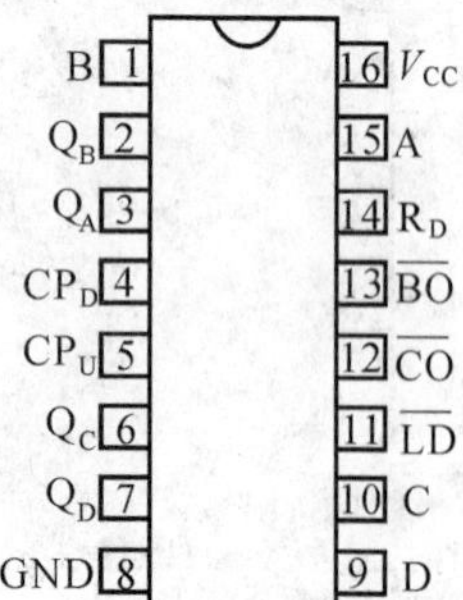

74LS194 (40194)
4位双向通用移位寄存器(并行存取)

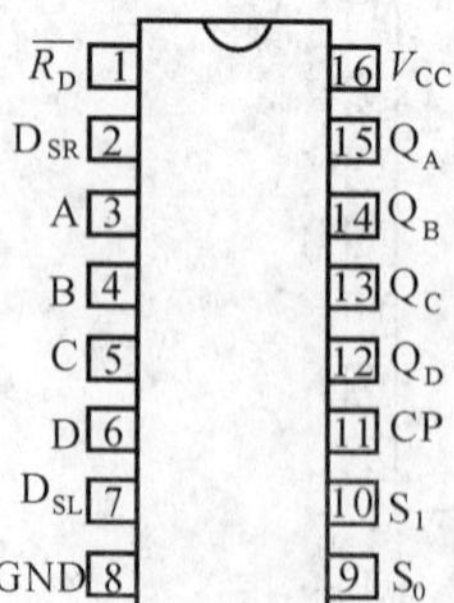

74LS244

八缓冲器/线驱动器/线接收器（三态）

引脚	名称	引脚	名称
1	$\overline{1G}$	20	V_{CC}
2	$1A_1$	19	$\overline{2G}$
3	$2Y_4$	18	$1Y_1$
4	$1A_2$	17	$2A_4$
5	$2Y_3$	16	$1Y_2$
6	$1A_3$	15	$2A_3$
7	$2Y_2$	14	$1Y_3$
8	$1A_4$	13	$2A_2$
9	$2Y_1$	12	$1Y_4$
10	GND	11	$2A_1$

当$\overline{G}=1$时，输出处于高阻状态

4001

四 2 输入或非门

引脚	名称	引脚	名称
1	1A	14	V_{DD}
2	1B	13	4B
3	1Y	12	4A
4	2Y	11	4Y
5	2A	10	3Y
6	2B	9	3B
7	V_{SS}	8	3A

$Y=\overline{A+B}$

4011

四 2 输入与非门

引脚	名称	引脚	名称
1	1A	14	V_{DD}
2	1B	13	4B
3	1Y	12	4A
4	2Y	11	4Y
5	2A	10	3Y
6	2B	9	3B
7	V_{SS}	8	3A

$Y=\overline{A\cdot B}$

4012

双4输入与非门

引脚	名称	引脚	名称
1	1Y	14	V_{DD}
2	1A	13	2Y
3	1B	12	2D
4	1C	11	2C
5	1D	10	2B
6	NC	9	2A
7	V_{SS}	8	NC

$Y=\overline{A\cdot B\cdot C\cdot D}$

4013

双上升沿D触发器

引脚	名称	引脚	名称
1	1Q	14	V_{DD}
2	$1\overline{Q}$	13	2Q
3	1CP	12	$2\overline{Q}$
4	$1R_D$	11	2CP
5	1D	10	$2R_D$
6	$1S_D$	9	2D
7	V_{SS}	8	$2S_D$

4017

十进制计数器/分频器

引脚	名称	引脚	名称
1	Y_5	16	V_{DD}
2	Y_1	15	CR
3	Y_0	14	CLK
4	Y_2	13	$\overline{EN}$
5	Y_6	12	CO
6	Y_7	11	Y_9
7	Y_3	10	Y_4
8	V_{SS}	9	Y_8

4020

14位同步二进制计数器

引脚	名称	引脚	名称
1	Q_L	16	V_{DD}
2	Q_M	15	Q_K
3	Q_N	14	Q_J
4	Q_F	13	Q_H
5	Q_E	12	Q_I
6	Q_G	11	CR
7	Q_D	10	CLK
8	V_{SS}	9	Q_A

4027

双上升沿JK触发器

引脚	名称	引脚	名称
1	1Q	16	V_{DD}
2	$1\overline{Q}$	15	2Q
3	1CP	14	$2\overline{Q}$
4	$1R_D$	13	2CP
5	1K	12	$2R_D$
6	1J	11	2K
7	$1S_D$	10	2J
8	V_{SS}	9	$2S_D$

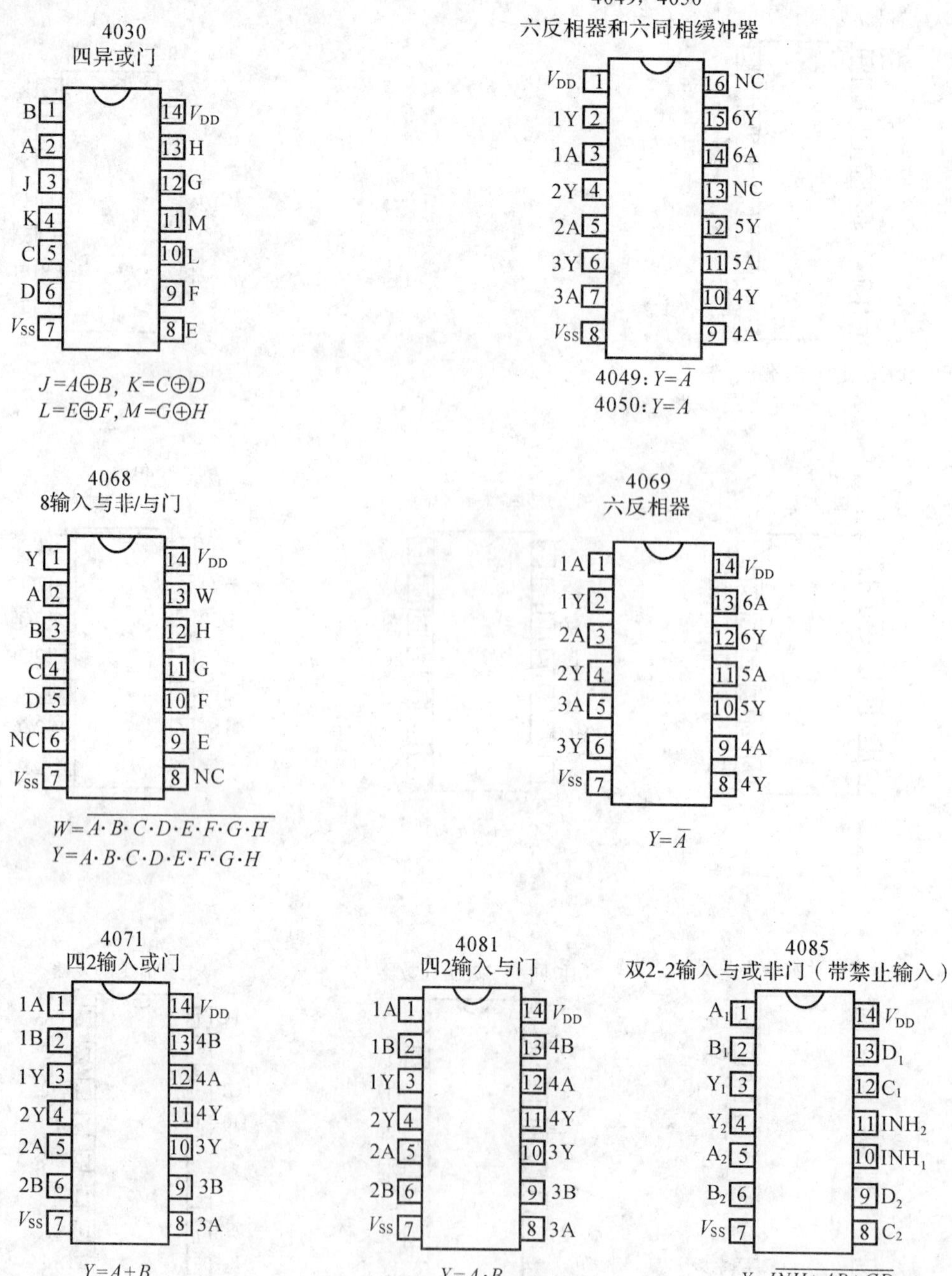
4030
四异或门
B 1, A 2, J 3, K 4, C 5, D 6, V_{SS} 7
14 V_{DD}, 13 H, 12 G, 11 M, 10 L, 9 F, 8 E
$J=A\oplus B$, $K=C\oplus D$
$L=E\oplus F$, $M=G\oplus H$
4049，4050
六反相器和六同相缓冲器
V_{DD} 1, 1Y 2, 1A 3, 2Y 4, 2A 5, 3Y 6, 3A 7, V_{SS} 8
16 NC, 15 6Y, 14 6A, 13 NC, 12 5Y, 11 5A, 10 4Y, 9 4A
4049: $Y=\overline{A}$
4050: $Y=A$
4068
8输入与非/与门
Y 1, A 2, B 3, C 4, D 5, NC 6, V_{SS} 7
14 V_{DD}, 13 W, 12 H, 11 G, 10 F, 9 E, 8 NC
$W=\overline{A\cdot B\cdot C\cdot D\cdot E\cdot F\cdot G\cdot H}$
$Y=A\cdot B\cdot C\cdot D\cdot E\cdot F\cdot G\cdot H$
4069
六反相器
1A 1, 1Y 2, 2A 3, 2Y 4, 3A 5, 3Y 6, V_{SS} 7
14 V_{DD}, 13 6A, 12 6Y, 11 5A, 10 5Y, 9 4A, 8 4Y
$Y=\overline{A}$
4071
四2输入或门
1A 1, 1B 2, 1Y 3, 2Y 4, 2A 5, 2B 6, V_{SS} 7
14 V_{DD}, 13 4B, 12 4A, 11 4Y, 10 3Y, 9 3B, 8 3A
$Y=A+B$
4081
四2输入与门
1A 1, 1B 2, 1Y 3, 2Y 4, 2A 5, 2B 6, V_{SS} 7
14 V_{DD}, 13 4B, 12 4A, 11 4Y, 10 3Y, 9 3B, 8 3A
$Y=A\cdot B$
4085
双2-2输入与或非门（带禁止输入）
A_1 1, B_1 2, Y_1 3, Y_2 4, A_2 5, B_2 6, V_{SS} 7
14 V_{DD}, 13 D_1, 12 C_1, 11 INH_2, 10 INH_1, 9 D_2, 8 C_2
$Y=\overline{INH+AB+CD}$

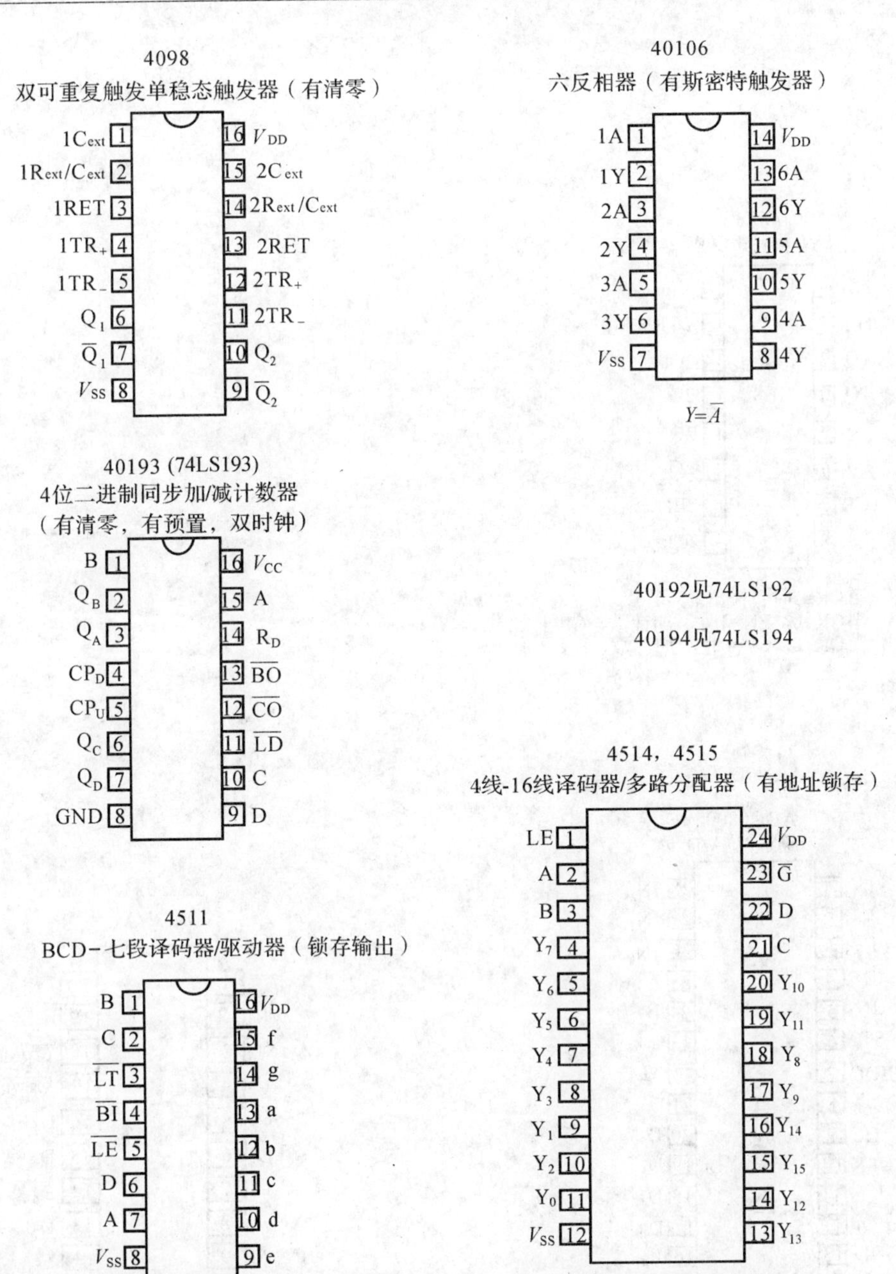

4514：输出“1”电平有效

4515：输出“0”电平有效

当$\overline{G}$=0，LE=1时译码；当$\overline{G}$=1时输出均无效

当$\overline{G}$=0，LE=0时保持原输出

输出“1”电平有效，$\overline{LE}$为“0”电平时译码

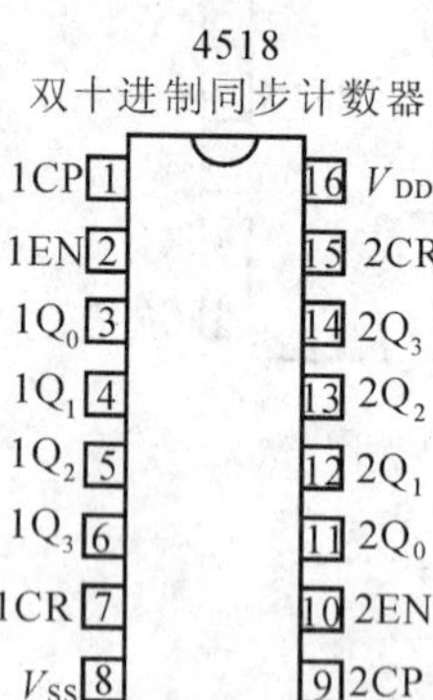

当CR=1时，输出全为0

当CR=0，EN=1时，加计数，CP ↑ 触发

当CR=0，CP=0时，加计数，EN ↓ 触发

A/D与D/A

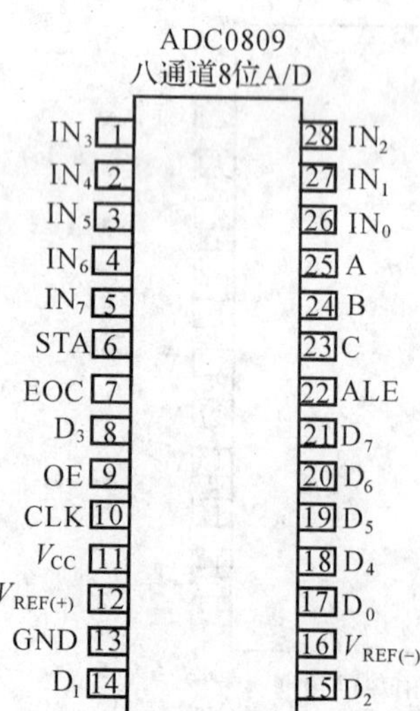

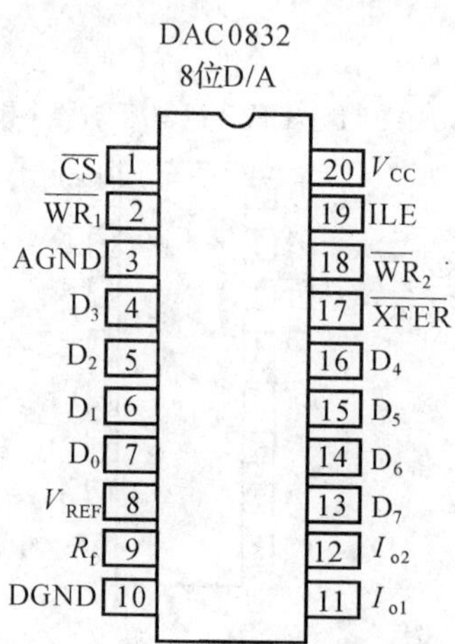

参考文献

1. 汤元信等主编. 电子工艺及电子工程设计. 北京:北京航空航天大学出版社,2000
2. 陈晓文主编. 电子线路课程设计. 北京:电子工业出版社,2004
3. 沈任元等主编. 常用电子元器件简明手册. 北京:机械工业出版社,2000
4. 华永平等主编. 电子线路课程设计—仿真、设计与制作. 南京:东南大学出版社,2002
5. 王港元等编著. 电子技能基础. 成都:成都科技大学出版社,1999
6. 金唯香等主编. 电子测量技术. 长沙:湖南大学出版社,2004

图书在版编目（CIP）数据

电子技术实训 / 赵玉铃，张雪娟，李晓松主编. —杭州：浙江大学出版社，2007.10（2013.7 重印）
高职高专规划教材
ISBN 978-7-308-05509-3

Ⅰ.电… Ⅱ.①赵…②张…③李… Ⅲ.电子技术－高等学校：技术学校－教材 Ⅳ.TN

中国版本图书馆 CIP 数据核字（2007）第 134488 号

电子技术实训

赵玉铃　张雪娟　李晓松　主编

责任编辑　阮海潮（ruanhc@zju.edu.cn）
封面设计　刘依群
出版发行　浙江大学出版社
（杭州市天目山路 148 号　邮政编码 310007）
（网址：http://www.zjupress.com）
排　　版　杭州中大图文设计有限公司
印　　刷　临安市曙光印务有限公司
开　　本　787mm×960mm　1/16
印　　张　20.75
字　　数　430 千
版 印 次　2007 年 10 月第 1 版　2013 年 7 月第 2 次印刷
印　　数　3001—4000
书　　号　ISBN 978-7-308-05509-3
定　　价　29.50 元
